International Computer Driving Licence
실라버스 v.5.0

Module 5.
Using Databases
데이터베이스

Window XP, MS Office 2003, Internet Explorer 7 사용

한국생산성본부 정보문화원

International Computer Driving Licence
실라버스 v.5.0

Module 5.
Using Databases
데이터베이스

1판 1쇄 인쇄 · 2008년 4월 25일
1판 1쇄 발행 · 2008년 5월 1일

지 은 이 · 한국 ICDL 자격연구회
발 행 인 · 박우건
발 행 처 · 한국생산성본부 정보문화원
등록일자 · 1994. 9. 7
서울특별시 종로구 사직로 57-1(적선동 122-1) 생산성빌딩
전   화 · 02)738-1285(편집부)
          02)738-4900(마케팅부)
F A X · 02)738-4902
http://www.kpc-media.co.kr
E-mail · kskim@kpc.or.kr

값 13,000원

Disclaimer

데이터베이스
Using Databases

데이터베이스는 이론 및 컴퓨터 기반(CBT: Computer Basic Test)으로 진행된다.

실습 파일 다운로드

본 교재는 본문 예제를 따라하기 위한 실습 파일이 필요하며 www.kpc-media.co.kr 에서 Database.exe 파일을 다운로드한다. 다운 로드된 Database.exe 파일을 실행하면 자동으로 C:\Database 폴더에 압축이 해제되어 실습 파일을 사용할 수 있다.

학습 목표

데이터베이스의 개념을 이해하고 데이터베이스를 사용하는 능력을 요구한다.

- ❖ 데이터베이스의 개념을 이해하고 데이터베이스를 관리하고 운영하는 방법을 알아야 한다.
- ❖ 새 데이터베이스를 작성하고 데이터베이스 개체를 다양한 보기로 전환하여 볼 수 있어야 한다.
- ❖ 새 테이블을 작성하여 필드와 필드 속성을 수정하고, 테이블에 데이터를 입력하고 편집할 수 있어야 한다.
- ❖ 테이블과 폼에서 레코드를 정렬하고 필터할 수 있어야 한다.
- ❖ 데이터베이스에서 특정 정보를 요약할 수 있는 쿼리를 작성, 수정 및 실행할 수 있어야 한다.
- ❖ 폼이 무엇인지 이해하고 새 폼을 만들어 새 레코드 입력, 수정 및 삭제할 수 있어야 한다.
- ❖ 인쇄를 위한 보고서를 작성하여 출력할 수 있어야 한다.

본 교재 구성 및 학습 방법

- ❖ 본 교재는 총6개의 Chapter로 구성되어 있으며 각 Chapter에는 주요 기능들이 Section 단위로 나누어 소개되고 있다.
- ❖ Tip을 통해 본문에 다루지 못한 부가적인 내용들을 소개하고 있으며, 잠깐만!에서는 초보자가 자주 범하는 실수를 제시하고 있으며, 용어설명을 통해 용어의 의미를 쉽게 파악할 수 있도록 안내해주고 있다.
- ❖ 각 Chapter 끝에는 학습한 내용을 스스로 확인할 수 있는 Self Task가 있어 정리 및 복습을 할 수 있다.
- ❖ 모든 Chapter를 학습한 후에는 총3회의 모의고사를 통해 자신의 실력을 점검할 수 있으며, 모의고사 풀이 과정에서 정답을 확인할 수 있다.

차 례

차 례

Chapter
01
데이터베이스의 이해

Chapter 01 데이터베이스의 이해

>>> 우리는 수많은 정보를 접하면서 살아가고 있는데, 이런 정보를 체계적으로 관리할 수 있도록 만든 것이 데이터베이스라고 할 수 있다. 과거에는 데이터베이스를 특정한 소수의 사람들만이 이용하는 도구였지만, 지금은 누구나 쉽게 데이터베이스를 사용하고 관리할 수 있어야 한다. 데이터베이스를 만들고 관리하는 방법을 익히기 전에 데이터베이스의 기본적인 개념에 대해서 알아본다.

데이터베이스를 쉽게 만들고 관리할 수 있는 대표적인 프로그램이 액세스인데, 액세스를 다루기 전에 기본적으로 알아야 할 데이터베이스란 무엇인지, 어떻게 만들며, 어떤 용도로 사용하는지 등에 대한 것을 숙지하도록 한다.

학습 목표

- 데이터베이스가 무엇인지 이해할 수 있다.
- 데이터와 정보의 차이점을 이해할 수 있다.
- 데이터베이스가 어떻게 구성되는지를 이해할 수 있다.
- 데이터베이스의 용도를 이해할 수 있다.

01 데이터베이스란 무엇인가?

전화번호부나 우리가 다이어리에 적어서 사용하는 주소록 등을 컴퓨터에서 사용할 수 있는 데이터로 만들어진 것을 '데이터베이스' 라고 한다. '데이터베이스' 라는 용어는 1950년대부터 사용되기 시작했으며, '데이터베이스' 는 컴퓨터 내에서 파일 형태로 저장되어 있다. 그리고 데이터베이스는 관련된 데이터를 한 곳에 모으고 적절히 가공하여 누군가에게 사용할 수 있는 형태로 제공할 수 있어야 한다.

우리 주변에서 볼 수 있는 자료를 '데이터' 라고 하고 그 데이터를 활용하거나 이용할 수 있도록 가공된 것을 '정보' 라고 한다. 예를 들어, 우리 동네 자장면 집의 전화번호는 나에게는 자장면을 시켜 먹을 때는 '정보' 가 되는 것이지만, 다른 동네에 살고 있는 친구에게는 우리 동네 자장면 가게 전화번호는 직접적으로 사용할 일이 없기 때문에 친구 입장에서 보면 '정보' 가 아닌 '데이터' 일 뿐이다.

전문적인 데이터베이스는 전문가가 구축하고, 데이터를 입력하고 검색하거나 필요한 보고서를 출력하는 등의 작업은 일반 사용자가 할 수 있다. 물론 일반 사용자도 데이터베이스를 구축할 수 있지만, 대용량의 전문적인 데이터베이스는 데이터베이스 전문가가 설계하여 구축하는 것이 바람직하다.

구축된 데이터베이스는 사용자의 등급에 따라 사용할 수 있는 범위를 다르게 지정할 수 있다. 데이터베이스의 보안 때문에 등급을 지정해 관리해야 한다.

02 데이터베이스 구성

데이터베이스를 만들려면 먼저 데이터베이스를 만들 데이터가 무엇인지 결정해야 한다. 데이터가 결정되면 관련 데이터를 수집해서 분석한 다음, 데이터베이스로 만들어야 한다. 데이터베이스로 만들 수 있는 프로그램으로 스프레드시트 프로그램인 엑셀을 생각할 수 있다. 그런데 엑셀 같은 경우 대용량의 데이터를 관리하기에는 기능적으로 보완해야 될 점이 많기 때문에 데이터를 전문적으로 관리할 수 있는 데이터베이스 프로그램을 많이 사용하고 있다.

액세스에서 만들어지는 데이터베이스를 '관계형 데이터베이스' 라고 한다. 관계형 데이터베이스는 데이터를 테이블의 집합체로 표현하여 테이블과 테이블을 연결하여 데이터베이스를 만들게 된다.

'테이블' 은 데이터를 입력할 수 있는 것으로 종이에 적었던 내용을 컴퓨터의 데이터로 저장해 주는 역할을 한다. 예를 들어 도서를 관리하는 데이터베이스를 구축한다고 할 때 데이터베이스 내에는 도서목록, 작가목록, 출판사목록 등으로 구분하여 테이블을 만들 수 있다. 테이블에는 관련 데이터를 입력해 주는 것이 좋다. 도서목록 테이블에 어느 출판사에서 출판했는지만 기록하면 되지 출판사의 대표가 누구이며, 주소 등 자세한 정보를 일일이 저장할 필요가 없다. 즉 도서목록 테이블이면 도서목록에서 빠지면 안 되는 꼭 필요한 데이터만 모아 저장해 주면 된다.

테이블 내에 '레코드' 라는 것이 있다. 레코드는 '행' 이라고 할 수 있다. 레코드는 여러 개의 필드에 데이터를 입력하여 채우게 되면 레코드가 된다. 레코드는 이론상으로 하드웨어 용량이 허락하는 한 데이터를 무한히 저장할 수 있다.

'필드' 는 데이터가 들어가는 특정 공간으로 '열' 이라고 할 수 있다. 필드가 모여 하나의 레코드를 만들고 레코드가 모여 테이블이 만들어진다.

03 데이터베이스의 용도

데이터베이스를 만드는 사람은 전문가가 해야 하지만, 만들어진 데이터베이스를 사용하는 사람은 일반 사용자들이 이용하게 된다. 물론 액세스 프로그램을 이용하면 전문가가 아니더라도 데이터베이스를 쉽게 만들 수 있다.

그러면 데이터베이스는 어디에 사용될까? 데이터베이스는 업무용으로 사용하는 데이터를 효율적으로 관리할 수 있다. 사원 관리, 급여 관리, 인사 관리 및 회계 업무 관리 등에서도 사용할 수 있으며, 학교 같은 경우 학사 관리, 성적 관리, 도서 검색 등에서 사용할 수 있다. 그리고 병원에서는 환자 관리, 처방전 관리, 병실 관리 등에서 이용할 수 있다.

데이터베이스는 업무용으로만 활용하는 것이 아니라 개인적인 용도로도 사용할 수 있다. 각종 주소를 관리하거나 스케줄 관리, 가계부나 집안 경조사, 동호회 등을 관리할 수 있다.

전자 상거래 웹 사이트 등을 개발하거나 모든 사내 정보의 흐름을 알 수 있도록 인트라넷의 데이터베이스로도 사용할 수 있다. 대형 포털 사이트나 사용자가 많은 사이트에서는 액세스를 이용한 데이터베이스가 최선은 아니지만 대형 데이터베이스를 사용하지 않아도 되는 사이트나 회사라면 액세스를 이용한 데이터베이스를 이용할 수 있다.

 **인트라넷**

인트라넷은 공개되지 않은 특정 조직 안에서 인터넷 정보를 공유하는 네트워크라고 할 수 있다.

데이터베이스를 구축하는 프로그램은 여러 가지가 있다. 그 중에서 액세스 프로그램을 이용하여 데이터베이스를 만들어 보자. 액세스 프로그램은 전문가가 아니어도 쉽게 데이터베이스를 만들고 관리할 수 있다. 액세스 프로그램에서 만들어진 데이터베이스의 구성과 데이터베이스를 만들기 위한 기본적인 개념에 대해서 알아본다.

학습 목표

- 데이터베이스의 테이블을 이해 할 수 있다.
- 테이블은 필드와 레코드로 구성된다는 것을 알 수 있다.
- 필드를 정의할 때는 입력하는 데이터에 따라 형식을 다르게 지정할 수 있다.

01 테이블의 구조

'테이블' 은 데이터를 저장하는 곳으로, 하나의 데이터베이스에는 한 개 이상의 테이블을 포함하고 있다. 데이터베이스의 가장 기본이 되는 것으로 테이블을 정확하게 설계하여 만들어야 하며, 다른 작업에 앞서 제일 먼저 만들어야 한다. 테이블은 워드나 엑셀의 워크시트처럼 표의 형태로 만들어진다.

예를 들어, 동호회 주소록 테이블을 만든다면 이름, 주소, 연락처 등이 입력될 것이다. 이렇게 구성된 테이블에 관련 데이터를 입력해야 한다. 동호회 주소록을 입력해야 하는데, 동호

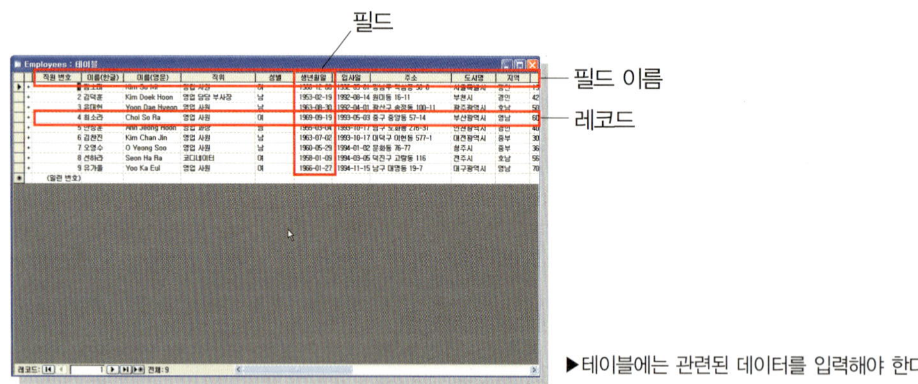

▶테이블에는 관련된 데이터를 입력해야 한다.

회와 관련없는 엉뚱한 사람의 정보를 입력하면 안 된다. 즉, 테이블을 구성한 후 관련 데이터를 입력해야 하는 것이다.

테이블은 레코드가 모인 집합이고 레코드는 필드가 모여 한 레코드를 만들게 된다. 테이블의 필드를 구성할 때는 하나의 요소만을 저장할 수 있다. 필드에는 여러 종류의 데이터를 한꺼번에 저장하는 것이 아니라 하나의 데이터만을 입력하는 것이 좋다. 예를 들어 주소를 입력한다면 우편번호와 주소를 각각 다른 필드에 나누어 입력하는 것이 좋다. 또한 성별을 입력하는 필드에 '남자, 남, 여자, 여' 등으로 의미는 같지만 일관성이 없거나 오타가 있다면 전혀 다른 데이터로 취급하기 때문에 필드에 데이터를 입력할 때는 통일되게 입력해야 한다.

02 데이터 형식

액세스는 10개 종류의 다양한 형태의 데이터 형식을 제공한다. 사용자가 입력할 데이터에 맞는 적절한 형식을 선택하여 사용한다. 액세스에서는 하이퍼링크와 조회 마법사라는 독특한 형식이 있다. 이 두 개의 형식은 데이터 입력을 좀 더 쉽게 할 수 있도록 도와 주는 것이라고 이해하면 된다. 테이블을 작성할 때 필드의 이름을 입력하고 필드에 입력할 데이터 형식을 선택하는데, 데이터 형식은 테이블 디자인 창에서 설정해 주면 된다.

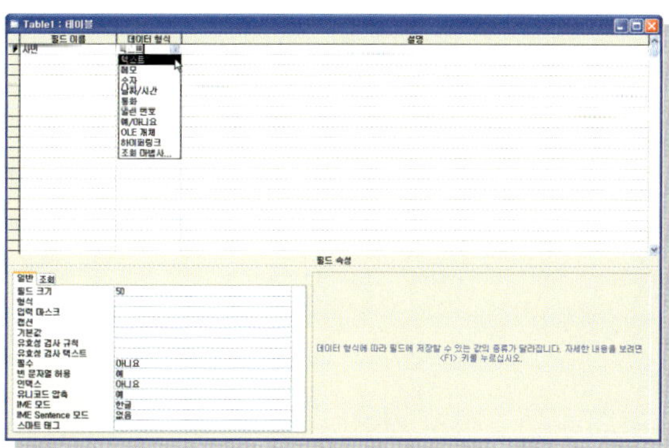

▶ 액세스의 테이블에서 지원하는 데이터 형식

◆ 텍스드 형식

텍스트 형식은 문자를 저장할 수 있다. 문자에는 우리가 일반적으로 키보드를 통해 입력하

는 한글, 영문과 기호를 포함하는 특수문자, 전화번호, 우편번호와 같이 생긴 형태는 숫자
이지만 계산을 하지 않는 형태의 데이터도 포함된다. 텍스트 형식은 최대 255자까지 입력
할 수 있다.

◆ 메모 형식

메모 형식은 텍스트 형식과 비슷하지만 텍스트 형식보다는 더 많은 문자를 저장할 수 있다.
메모는 65,535자까지 입력할 수 있다.

◆ 숫자 형식

숫자 형식은 각종 숫자를 저장할 수 있다. 숫자는 데이터 크기에 따라 여러 가지 형식으로
변경할 수 있다.

필드 크기	설명
바이트	0부터 255까지의 숫자를 저장한다.
정수	−32,768에서 32,767까지의 숫자를 저장한다.
정수(Long)	−2,147,483,648부터 2,147,483,647까지의 숫자를 저장한다.
실수(Single)	음수값에 대해 −3.402823E38부터 −1.401298E−45까지 양수값에 대해 1.401298E−45부터 3.402823E38까지
실수(Double)	음수값에 대해 −1.79769313486231E308부터 −4.94065645841247E−324까지 양수값에 대해 4.94065645841247E−324부터 1.79769313486231E308까지

◆ 날짜/시간 형식

날짜/시간 형식은 날짜와 시간을 저장할 수 있다. 날짜 형식은 100년에서 9999년까지의 날
짜와 시간 값을 저장할 수 있다.

◆ 통화 형식

통화 형식은 화폐 표시를 위해 만들어진 것이다. 숫자 형식에 원(₩)이나 달러($)와 같은 화
폐 형식을 덧붙인 것이며 계산할 때 반올림되지 않는다.

◆ 일련번호 형식

일련번호 형식은 레코드가 하나 저장될 때마다 일률적으로 번호를 하나씩 증가시켜 준다.
이 필드는 수정할 수 없으며, 만약 3번 레코드를 삭제하면 3번이 없어지고, 데이터를 입력

하면 3번이 생기지 않고 4번으로 생성된다.

◆ 예/아니오 형식

예/아니오 형식은 두 값중 하나만 선택하는 경우 사용한다. 결혼 유무, 성별 등을 표시할 때 사용한다.

◆ OLE 개체 형식

그래픽, 소리, 동영상 등 다른 형식의 파일을 연결하여 데이터베이스에 포함시킬 때 사용한다. 윈도우에서 실행되는 모든 프로그램의 파일을 테이블 내부에 저장하여 관리할 수 있다. OLE 개체 형식으로 된 필드에 데이터를 입력하려면 [삽입]-[개체] 메뉴를 이용하여 삽입할 개체의 형식과 파일을 지정해 준다.

◆ 하이퍼링크 형식

하이퍼링크 형식은 텍스트와 숫자의 조합으로 이루어진 것으로 웹 사이트로 바로 이동할 수 있도록 링크까지 설정되어 있다. 이 형식은 웹 사이트의 주소 뿐만 아니라 내 컴퓨터의 다른 파일의 경로와 파일 이름으로 연결할 수 있다.

◆ 조회 마법사 형식

조회 마법사 형식은 목록 상자나 콤보 상자를 사용해서 값의 목록이나 다른 테이블에서 만들어진 값을 선택할 수 있노록 만느는 형식이다. 데이터 형식이라기보다는 데이터를 입력할 때 보완해 주는 기능이라고 생각하면 된다.

03 필드 속성

필드에 대한 데이터 형식을 지정한 후, 각 필드에 대한 속성을 지정한다. '필드 속성' 이란 필드가 가지고 있는 성격을 말하는데, 데이터 형식에 따라 설정할 수 있는 속성에는 차이가 있다. 필드의 속성을 올바르게 지정해야 정밀한 데이터베이스를 만들 수 있다.

필드의 속성을 변경하려면 테이블 디자인 창의 하단에 '필드 속성' 에서 데이터 형식에 따라 속성을 변경한다.

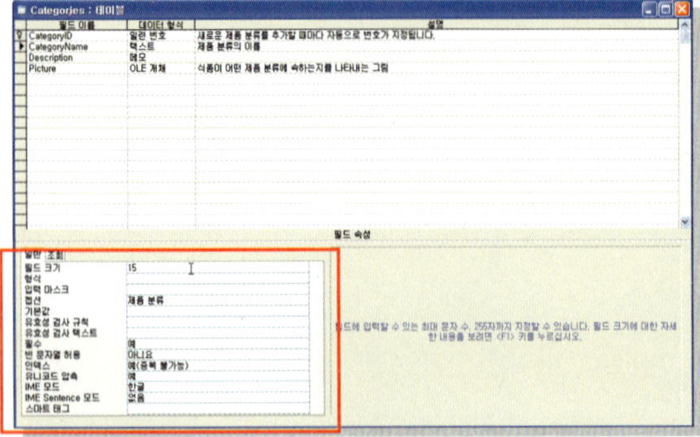

▶ 데이터 형식을 지정한 후, 필드 속성을 변경한다. 데이터 형식에 따라 지정할 수 있는 속성은 다르다.

◆ 필드 크기

필드의 길이를 지정하는 속성으로 텍스트 형식인 경우 1~255자 범위 안에서 크기를 지정한다. 입력할 데이터에 따라 길이를 정해 주는 것이 좋다. 단 지정한 크기보다 데이터를 길게 입력하면 데이터의 일부가 잘릴 수 있으므로 고려하여 크기를 정해준다. 그리고 숫자 형식은 정수, 실수 등으로 나뉘어져 있는데 길이가 정해져 있다. 날짜/시간, 예/아니오 형식 등도 이미 정해져 있기 때문에 데이터 형식만 지정하면 된다.

◆ 형식

숫자, 날짜/시간, 텍스트 형식에 따라 다르게 지정할 수 있는데, 숫자 형식인 경우 통화로 변경할 수 있다. 내부적으로 저장되는 것은 숫자이지만 데이터시트나 폼 등에서 표시되는 것이 통화로 나타난다고 생각하면 된다.

◆ 소수 자릿수

숫자 형식에서 이 속성을 지정할 수 있다. 0에서 15까지 설정할 수 있다.

◆ 입력 마스크

사용자가 입력을 편하게 할 수 있는 속성으로 예를 들어, 우편번호 같은 경우 앞에 3자리 그리고 중간에 구분기호인 '-'를 입력하고 뒤에 3자리를 입력하는 경우가 많은데, 이렇게 입력하는 형식을 미리 만들어 사용자가 '-'를 입력하지 않더라도 자동으로 나타나도록 해준다.

◆ 캡션

테이블의 필드 이름을 대신하는 속성으로 테이블이나 쿼리, 폼 등에서 사용할 별명이라고
생각하면 된다.

◆ 기본값

테이블에서 새 레코드를 추가할 때 사용자가 입력하지 않아도 자동으로 값을 입력해 주는
속성이다. 가입일 등을 입력할 때 컴퓨터에서 제공하는 오늘 날짜를 자동으로 입력할 수 있
도록 설정할 수 있다.

◆ 유효성 검사 규칙과 유효성 검사 텍스트

유효성 검사 규칙은 필드의 값에 미리 정한 값만 입력될 수 있게 하는 속성이고 유효성 검
사 규칙에 맞지 않는 값이 입력되면 경고 메시지를 나타나게 설정해 주는 속성이 유효성 검
사 텍스트이다.

◆ 필수

이 속성을 '예'로 설정하면 이 필드에는 반드시 값을 입력해야 한다. 값을 입력하지 않으면
레코드를 입력할 수 없다.

◆ 빈 문자열 허용

이 속성이 지정된 필드에는 빈 문자열을 입력할 수 있다. 공백 문자의 허용 여부를 설정하
는 것이며, 텍스트, 메모, 하이퍼링크 형식에만 적용된다.

◆ 인덱스

이 속성을 지정한 필드로 데이터를 검색할 경우, 검색 속도와 쿼리 속도가 빨라진다. 이 속
성에는 '예/중복 가능'으로 설정하면 필드에 같은 값을 입력할 수 있으나 '예/중복 불가능'
으로 설정하면 같은 값이 입력되는 것을 막을 수 있다. 기본 키로 필드를 설정하면 '예/중복
불가능'으로 자동으로 변경된다.

◆ 유니코드 압축

이 속성을 지정하면 텍스트, 메모, 하이퍼링크 형식에 데이터를 나타낼 때 유니코드 구성표

를 사용하여 나타낸다. 유니코드는 서로 다른 언어 체계로 인해 국가 간의 글자 입력에 문
제가 생기지 않도록 한다.

◆ IME 모드

다국어를 입력할 수 있는 속성으로 미리 지정한 중국어나 일본어 등의 외국어를 바로 입력
할 수 있다.

◆ 스마트 태그

텍스트 요소로서 예를 들어, 이메일 주소를 입력하면 이메일 이름이 스마트 태그로 인식되
어 연락처 정보를 찾거나 지정된 연락처로 메시지를 보내는 등의 일을 할 수 있도록 설정
된다.

액세스는 테이블간의 관계 설정을 통해 작업할 수 있는 관계형 데이터베이스이다. 관계는 주로 두 테이블에서 이름이 같은 키 필드의 데이터를 대응시켜 설정한다. 테이블의 관계 종류와 관계 설정을 위한 기본적인 사항에 대해 알아본다.

학습 목표

- 테이블을 연결하기 위한 기본 키를 이해할 수 있다.
- 관계의 종류를 알 수 있다.

01 기본 키

'기본 키'는 여러 레코드 중에서 특정 레코드를 유일하게 구분해 주는 필드를 말한다. 기본 키는 두 테이블 사이에 연결고리 역할을 한다. 연결 당하는 쪽 테이블의 필드는 '외래 키'라고 한다.

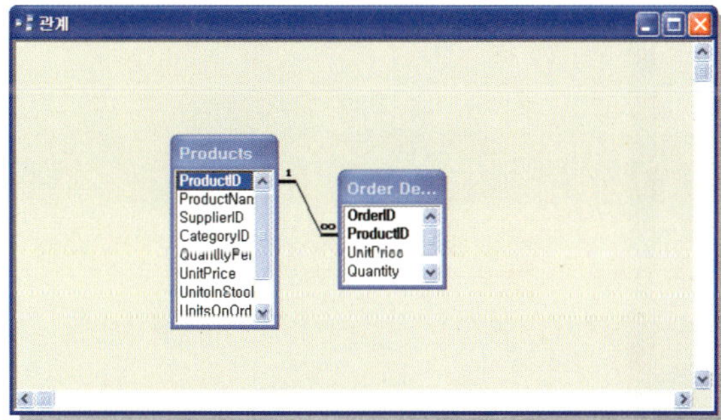

▶ 두 테이블의 관계를 나타내준다. 'Products' 테이블이 기본 테이블로 'Order Detail' 테이블로 연결된다.

테이블의 기본 키로 설정된 필드는 중복 값이나 Null 값(값이 없음)은 입력할 수 없으며, 반드시 값을 입력해야 하며, 유일한 값이어야 한다. 일련번호나 ID나 사원번호, 주민번호, 학번과 같은 단일 필드를 기본 키로 설정할 수 있다. 단일 필드가 고유한 값을 가질 수 없을 경우 두 개 이상의 필드를 기본 키로 설정할 수 있다. 관계 설정에서 다대다 관계로 연결할 때 대체로 다중 필드를 기본 키로 사용한다.

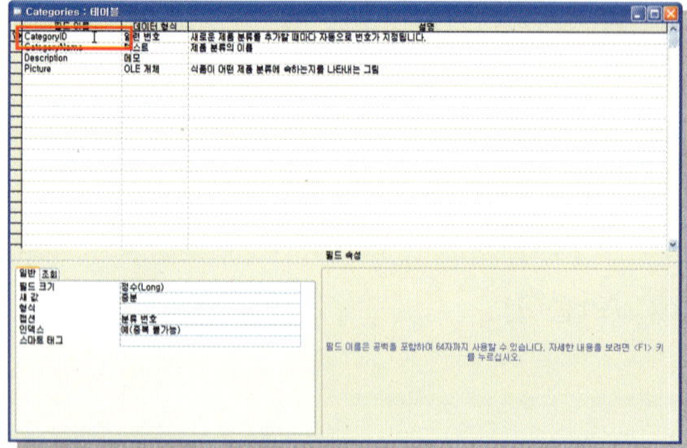

▶ 일련번호 형식으로 설정된 필드에 기본 키를 설정한 상태이다.

기본 키를 설정할 때는 테이블을 디자인 보기 상태로 열어 놓은 다음 기본 키로 설정할 필드로 이동한 후, ① [편집]—[기본 키] 메뉴를 선택하거나 ② 마우스 오른쪽 단추를 눌러 [기본 키] 메뉴를 선택한다. 또는 ③ 도구 모음의 [기본 키] 아이콘 을 클릭한다. 선택한 필드에 열쇠 모양 이 생기면서 기본 키 필드임을 표시 해 준다. 기본 키 설정을 취소할 때는 기본 키로 설정된 필드로 이동 한 후, 도구 모음의 [기본 키] 아이콘 을 클릭한다.

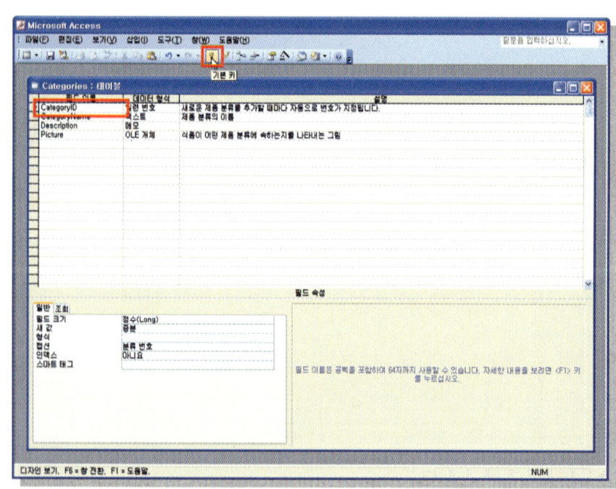

02 관계 종류

관계형 데이터베이스는 테이블끼리 연결되는 관계를 설정해야 온전한 데이터베이스가 된다. 관계는 주로 두 테이블에서 이름이 같은 키 필드의 데이터를 대응시킴으로써 만들어진다. 관계에는 일대일, 일대다, 다대다 종류가 있다.

일대일 관계에서는 한 테이블의 각 레코드가 다른 테이블의 한 레코드에만 대응되는 관계로 테이블을 여러 필드로 나누거나 보안상의 이유로 테이블의 일부를 별도로 저장할 때 주로 사용하며, 기본 키와 기본 키를 대응시켜 설정한다.

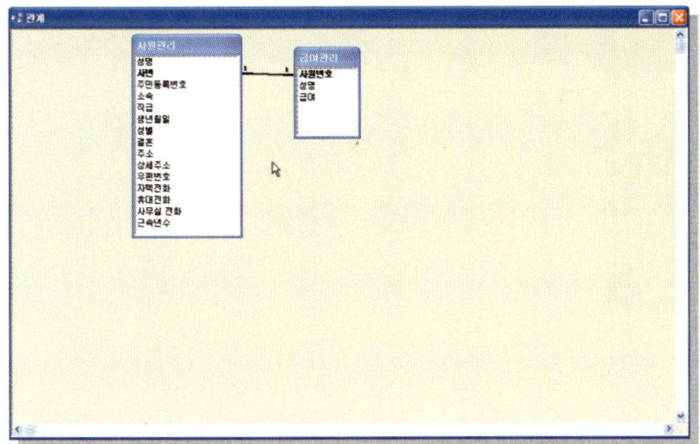

▶ 일대일 관계

일대다 관계는 연결하는 쪽인 기본 테이블에서 각 레코드의 기본 키 필드가 연결되는 쪽인 관련 테이블의 여러 레코드의 해당 필드에 대응되는 두 테이블간의 연결 상태를 의미한다. 일반적으로 사용되는 관계 종류이며, 하나의 테이블에 저장된 필드를 다른 테이블에서 여러 번 참조할 때 적합하다.

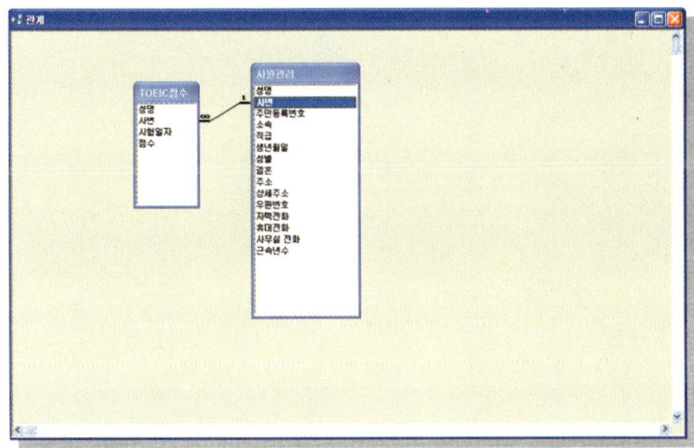

▶ 일대다 관계

다대다 관계는 두 테이블이 여러 레코드에 대응되는 것으로 두 테이블 사이에서 직접 설정할 수 없고 중간에 다른 테이블을 이용하여 설정한다. 'Products' 테이블은 'Order Detail' 테이블을 통해 'Orders' 테이블과 연결하여 사용할 수 있다. 이렇게 제 3의 테이블을 연결하여 관계 설정할때 다대다 관계라고 한다.

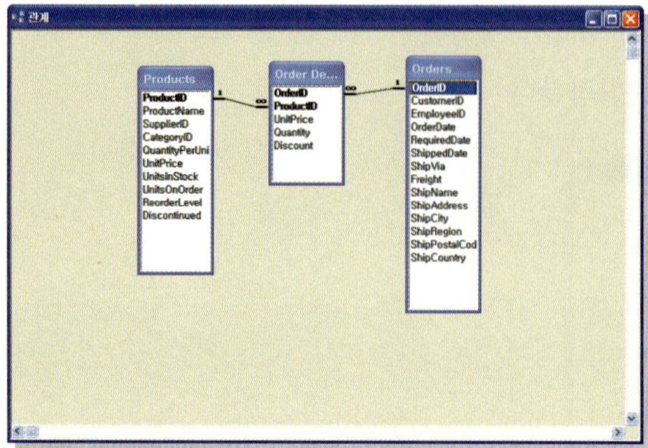

▶ 다대다 관계

Task1

액세스에서 만든 데이터베이스에 데이터가 저장되는 개체를 (　　　　　)이라 한다.

1. 필드　　　　　　**2.** 레코드　　　　　　**3.** 테이블　　　　　　**4.** 관계

Task2

다음의 용어와 설명을 올바르게 연결하시오.

다대다 관계, 일대일 관계, 일대다 관계

1. 한 테이블의 각 레코드는 다른 테이블의 한 레코드에만 대응된다. 이 관계는 테이블을 여러 필드로 나누거나 보안상의 이유로 테이블의 일부를 별도로 저장할 때 주로 사용하며, 기본 키와 기본 키를 대응시켜 설정하는 관계를 (　　　　　)이라 한다.

2. 연결하는 쪽인 기본 테이블에서 각 레코드의 기본 키 필드가 연결당하는 쪽인 관련 테이블의 여러 레코드의 해당 필드에 대응되는 두 테이블간의 연결 상태를 의미하는 관계를 (　　　　　)이라 한다.

3. 테이블이 여러 레코드에 대응되는 것으로 두 테이블 사이에서 직접 설정할 수 없고 중간에 다른 테이블을 이용하여 설정하는 관계를 (　　　　　)이라 한다.

Task3

테이블을 만들 때 사용하는 데이터 형식 중에 웹 사이트로 바로 이동할 수 있도록 링크까지 설정된 데이터 형식이 무엇인가?

1. 입력 마스크　　　　　**2.** 하이퍼링크　　　　　**3.** 예/아니오　　　　　**4.** IME 모드

Task4

테이블을 구성하는 레코드를 구별할 수 있게 해 주는 키를 무엇이라 하는가? (　　　　　)

Task5

필드를 구성할 때 데이터 형식과 필드의 성격을 변경할 수 있는 필드 속성이 있는데, 필드 속성 중에서 검색과 정렬 속도를 빠르게 할 수 있는 속성은 무엇인가? (　　　　　)

Answer　　Task1. ① 테이블　Task2. 1.일대일 관계, 2.일대다 관계, 3.다대다 관계　Task3. ② 하이퍼링크　Task4. 기본 키
Task5. 인덱스

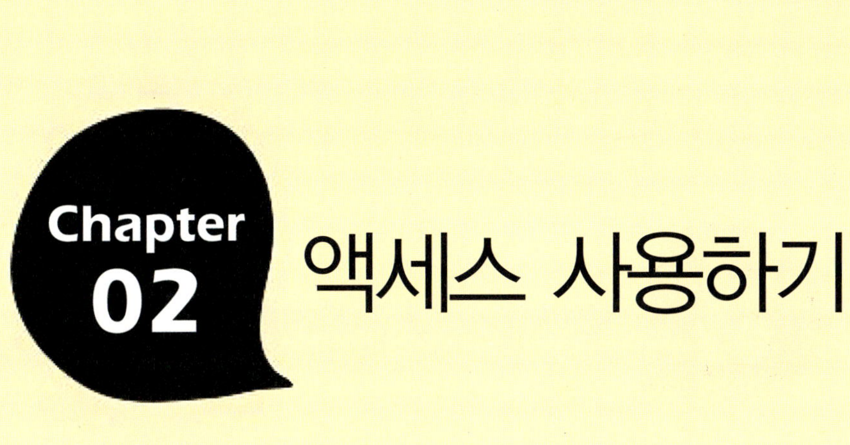
Chapter
02
액세스 사용하기

Chapter 02 액세스 사용하기

>>> 액세스는 데이터베이스를 작성하고 관리하는 응용 프로그램으로 마이크로소프트사의 오피스 프로그램 중의 하나이다. 워드나 엑셀과는 달리 데이터베이스를 기본 바탕으로 하고 있기 때문에 배우기 까다롭고 어려운 부분이 있지만, 시간과 노력이 더 든다고 해서 어렵다고 단정하지 말고 하나씩 익혀서 데이터베이스의 전문가가 되기를 기대해 본다.

액세스를 사용하면 경험이 없는 초보자라도 어렵지 않게 데이터베이스를 구축하고 관리할 수 있으며, 전문가에게는 데이터베이스 프로그램을 개발할 수 있도록 강력한 기능을 제공한다. 본격적으로 데이터베이스에 관련된 작업을 하기 전에 액세스의 실행과 종료, 화면 구성에 대해서 알아보고 간단한 데이터베이스를 만들어 저장하는 방법에 대해서 알아보도록 한다.

학습 목표

- 액세스를 실행하고 종료할 수 있다.
- 데이터베이스를 열고 닫을 수 있다.
- 새로운 데이터베이스를 작성하고 저장할 수 있다.
- 액세스의 도구 모음과 창을 제어할 수 있다.
- 도움말 기능을 이용할 수 있다.

01 액세스 실행과 종료

액세스를 이용하여 데이터베이스 관련 작업을 하려면 먼저 액세스를 실행한다. 액세스를 실행하는 방법은 다음과 같이 2가지 방법이 있는데, 메뉴를 이용하거나 바탕 화면의 바로 가기 아이콘을 이용할 수 있다. 그리고 액세스를 종료하려면 [파일]-[끝내기] 메뉴를 선택하거나 제목 표시줄에서 [닫기] 아이콘 X 을 클릭한다.

01 ① [시작]-[모든 프로그램]-[Microsoft Office]-[Microsoft Office Access 2003] 메뉴를 클릭한다. 또는 ② 바탕 화면의 바로 가기 아이콘 을 더블클릭한다.

tip 바탕 화면에 액세스 바로 가기 아이콘 만들기

바탕 화면에 액세스 바로 가기 아이콘을 만들려면 [시작]-[모든 프로그램]-[Microsoft Office]-[Microsoft Access 2003] 메뉴 위에서 마우스 오른쪽 단추를 눌러 [보내기]]-[바탕 화면에 바로 가기 만들기] 메뉴를 클릭한다. 그러면 바탕 화면에 가기 아이콘이 생성된다.

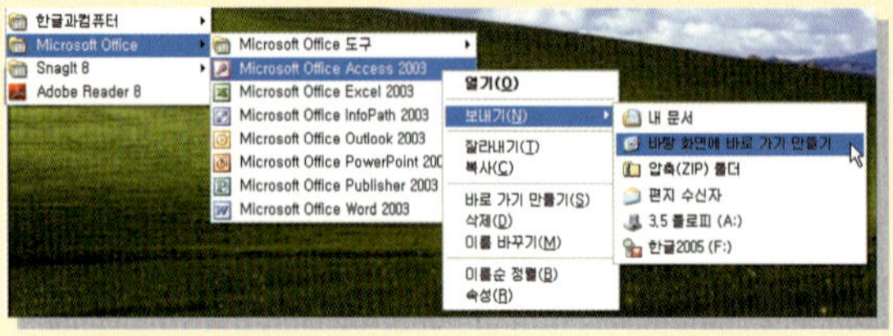

액세스가 실행되면 [시작] 작업창이 나타나서 액세스 작업을 편리하게 시작할 수 있다. 액세스의 화면은 크게 제목 표시줄, 메뉴 표시줄, 도구 모음, 작업 영역, 작업창으로 구성된다.

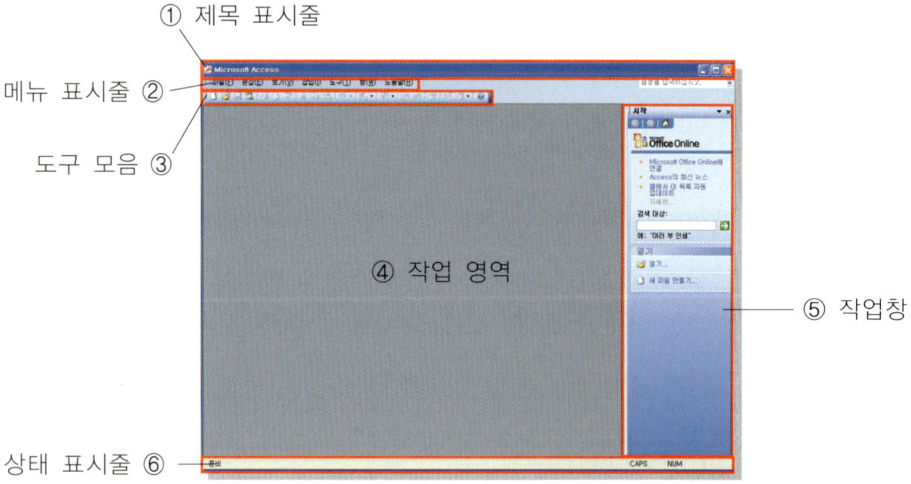

① **제목 표시줄** : 현재 작업 중인 액세스 파일 이름을 표시한다. 오른쪽에는 액세스 창을 제어하는 [최소화], [최대화] 및 [닫기] 아이콘 이 있다.

② **메뉴 표시줄** : 액세스에서 사용 가능한 명령들을 그룹으로 묶어 메뉴 형식으로 나열한다. 주 메뉴를 클릭하면 하위 메뉴가 목록으로 나타난다. 특정 하위 메뉴 오른쪽에는 해당 명령의 단축키를 알려주어 빠르게 명령을 수행할 수 있도록 안내해주고, 하위 메뉴 목록의 아래쪽에 있는 [확장] 아이콘 을 클릭하면 숨겨졌던 메뉴를 표시해 준다.

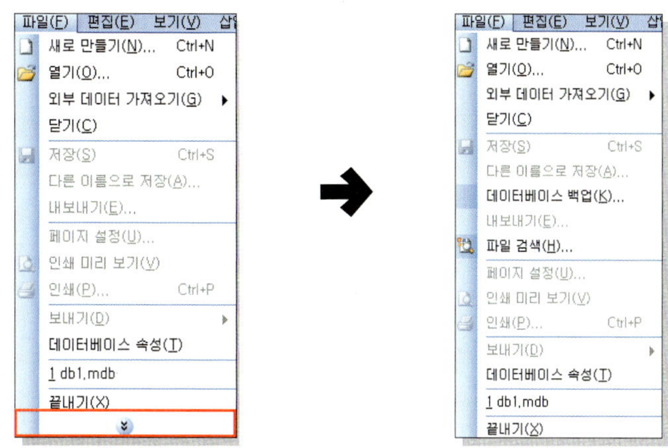

③ **도구 모음** : 도구 모음은 각 개체마다 다르게 구성된다.

- 새로 만들기 : 새 데이터베이스를 작성할 수 있으며, 오른쪽에 [새 파일] 작업창이 나타난다.

- 열기 : 기존에 작성한 데이터베이스를 불러올 수 있으며, [열기] 대화 상자가 나타난다.

- 저장 : 지금까지 작업한 내용을 저장한다.

- 검색 : [검색] 작업창을 표시하여 사용자가 원하는 검색을 수행할 수 있다.

- 인쇄 : 현재 개체의 내용을 프린터로 출력할 수 있다.

- 인쇄 미리 보기 : 현재 개체의 인쇄 모양을 화면에서 미리 보기 할 수 있다.

- 맞춤법 검사 : 맞춤법 검사 도구를 실행하여 맞춤법을 검사할 수 있다.

- 잘라내기 : 선택한 영역의 문자 또는 선택한 개체를 클립보드로 복사한 후, 화면에서 삭제할 수 있다. 또는 〈Ctrl+X〉를 눌러도 된다.

- 복사 : 선택한 영역의 문자 또는 선택한 개체를 클립보드로 복사할 수 있다. 또는 〈Ctrl+C〉를 눌러도 된다.

- 붙여넣기 : 클립보드에 저장된 내용을 화면에 표시할 수 있다. 또는 〈Ctrl+V〉를 눌러도 된다.

- 실행 취소 : 실행한 명령을 취소할 수 있다. 또는 〈Ctrl+Z〉를 눌러도 된다.

- Office 연결 : 워드 또는 엑셀을 사용하여 액세스 문서를 병합, 편집 및 분석 작업을 할 수 있다.

- 분석 : 테이블, 성능 및 데이터베이스 구조를 분석할 수 있다.

- 코드 : VBA 코드를 작성할 수 있는 편집기를 실행할 수 있다.

- Microsoft Script Editor : 스크립트 편집기를 실행할 수 있다.

- 속성 : 해당 개체에 관련된 속성을 설정할 수 있다.

- 관계 : 테이블 사이의 관계를 설정할 수 있는 창을 표시한다.

- 새 개체 : 테이블, 쿼리, 폼, 보고서, 매크로 및 모듈의 새 개체를 추가할 수 있다.

- Microsoft Access 도움말 : 도움말을 실행할 수 있다.

④ **작업 영역** : 사용자가 열어 놓은 데이터베이스에 관련된 작업을 할 수 있는 창을 표시한다.

⑤ **작업창** : 작업창은 자주 사용하는 작업들을 보다 바르게 실행할 수 있도록 해 주는 창으로 시작, 도움말, 파일 검색, 새 파일 등으로 구성된다.

⑥ **상태 표시줄** : 현재 작업하고 있는 상태의 정보를 표시해 준다.

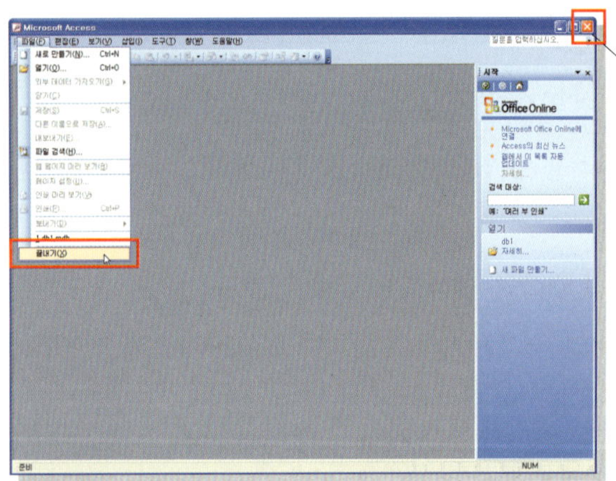

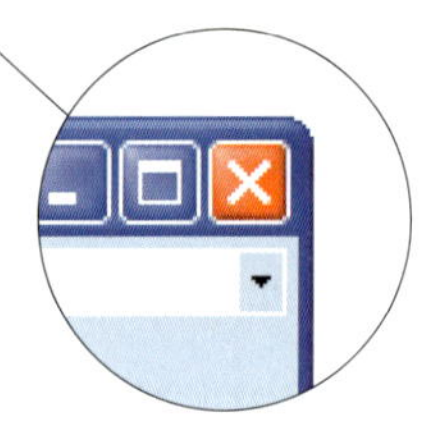

02 액세스를 종료하려면 ① [파일]–[끝내기] 메뉴를 클릭한다. 또는 ② [닫기] 아이콘 ❎ 을 클릭한다.

tip 항상 모든 메뉴 표시하기

기본적으로 사용하는 메뉴만 보이게 하는 것이 아니라 메뉴를 선택했을때 모든 메뉴를 한꺼번에 보이게 하려면 [보기]–[도구 모음]–[사용자 지정] 메뉴를 클릭한다. [사용자 지정] 대화 상자가 나타나면 [옵션] 탭을 눌러 '항상 모든 메뉴 표시' 항목을 클릭하여 선택한 후 [닫기] 단추를 클릭한다.

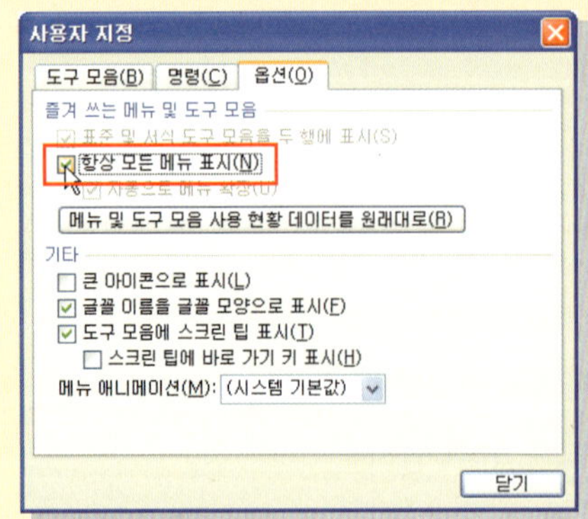

02 데이터베이스 열기와 닫기

엑셀이나 워드처럼 하나의 액세스 창에서 여러 개의 데이터베이스를 열어서 사용할 수 없고, 하나의 데이터베이스만 열어서 사용할 수 있다. 또한 작업을 마친 데이터베이스는 자동으로 저장된다.

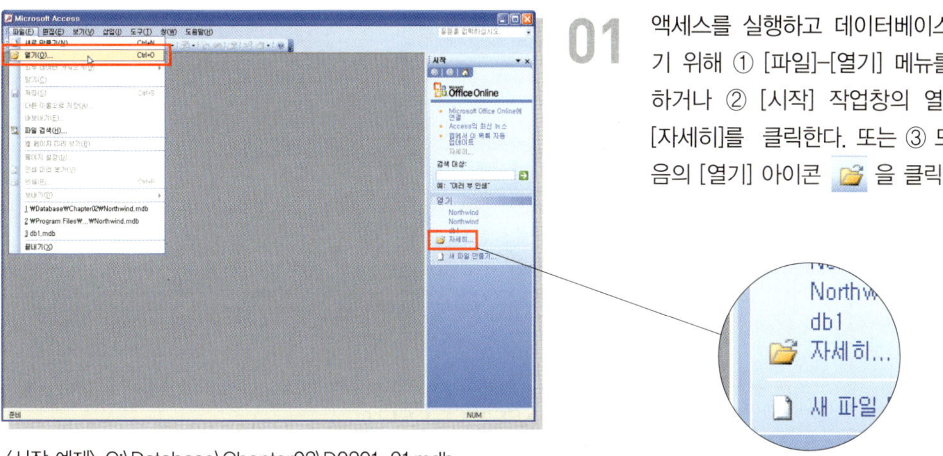

01 액세스를 실행하고 데이터베이스를 열기 위해 ① [파일]-[열기] 메뉴를 클릭하거나 ② [시작] 작업창의 열기에서 [자세히]를 클릭한다. 또는 ③ 도구 모음의 [열기] 아이콘 을 클릭한다.

〈시작 예제〉 C:\Database\Chapter02\D0201-01.mdb

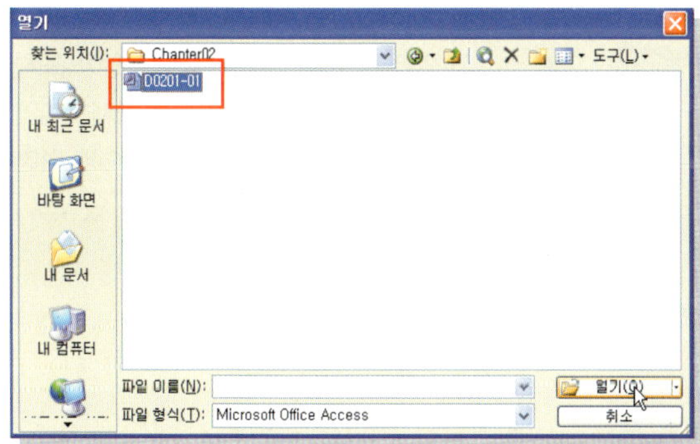

02 [열기] 대화 상자가 나타나면 데이터베이스 파일이 저장된 'C:\Database\Chapter02' 폴더로 이동하고, 'D0201-01' 파일을 선택한 후, [열기] 단추를 클릭한다.

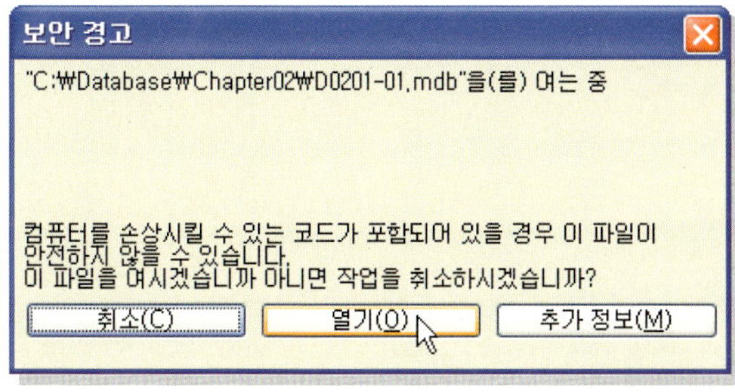

03 [보안 경고] 창이 나타나면 [열기] 단추를 클릭한다.

 **이전 버전에 대한 매크로 보안 기능**

액세스 2003에서 액세스 2000이나 액세스 2002에서 작성한 파일 형식을 불러오면 액세스 2003에서는 매크로 바이러스 경고 메시지를 보여준다. 이는 파일을 안전하게 보호하려는 것으로 효과적으로 사용된다. 파일에 바이러스 문제가 없다면 매크로 바이러스 보안 경고를 무시해도 큰 문제는 없다. 보안 경고창의 기능을 조정하려면 [도구]–[매크로]–[보안] 메뉴를 선택한 후, [보안] 대화 상자에서 [보안 수준] 탭을 눌러 '낮음'으로 선택하면 경고 창을 나타내지 않고 바로 이전 버전의 파일을 열 수 있다.

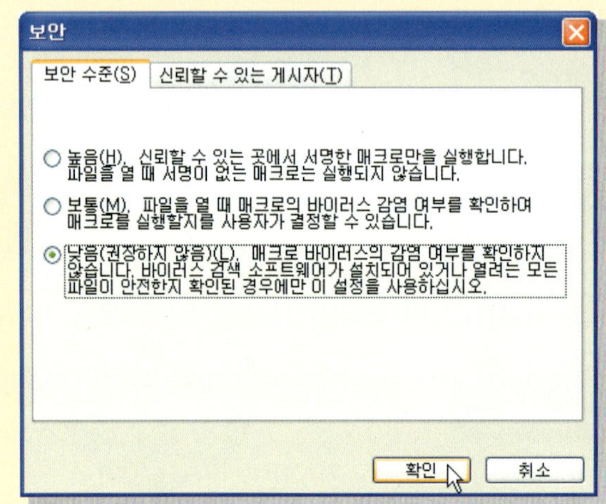

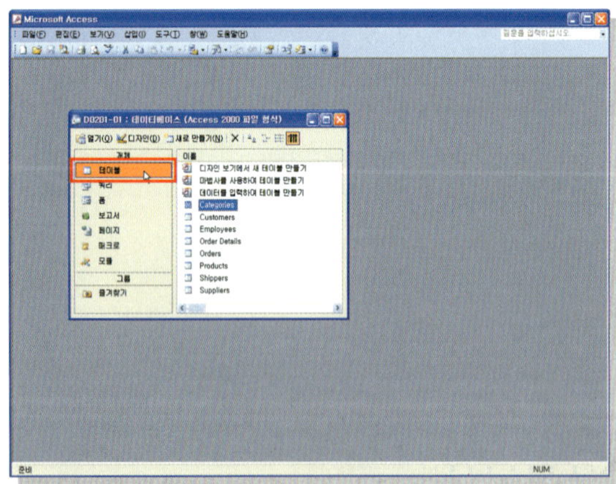

04 선택한 파일의 데이터베이스 창이 표시되고, 창의 왼쪽 개체 목록에서 [테이블] 개체를 클릭하면 오른쪽 창에 여러 개의 테이블 목록을 확인할 수 있다.

 **액세스 개체**

액세스는 7개의 구성 요소로 이루어져 있는데, 구성 요소를 '개체'라고도 한다. 액세스의 각 개체는 독립적인 기능을 가지면서 다른 개체와 상호 작용을 한다. 액세스 개체에 대해 간단히 살펴본다.

1. **테이블** : 테이블은 데이터를 저장하는 곳으로, 데이터베이스의 가장 기본이 되는 부분이다. 액세스에서는 테이블을 만드는데 필요한 편리한 기능들을 다양하게 제공하고 있다.

2. **쿼리** : 데이터베이스에서 특정한 테이블에 조건을 주어 검색하는 기능으로 기본적이면서도 아주 중요한 개체이

다. 쿼리를 만드는 방법은 사용자들이 쉽게 사용할 수 있도록 그래픽 환경으로 제공하며, 단순한 데이터 조회 뿐만 아니라 실제 테이블을 삭제하거나 만드는 기능도 가지고 있다.

3. **폼** : 사용자 간단하고 빠르게 데이터의 입력과 출력을 담당하는 개체이다. 테이블은 만든 후, 폼과 테이블을 연결하여 폼을 통해 데이터를 입력하고, 입력된 데이터를 수정하거나 삭제하는 등의 데이터 편집 작업도 할 수 있다.

4. **보고서** : 보고서는 검색된 데이터를 출력하는 개체이다. 일반적인 인쇄 뿐만 아니라 주소 라벨이나 바코드 등을 인쇄할 수 있다.

5. **페이지** : 테이블에 저장되어 있는 데이터를 웹 사이트에서 보여주고, 데이터를 수정하거나 입력할 수 있다. 웹 서버가 설치된 서버에서 액세스를 설치하면 간단히 액세스에서 만든 데이터를 웹 사이트에서 관리할 수 있다.

6. **매크로** : 액세스의 특색 있는 개체로 사용 빈도가 높거나 중요하다고 생각되는 프로그램 기능을 미리 매크로 이름으로 정의해 놓고 프로그래밍 지식이 없더라도 쉽게 이용할 수 있다. 매크로를 반복적인 작업을 좀 더 쉽게 처리할 수 있도록 해 주는 자동화 기능이다.

7. **모듈** : 액세스의 프로그래밍 언어인 VBA(Visual Basic for Application)로 실제 프로그램을 코딩하는 부분으로 매크로로 할 수 없는 복잡한 작업을 처리하기 위해 프로그램을 직접 작성하는 것을 말한다. 개발자는 쉽게 이용할 수 있지만 초보자에겐 어려운 부분이다.

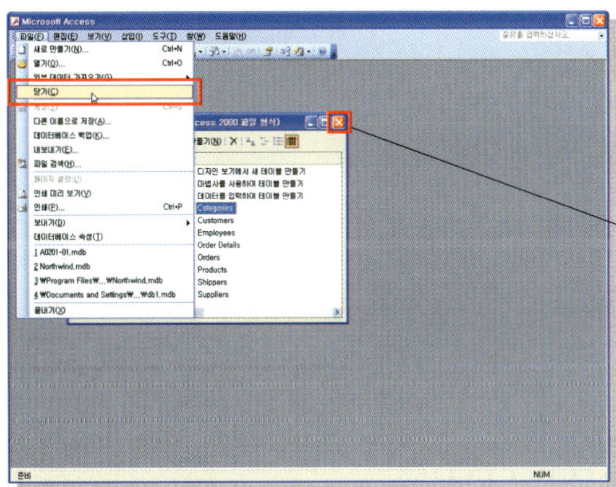

06 작업을 마친 데이터베이스를 닫으려면 ① [파일]-[닫기] 메뉴를 선택하거나 ② [데이터베이스] 창의 [닫기] 아이콘 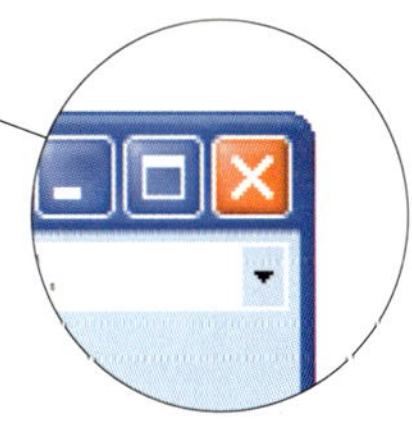 을 클릭한다.

새 데이터베이스 작성과 저장

데이터베이스를 만들기 위해서는 먼저 설계를 한 후, 데이터베이스 시스템에서 제공하는 기능을 통해 데이터베이스 파일을 만들고, 데이터를 저장할 테이블 개체를 만들어 데이터베이스 파일에 저장하는 것이 기본이다. 액세스에서는 데이터베이스를 만든 후, 데이터를 입력하거나 수정을 하면 자동으로 데이터베이스에 저장된다. 개체별로 저장을 하면 자동으로 데이터베이스에 저장되기 때문에 데이터베이스를 별도로 저장하는 작업은 하지 않아도 된다. 액세스에서 제공하는 서식 파일을 이용하여 데이터베이스를 작성하는 방법을 알아본다.

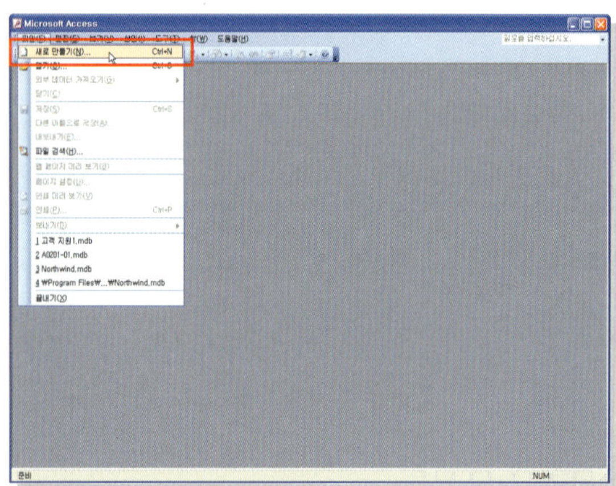

01 새로운 데이터베이스를 작성하기 위해 [파일]-[새로 만들기] 메뉴를 선택한다.

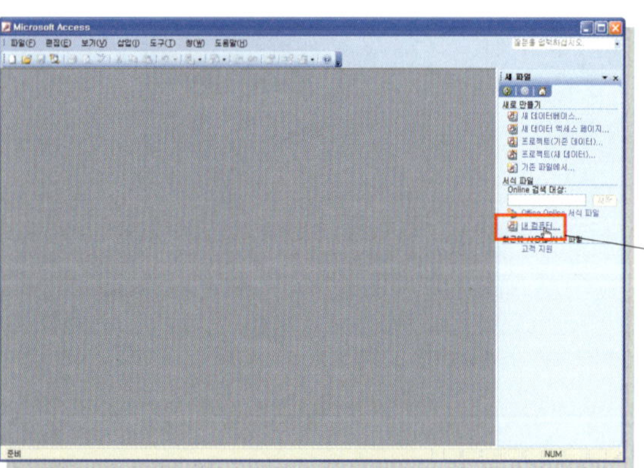

02 [새 파일] 작업창이 나타나면 액세스에서 제공하는 파일을 이용하여 데이터베이스를 만들기 위해 [서식 파일]-[내 컴퓨터]를 클릭한다.

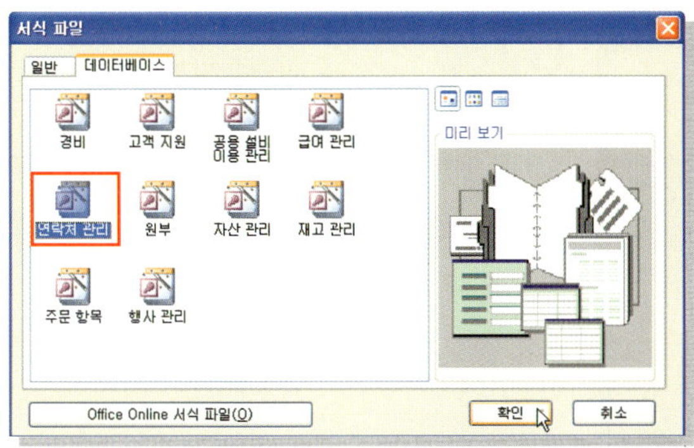

03 [서식 파일] 대화 상자에서 [데이터베이스] 탭을 눌러 여러 데이터베이스 중에서 '연락처 관리'를 선택하고 [확인] 단추를 클릭한다.

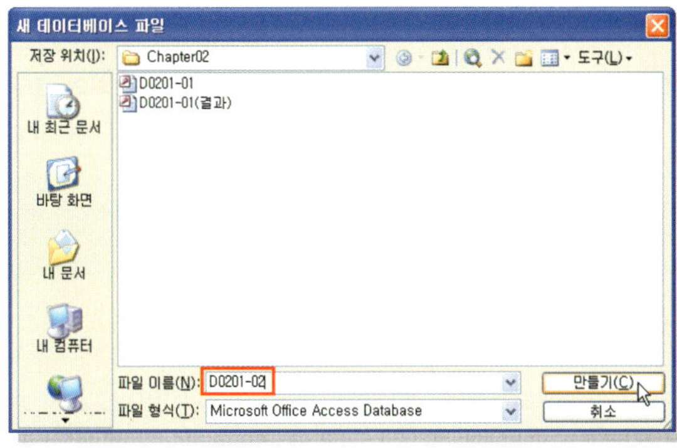

04 데이터베이스는 작성 후에 저장하는 것이 아니라 먼저 저장하므로 [새 데이터베이스 파일] 대화 상자가 나타나면 저장될 폴더를 선택한 후, 파일 이름을 'D0201-02'라고 입력하고 [만들기] 단추를 클릭한다.

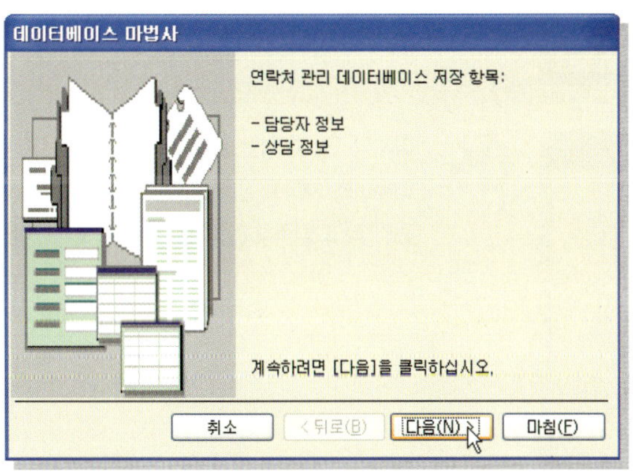

05 [데이터베이스 마법사] 대화 상자가 나타나면 내용을 읽어보고 [다음] 단추를 클릭한다.

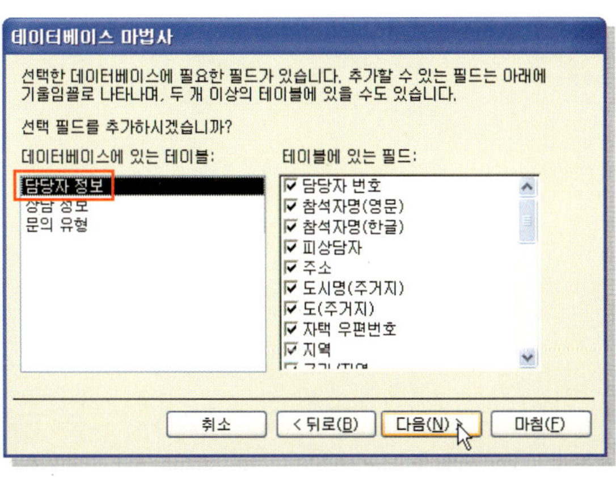

06 두 번째 단계에서 [데이터베이스에 있는 테이블] 목록에서 '담당자 정보' 테이블을 선택하면 오른쪽의 [테이블에 있는 필드] 목록에 테이블에서 사용할 수 있는 필드가 나타난다. 각 테이블에 포함할 추가 필드를 선택한 후, [다음] 단추를 클릭한다.

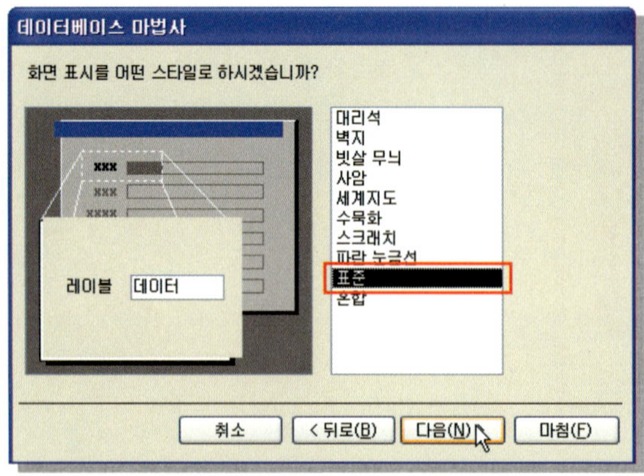

07 세 번째 단계에서는 폼에서 사용할 스타일을 선택할 수 있는데 '표준'을 선택한 후, [다음] 단추를 클릭한다.

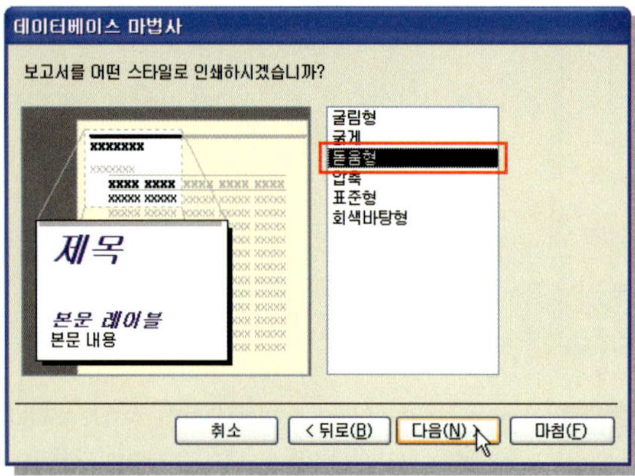

08 네 번째 단계에서는 인쇄할 보고서의 스타일을 선택할 수 있는데 '돋움형'을 선택하고 [다음] 단추를 클릭한다.

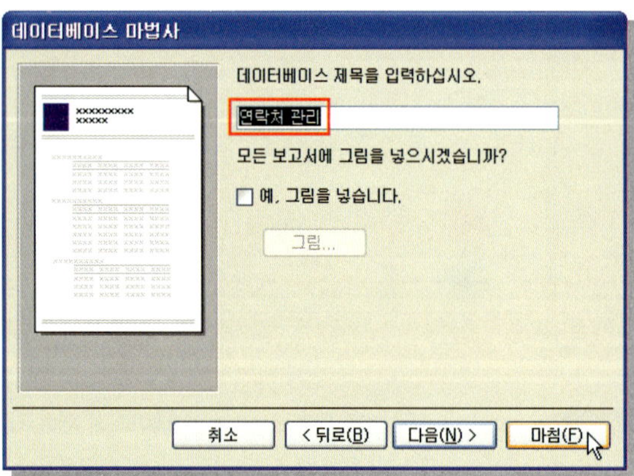

09 마지막 단계에서는 보고서에서 인쇄될 데이터베이스 제목을 입력할 수 있는데, '연락처 관리'라고 입력하고 [마침] 단추를 클릭한다.

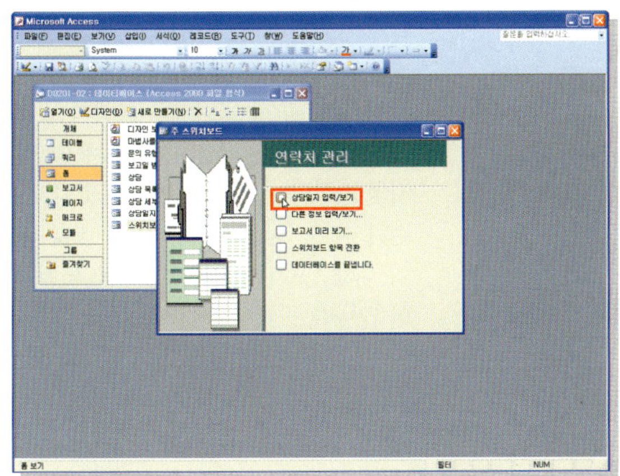

10 데이터베이스를 만드는 과정이 진행 된 후, [주 스위치보드] 창에서 작업할 메뉴인 '상담일지 입력/보기'를 선택한다.

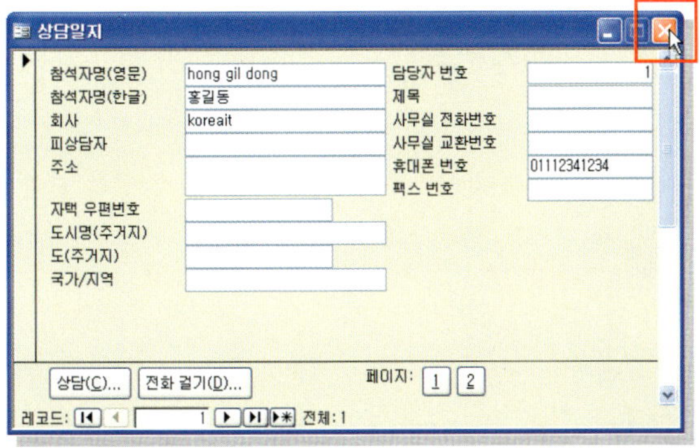

11 선택한 메뉴의 폼이 나타나면 각 필드에 필요한 내용을 입력하고 [닫기] 아이콘 을 클릭하여 폼을 닫는다. 필드를 이동할 때는 〈Tab〉 키를 눌러준다.

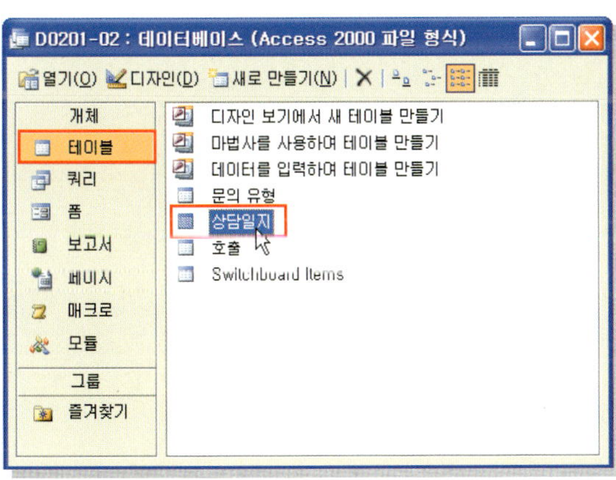

12 다시 [주 스위치보드] 창이 나타나면 [닫기] 아이콘 을 클릭하여 스위치 폼을 닫은 후, 데이터베이스 창에서 [테이블] 개체를 선택하고 '상담일지' 테이블을 더블 클릭한다.

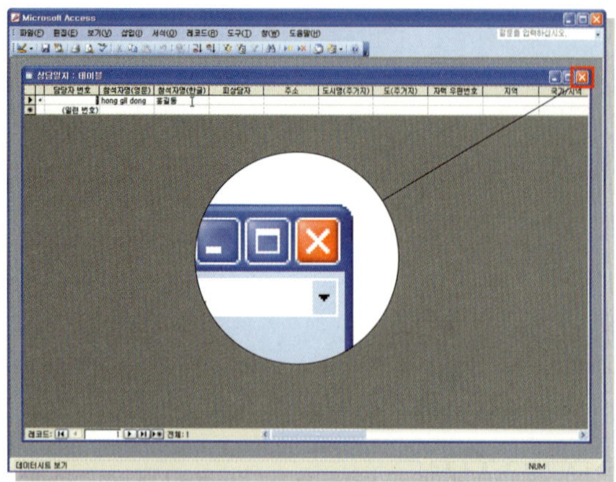

13 폼에서 입력한 내용이 '상담일지' 테이블에 저장된 것을 확인할 수 있다. 별도로 저장을 하지 않더라도 폼에서 입력하거나 수정한 내용은 데이터베이스에 자동 저장되는 것을 확인할 수 있다. 열어 놓은 '상담일지' 테이블 창을 닫기 위해 [닫기] 아이콘 ☒ 을 클릭하여 닫는다.

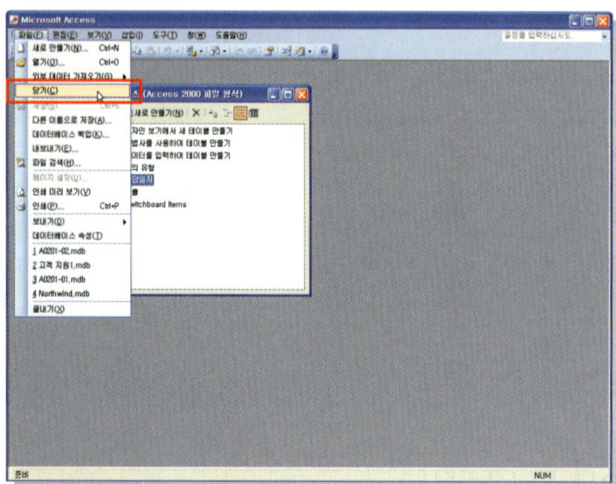

14 [파일]–[닫기] 메뉴를 선택하여 데이터베이스를 종료한다.

 **액세스 종료**

데이터베이스 만을 닫으려면 [파일]–[닫기] 메뉴를 선택하고 액세스를 종료하려면 [파일]–[끝내기] 메뉴를 선택한다.

04 도구 모음 표시

액세스에서는 다른 오피스 프로그램과는 달리 많은 도구 모음을 제공하지는 않는다. 액세스에서 제공하는 도구 모음은 데이터베이스와 웹에 관련된 도구 모음을 제공한다.

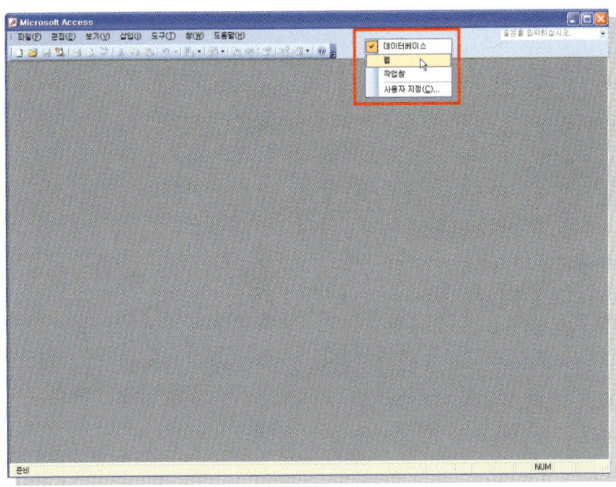

01 도구 모음을 화면에 표시하거나 숨기려면 ① [보기]-[도구 모음] 메뉴를 선택하여 나타난 메뉴 중에서 표시하거나 숨길 도구 모음을 선택한다. 또는 ② 메뉴 표시줄의 여백 위에서 마우스 오른쪽 단추를 눌러 메뉴를 선택한다.

05 도움말 사용

액세스를 사용하다 보면 해결하지 못하는 문제에 직면하게 될 수 있다. 어려운 문제를 해결할 수 있는 도움말 기능을 사용한다. 이 기능을 이용하면 아주 어렵고 복잡한 문제를 즉시 해결할 수는 없을지라도 해결할 수 있는 실마리를 얻을 수 있기 때문에 유용하게 사용할 수 있다. 데이터베이스 파일의 실행여부와 상관 없이 도움말을 이용할 수 있다.

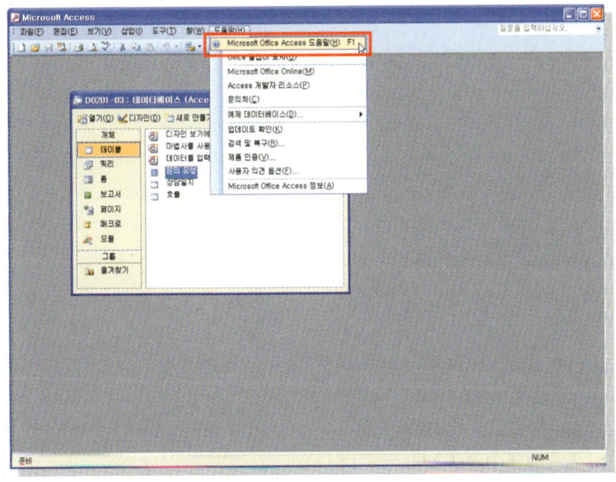

01 도움말을 사용하려면 ① [도움말]-[Microsoft Office Access] 도움말 메뉴를 선택하거나 ② 〈F1〉 키를 누른다.

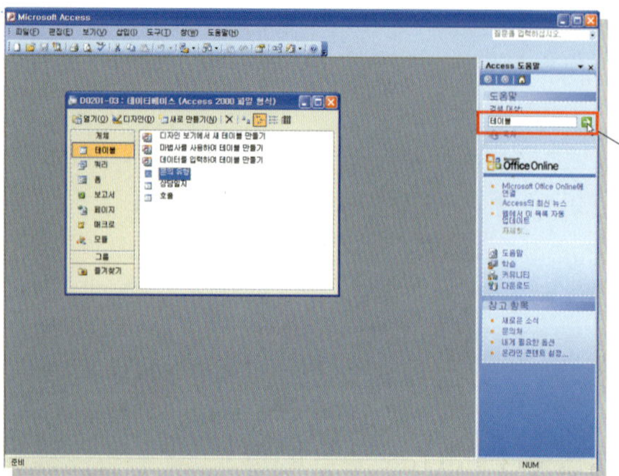

02 [Access 도움말] 작업창이 나타나면 검색 대상 입력란에 검색할 키워드를 '테이블'로 입력한 후, [검색] 아이콘 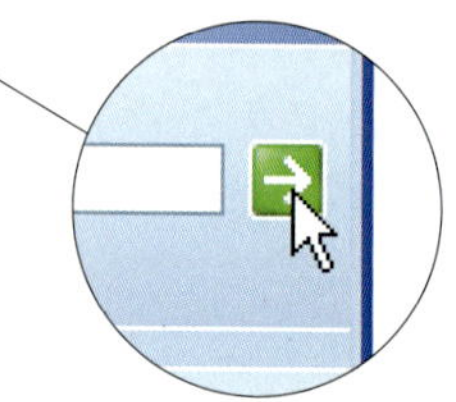을 클릭한다.

03 잠시 후 [검색 결과] 창이 열린다. 여러 목차에서 도움을 얻고자 하는 항목을 선택한다.

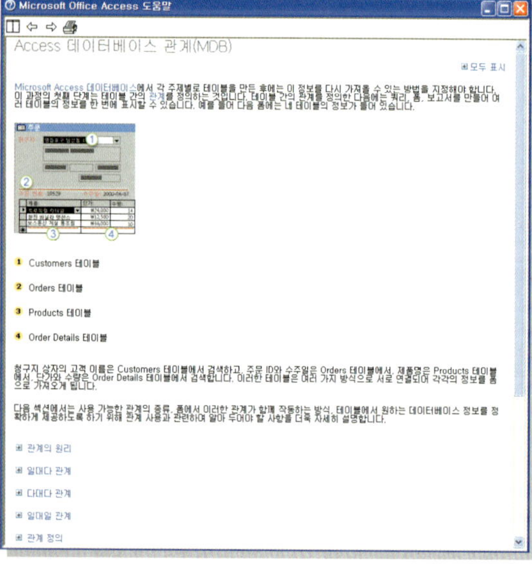

04 도움말 창이 열리면서 해당 도움말이 표시된다.

오피스 길잡이 이용하기

오피스를 설치하고 나면 각 제품의 시작 화면에서 강아지 모양의 길잡이를 볼 수 있다. 이 길잡이는 도움말을 신속히 참조하게 하는 등 오피스 사용을 보다 더 간편하게 해주는 기능이다. 오피스 길잡이를 표시하려면 [도움말]–[Office 길잡이] 메뉴를 선택한다. 길잡이가 표시되면 길잡이의 그림을 클릭하면 [무엇을 도와 드릴까요?] 대화 상자의 질문 입력란에 '쿼리에 대해서'라고 입력하고 [검색] 단추를 클릭하면 작업창에 검색 결과가 나타난다. 자세한 내용을 보고 길잡이의 마우스 오른쪽 단추를 눌러 [숨기기] 메뉴를 선택하여 종료한다.

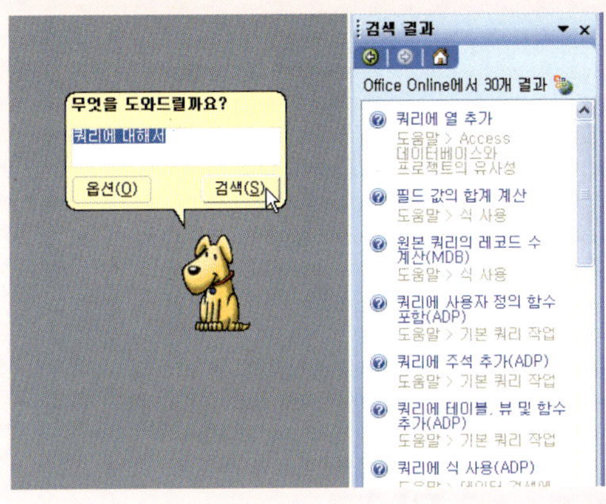

액세스를 구성하고 있는 개체를 다루는 방법을 알고 있어야 데이터베이스 작업을 할 때 편리하다. 개체를 열고 닫기, 각 개체의 보기 상태를 변경하거나 삭제, 검색, 정렬하는 방법에 대해서 알아보겠다. 이와 같은 작업은 각 개체에서 공통적으로 사용할 수 있다.

> **학습 목표**
> - 테이블, 쿼리, 폼, 보고서를 열고 저장하고 닫을 수 있다.
> - 테이블, 쿼리, 폼, 보고서의 사이를 전환할 수 있다.
> - 테이블, 쿼리, 폼, 보고서를 삭제할 수 있다.
> - 테이블, 쿼리, 폼의 데이터를 찾아 변경할 수 있다.
> - 테이블, 쿼리, 폼, 보고서에서 레코드를 정렬할 수 있다.

01 개체 열기, 저장 및 닫기

테이블, 쿼리, 폼, 보고서 개체는 데이터를 입력하거나 조회할 수 있는 창, 인쇄할 보고서의 모양을 보여 주는 창과 각 개체의 구조나 모양 등을 변경할 수 있는 디자인 창으로 구분되어 있다. 테이블이나 쿼리, 폼, 보고서 등을 열거나 수정 후 저장하고 종료하는 방법에 대해서 알아본다.

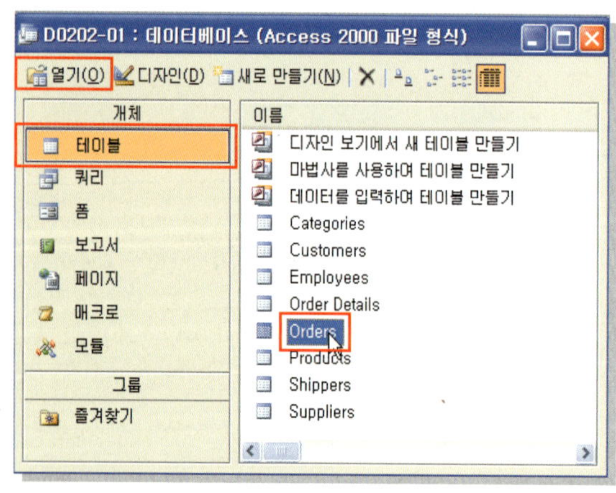

01 데이터베이스 파일을 열어 놓은 후, 왼쪽의 개체 목록 중에서 [테이블]을 선택하고 나타난 테이블 중에서 'Orders'를 클릭한 후, ① 데이터베이스 창의 도구 모음 중에서 [열기] 아이콘 열기(O) 을 선택한다. 또는 ② 선택한 테이블을 더블 클릭한다.

〈시작 예제〉 C:\Database\Chapter02\D0202-01.mdb

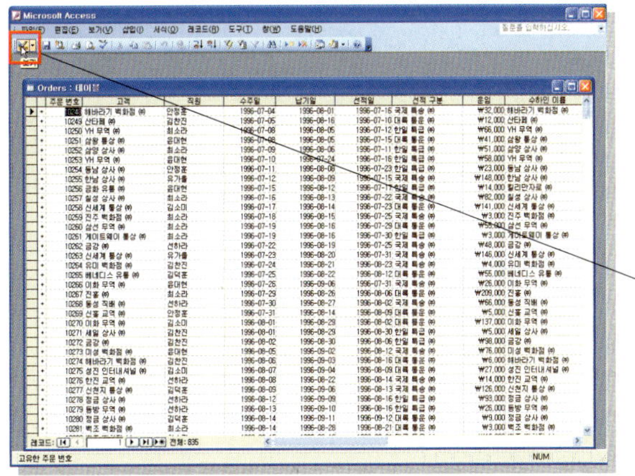

02 선택한 테이블에 저장된 데이터를 볼 수 있도록 데이터시트 보기의 테이블 창이 나타난다. 이 상태에서 테이블의 구조를 변경할 수 있는 디자인 보기로 변경하기 위해 데이터베이스 도구 모음의 [보기] 아이콘 을 클릭한다.

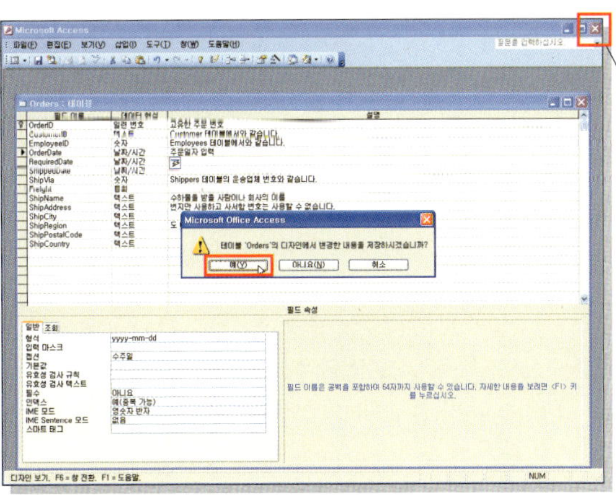

03 선택한 테이블의 구조나 데이터 형식을 변경할 수 있는 디자인 보기로 변경된다. 필드 이름이 'OrderDate'의 설명 입력란에 '주문일자 입력'이라고 입력한 후 〈Enter〉 키를 누른다.

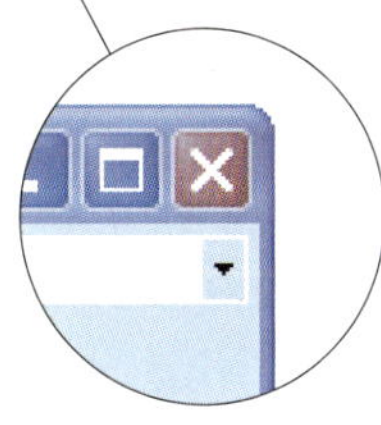

04 테이블을 수정한 다음 창을 닫기 위해 ① [닫기] 아이콘 ❌을 클릭한다. ② 테이블을 저장할 것인지를 묻는 창이 나타나면 [예] 단추를 눌러 서상하고 닫는디. 데이터베이스 파일은 저장하지 않아도 자동 저장된다.

 ## 다른 개체 보기 전환

액세스에서는 7개의 개체로 구성되어 있는데, 특히 테이블, 쿼리, 폼, 보고서 개체는 보기 상태를 변경하여 보기 상태에 따라 작업을 다르게 할 수 있다. 각 개체 중에서 만들어진 결과물을 확인하려면 [열기] 아이콘 열기(O) 을 클릭하여 결과물을 확인할 수 있는 창으로 변경된다. 다음은 폼을 선택하여 열기한 상태이다.

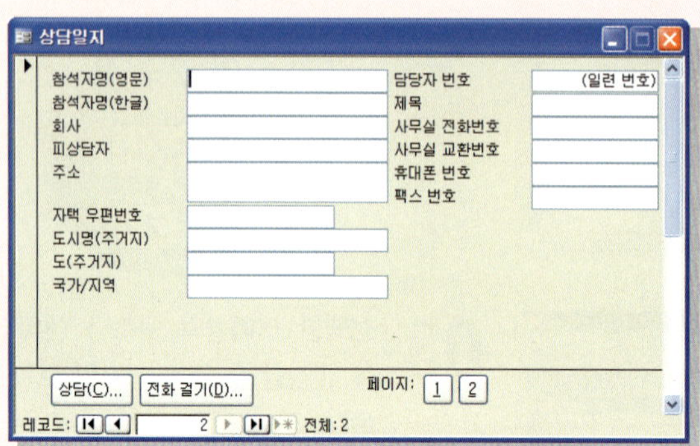

개체를 선택한 후, [디자인 보기] 아이콘 을 클릭하면 테이블의 구조나 쿼리를 작성할 수 있으며, 폼이나 보고서를 만들 수 있는 창으로 변경된다. 다음은 폼의 디자인 보기로 변경한 상태이다.

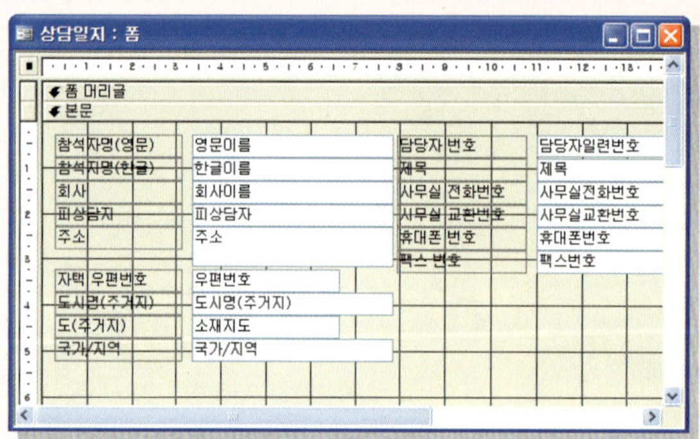

 ## 데이터베이스 창의 아이콘 보기

테이블, 쿼리, 폼 등의 개체를 선택하면 선택한 개체를 구성하는 항목이 오른쪽 영역에 나타난다. 이 항목의 보기 형태를 변경하려면 데이터베이스 창의 도구 모음에서 제공하는 아이콘을 클릭하여 변경해서 사용한다.

· [큰 아이콘] : 개체 항목을 큰 아이콘으로 변경할 수 있다.

· [작은 아이콘] : 개체 항목을 작은 아이콘으로 변경할 수 있다. 기본적으로 보여지는 형태이다.

· [간단히] : 개체 항목을 간단히 보여주어 많은 항목을 한꺼번에 볼 수 있다.

· [자세히] : 개체 항목을 작은 아이콘으로 변경할 수 있다.

02 개체 전환

액세스에서는 사용자가 열고자 하는 개체를 선택하여 전환할 수 있다. 테이블 개체에서 쿼리 개체를 이용하려면 왼쪽의 개체 목록에서 쿼리를 선택한 후, 열고자 하는 쿼리를 더블 클릭한다.

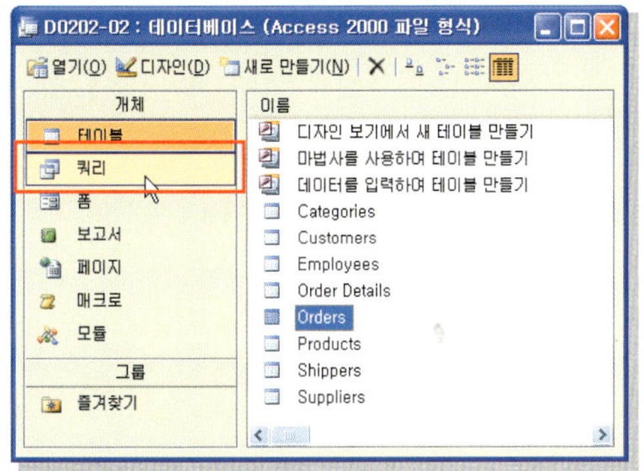
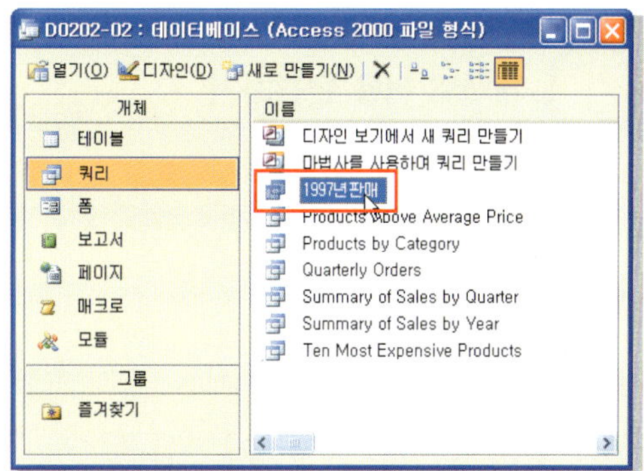

03 개체 삭제

필요 없는 테이블, 쿼리, 폼, 보고서 등은 사용자가 언제든지 삭제할 수 있다. 개체를 삭제하면 다시 복구할 수 없으므로 주의해서 삭제해야 한다.

예를 들어, 사용자가 여러 개의 테이블 중에서 삭제할 테이블이 있다면 '테이블' 개체를 선택한 후, 나타난 테이블 목록에서 삭제할 테이블을 선택한 다음 〈Delete〉 키를 눌러 삭제 한다. 쿼리 중에서 필요없는 '1997년 판매' 쿼리를 삭제해 본다.

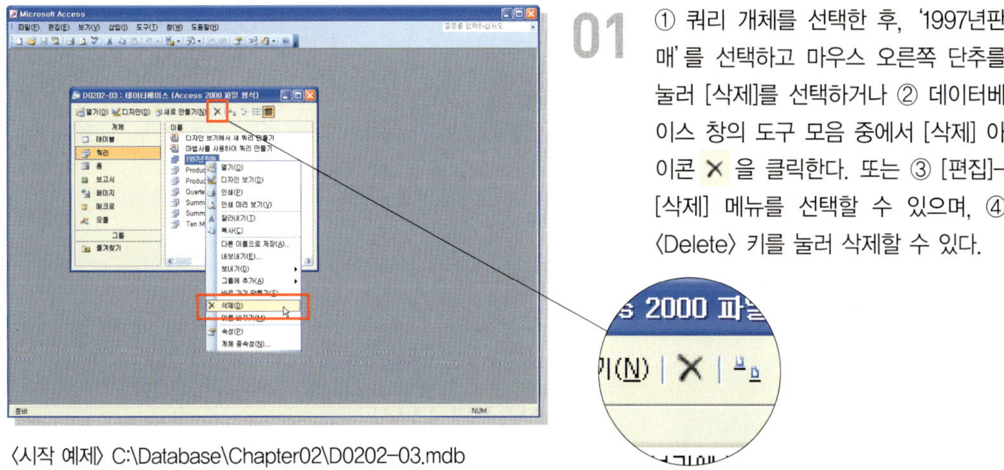

01 ① 쿼리 개체를 선택한 후, '1997년판매'를 선택하고 마우스 오른쪽 단추를 눌러 [삭제]를 선택하거나 ② 데이터베이스 창의 도구 모음 중에서 [삭제] 아이콘 ✕ 을 클릭한다. 또는 ③ [편집]-[삭제] 메뉴를 선택할 수 있으며, ④ 〈Delete〉 키를 눌러 삭제할 수 있다.

〈시작 예제〉 C:\Database\Chapter02\D0202-03.mdb

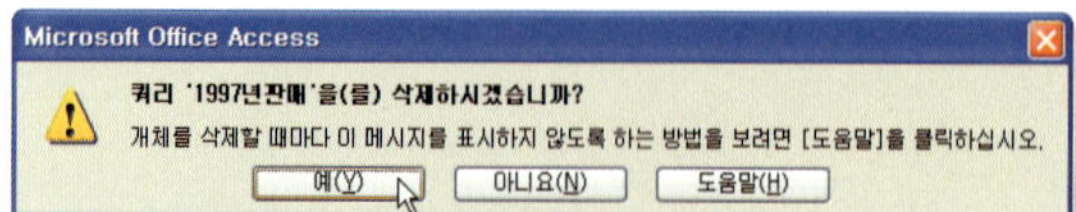

02 개체를 삭제하면 다음과 같이 경고창이 나타난다. 삭제하면 복구할 수 없으므로 사용자가 확인하는 과정이다. ① 삭제하려면 [예] 단추를, ② 삭제를 취소하려면 [아니오] 단추를 클릭한다. 선택한 쿼리를 삭제할 것이므로 [예] 단추를 클릭한다.

 **개체의 이름 변경하기**

선택한 개체의 이름을 변경할 때는 개체를 선택한 후, 마우스 오른쪽 단추를 눌러 [이름 바꾸기] 메뉴를 선택하거나 [편집]-[이름 바꾸기] 메뉴를 이용할 수 있다. 또는 〈F2〉 키를 눌러 선택한 개체의 이름을 변경할 수 있다.

04 데이터 찾기와 바꾸기

입력한 데이터 중에서 '데이터시트 보기' 상태로 열려 있는 테이블과 쿼리 결과나 '폼 보기' 상태로 열려 있는 폼에서 찾기 및 바꾸기 기능을 실행하여 데이터를 찾거나 변경할 수 있다.

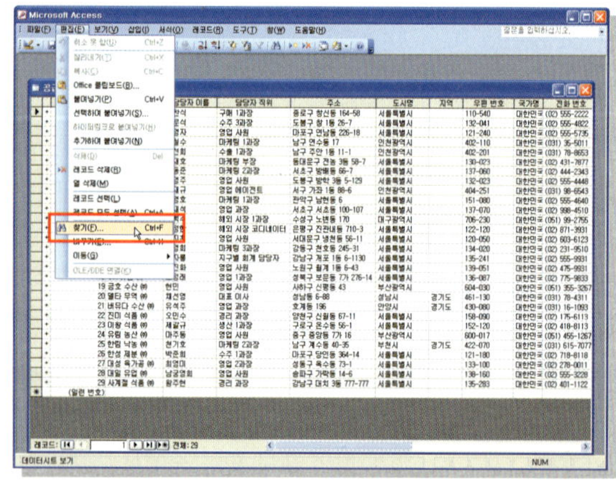

01 '공급' 테이블을 더블 클릭하여 '데이터시트 보기' 상태로 열어 놓은 후, 특정 데이터를 찾기 위해 ① [편집]-[찾기] 메뉴를 선택하거나 ② 도구 모음에서 [찾기] 아이콘 🔍 을 클릭한다. 또는 ③ 〈Ctrl+F〉를 누른다.

〈시작 예제〉 C:\Database\Chapter02\D0202-04.mdb

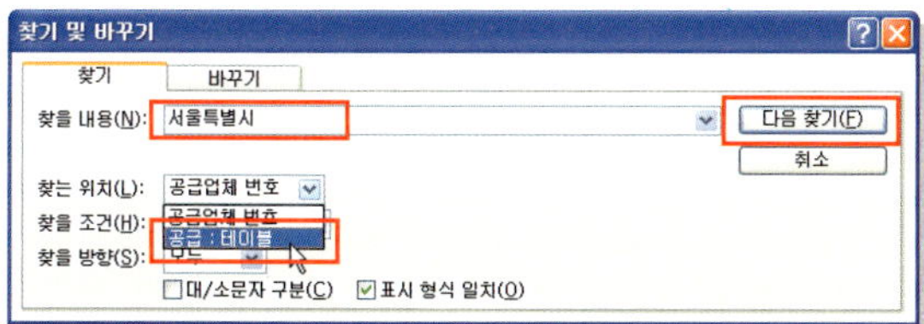

02 [찾기 및 바꾸기] 대화 상자가 표시되면 [찾을 내용]에 '서울특별시'라고 입력하고 [찾는 위치]의 화살표를 클릭하여 현재 테이블 전체에서 찾을 것이므로 '공급 : 테이블'을 선택하고 [다음 찾기] 단추를 클릭한다.

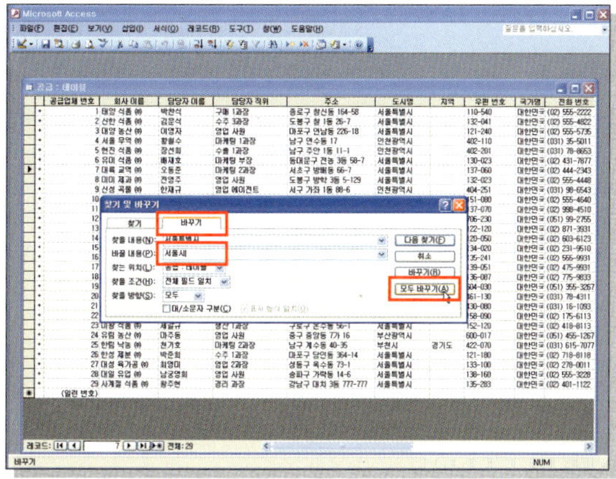

03 데이터가 있는 필드로 커서가 이동된다. 찾은 데이터를 다른 데이터로 변경하기 위해 [바꾸기] 탭을 눌러 [바꿀 내용]에 '서울시'라고 입력하고 [모두 바꾸기] 단추를 클릭한다. [바꾸기] 단추를 클릭하면 하나씩 찾아 바꾸게 된다.

 **바꾸기**

바꾸기 기능을 바로 실행하려면 [편집]–[바꾸기] 메뉴를 선택하거나, 〈Ctrl+H〉를 누르면 [찾기 및 바꾸기] 대화 상자가 표시되면서 [바꾸기] 탭이 선택된 상태로 나타난다. 데이터를 찾은 후 바꿔 준다.

04 경고창이 나타나면 [예] 단추를 클릭하여 찾은 데이터를 모두 변경한다.

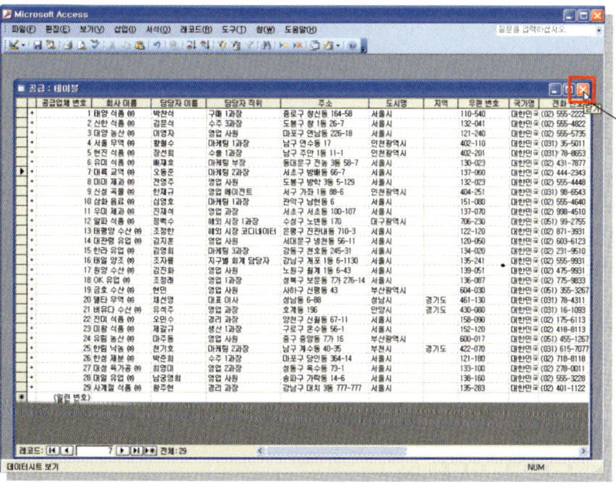

05 데이터를 찾아 바꾼 후, 테이블을 닫기 위해 [닫기] 아이콘 을 클릭한다.

레코드 정렬

테이블과 쿼리의 데이터시트 보기에서 선택된 필드를 오름차순 또는 내림차순으로 정렬할 수 있으며, 폼 보기 형식에서도 선택된 필드를 정렬할 수 있다. 입력한 데이터 형식이 '메모'인 경우에는 정렬 기능이 적용되지 않는다. 제품명 순서대로 정렬하는 방법을 알아본다.

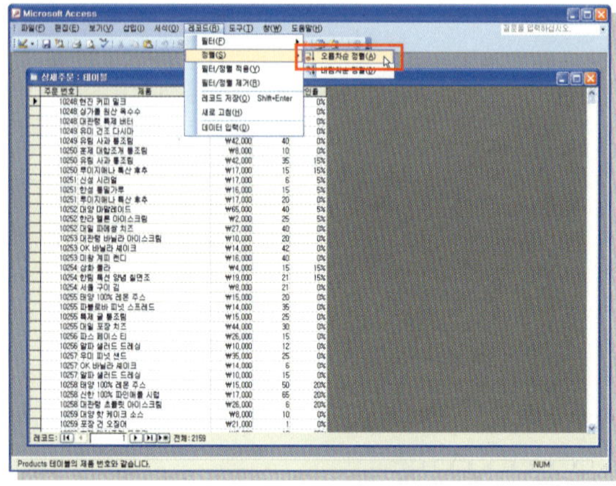

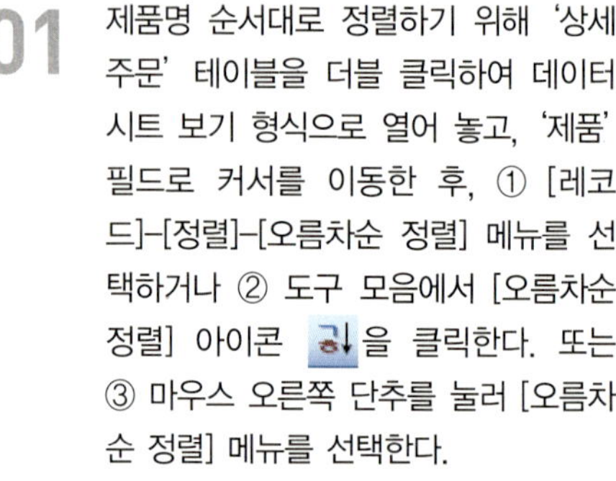

01 제품명 순서대로 정렬하기 위해 '상세주문' 테이블을 더블 클릭하여 데이터시트 보기 형식으로 열어 놓고, '제품' 필드로 커서를 이동한 후, ① [레코드]–[정렬]–[오름차순 정렬] 메뉴를 선택하거나 ② 도구 모음에서 [오름차순 정렬] 아이콘 을 클릭한다. 또는 ③ 마우스 오른쪽 단추를 눌러 [오름차순 정렬] 메뉴를 선택한다.

〈시작 예제〉 C:\Database\Chapter02\D0202–05.mdb

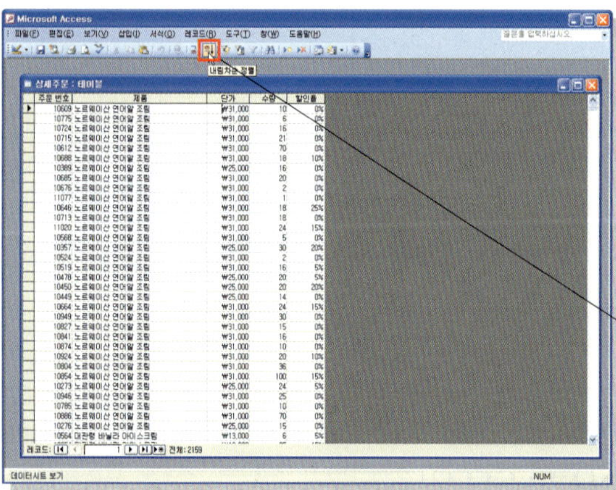

02 제품명이 오름차순으로 정렬된 상태에서 단가가 높은 순서대로 정렬하기 위해 '단가' 필드로 커서를 이동한 후, ① 도구 모음의 [내림차순 정렬] 아이콘 을 클릭하거나 ② [레코드]–[정렬]–[내림차순 정렬] 메뉴를 선택한다, 또는 ③ 마우스 오른쪽 단추를 눌러 [내림차순 정렬] 메뉴를 선택한다.

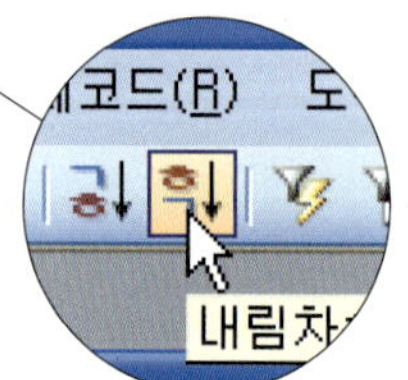

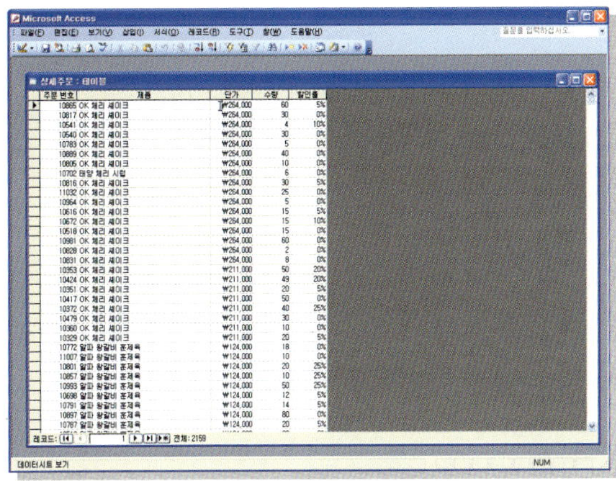

03 다음과 같이 단가가 높은 순서대로 정렬된 상태로 표시된다.

 **테이블과 쿼리의 정렬**

테이블과 쿼리의 데이터시트 보기에서 오름차순이나 내림차순으로 정렬한 후, 테이블이나 쿼리를 닫았을 경우 저장여부를 묻는 창이 나타난다. 창이 표시되면 정렬한 상태를 저장할 것이라면 [예] 단추를, 저장하지 않을 것이라면 [아니오] 단추를 눌러 준다. 폼에서는 정렬하더라도 저장을 묻는 창이 표시되지 않는다.

 **폼 보기에서 정렬**

폼 보기에서 정렬하려면 정렬할 필드로 커서를 이동한 후, 도구 모음에서 [오름차순 정렬] 아이콘 🔼 이나 [내림차순 정렬] 아이콘 🔽 을 클릭한다. 또는 [레코드]–[정렬]–[오름차순 정렬] 메뉴나 [내림차순 정렬] 메뉴를 이용해도 되고, 마우스 오른쪽 단추를 눌러 [오름차순 정렬], [내림차순 정렬] 메뉴를 이용해도 된다. 다음 그림은 폼 보기 형식에서 사원 이름에 커서를 이동한 후, 마우스 오른쪽 단추를 눌러 [오른차순 정렬] 메뉴를 선택하여 정렬하는 화면이다.

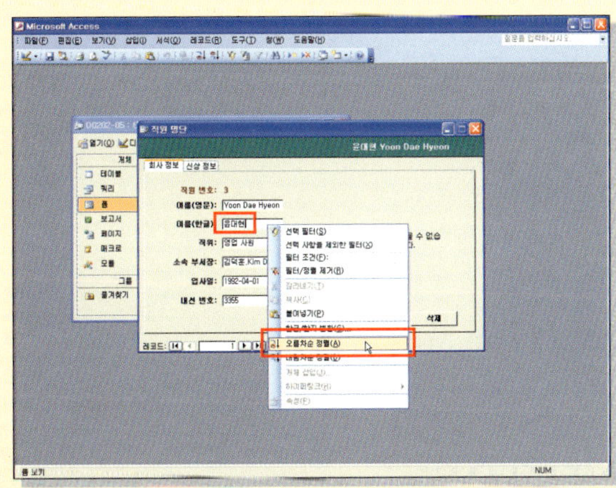

나는 현재 동네에서 음악학원을 운영하고 있다. 수강생들이 많아지고 있는데, 회비나 출석 상태 등을 데이터베이스 프로그램으로 관리해야 겠다. 새로 등록한 수강생이 있어서 개인 정보를 입력하고, 이름 순서대로 정렬해 주어야 겠다. 그리고 이번 달에 아직도 회비를 납부하지 않은 사람이 있는지도 점검해 보아야겠다. 잘못 만들어진 폼은 삭제한다.

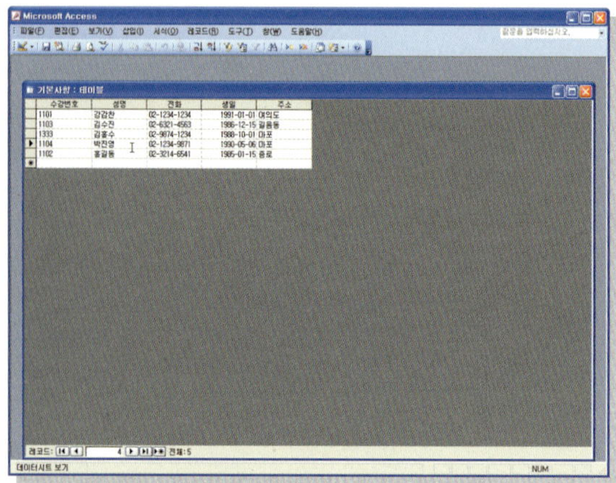

〈시작 예제〉 C:\Database\Chapter02\DO2-01-ST.mdb

Task1

액세스를 실행해서 'DO2-01-ST.mdb' 데이터베이스를 열어준다.

1. 액세스 2003을 실행한 후, [파일]–[열기] 메뉴를 선택한다.
2. [열기] 대화 상자에서 'DO2-01-ST.mdb' 파일을 선택한다.
3. [열기] 단추를 눌러 선택한 데이터베이스를 열어준다.
4. [보안 경고] 창이 나타나면 [열기] 단추를 클릭한다.

Task2

'기본사항' 테이블을 열고 새로운 수강생에 대한 정보를 입력한다.

1. 데이터베이스 창에서 '테이블' 개체를 선택한다.
2. '기본사항' 테이블을 더블 클릭하여 데이터시트 형식으로 열어 놓는다.
3. 각 필드에 '1104, 박진영, 02-1234-9871, 1990-05-06, 마포' 라고 입력한다.

성명 순서대로 레코드를 오름차순으로 정렬해 준다.

1. '기본사항' 테이블의 '성명' 필드로 커서를 이동한 후, [레코드]─[정렬]─[오름차순 정렬] 메뉴를 선택한다.
2. 수강생의 성명 순서대로 정렬된 상태로 나타난다.
3. [닫기] 아이콘을 클릭하여 테이블을 닫아준다.
4. 테이블을 저장 여부를 묻는 창이 나타나면 [예] 단추를 눌러 저장한다.

Task4

'입력폼' 폼을 삭제한다.

1. 데이터베이스 창에서 '폼' 개체를 선택한다.
2. 입력폼' 선택하여 〈Delete〉 키를 눌러 삭제한다.
3. 경고 창이 나타나면 [예] 단추를 클릭한다.

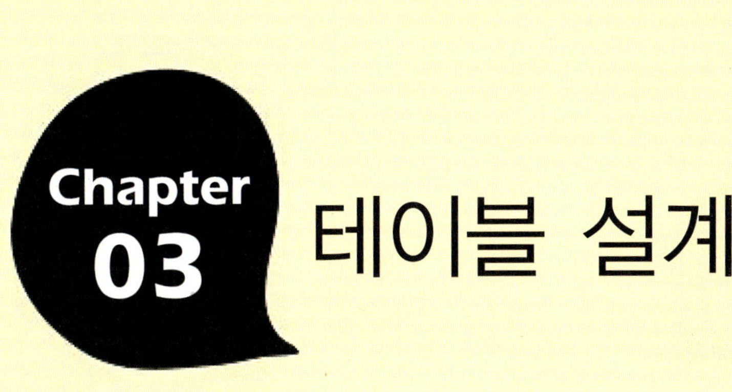

Chapter 03

테이블 설계

테이블 설계

>>> 데이터베이스에서 테이블은 매우 중요한 구성 요소이다. 테이블을 어떻게 만드느냐에 따라 데이터베이스의 성능과 품질이 결정된다. 테이블은 데이터를 저장하고 활용하는 공간이다. 데이터를 직접 입력하여 테이블을 작성하거나, 테이블 형식을 만들고 데이터를 입력하는 방법, 외부에서 만들어진 데이터를 테이블로 가져오는 방법, 테이블 마법사를 이용하는 방법 등에 의해 액세스에서 테이블을 만들 수 있다. 테이블을 작성하고 데이터를 입력하고, 편집하는 방법에 대해서 알아본다.

 데이터시트와 레코드 다루기

테이블의 '데이터시트 보기' 형식에서 레코드를 추가하고 삭제하는 방법과 데이터를 입력하고 수정, 삭제하는 방법에 대해서 알아보고 데이터시트의 서식을 변경하는 방법에 대해서 알아본다.

> **학습 목표**
> - 테이블에 레코드를 추가하거나 삭제할 수 있다.
> - 테이블에 데이터를 추가, 수정, 삭제할 수 있다.
> - 데이터시트에서 필드의 열 너비나 행 높이 등 서식을 변경할 수 있다.

01 레코드 추가와 삭제

테이블에 레코드를 추가하려면 데이터시트 보기 형식에서 레코드를 선택한 후 마우스 오른쪽 단추를 눌러 [새 레코드] 또는 데이터시트의 아래쪽에 있는 [새 레코드] 아이콘 ▶※ 을 클릭한다. 레코드를 삭제하려면 마우스 오른쪽 단추를 눌러 [레코드 삭제] 또는 〈Delete〉 키를 눌러준다. 레코드를 추가하고 삭제하는 방법을 알아본다.

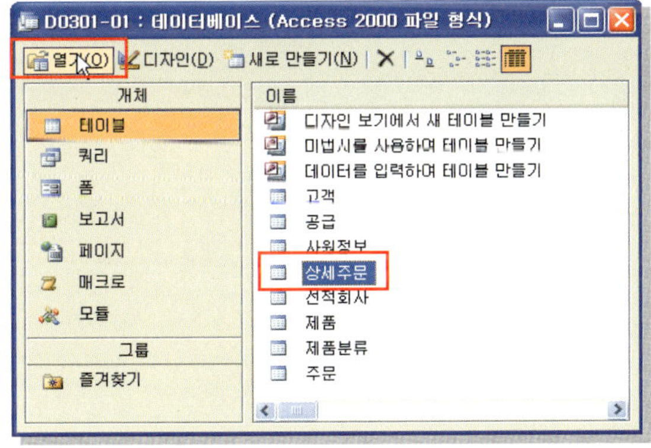

01 '테이블' 개체에서 '상세주문' 테이블을 선택하고 도구 모음의 [열기] 아이콘 을 클릭한다.

〈시작 예제〉 C:\Database\Chapter03\D0301-01.mdb

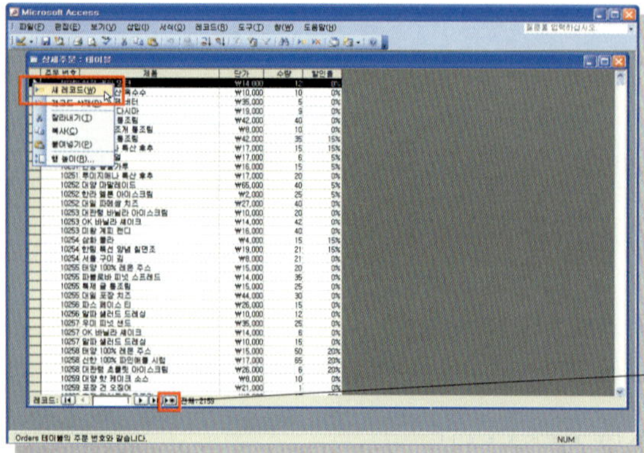

02 새로운 레코드를 추가하기 위해 ① [삽입]-[새 레코드] 메뉴를 선택하거나 ② 마우스 오른쪽 단추를 눌러 [새 레코드] 메뉴를 선택한다. 또는 ③ [새 레코드] 아이콘 을 클릭한다.

03 새로운 레코드를 입력할 수 있도록 테이블의 제일 아래쪽에 커서가 나타나면, 추가할 내용의 데이터를 입력한다.

필드 삽입과 삭제

새 레코드를 입력과 마찬가지로 필드도 삽입할 수 있다. 필드는 선택한 필드의 왼쪽으로 삽입되므로, 필드의 머리글을 클릭하여 선택한 후, [삽입]-[열] 메뉴를 선택하거나 마우스 오른쪽 단추를 눌러 [열 삽입] 메뉴를 선택한다.

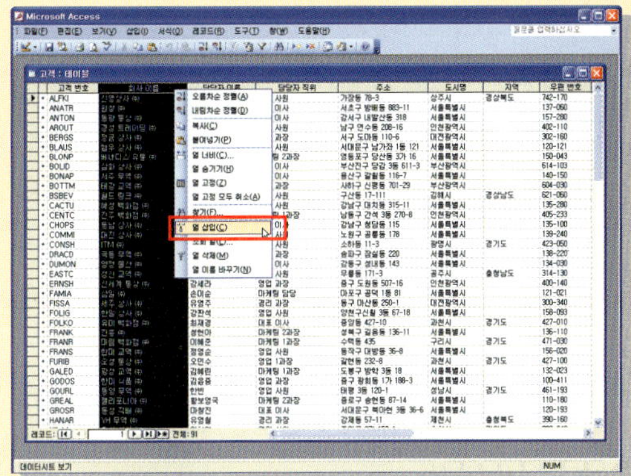

필요 없는 필드를 삭제하려면 필드를 먼저 선택한 후, 마우스 오른쪽 단추를 눌러 [열 삭제] 메뉴를 선택한다. 필드를 삽입하거나 삭제하면 레코드 삽입과 삭제와는 다르게 테이블의 구조를 변경하게 되므로 주의해야 한다.

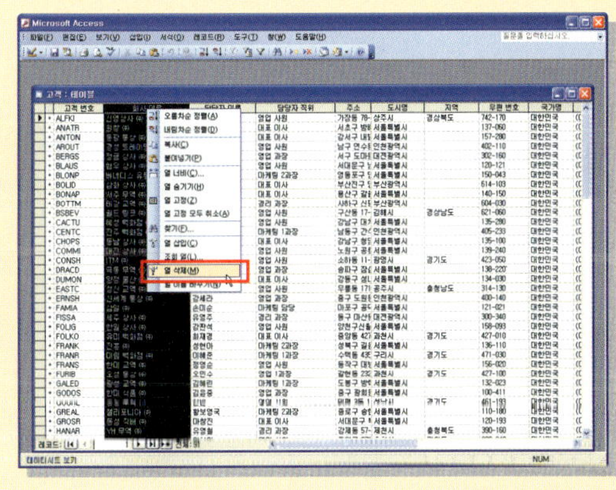

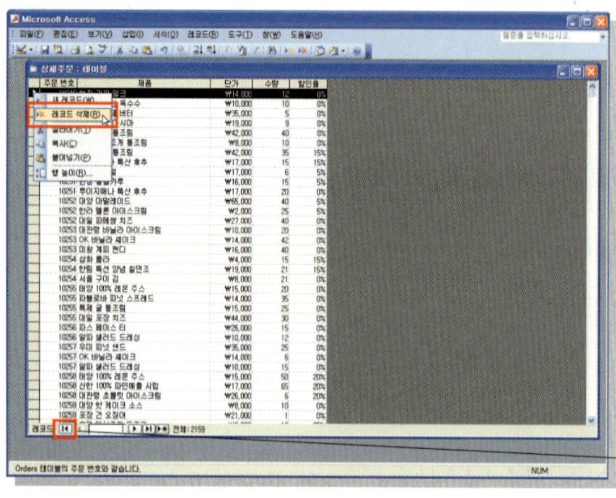

04 첫 번째 레코드를 삭제하기 위해 레코드 탐색기에서 [첫 레코드] 아이콘 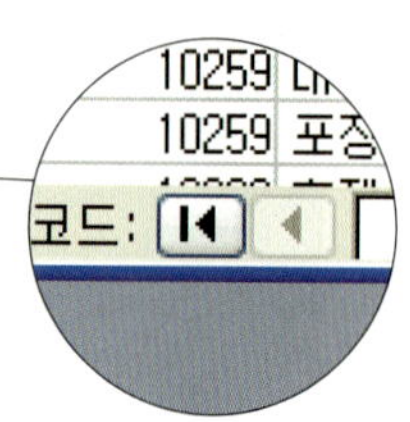을 클릭하여 첫 번째 레코드로 이동한 후, 행 선택기를 클릭하여 선택한다. ① 마우스 오른쪽 단추를 눌러 [레코드 삭제] 메뉴를 선택한다. 또는 ② 도구 모음의 [레코드 삭제] 아이콘 을 클릭한다.

 **모든 레코드 선택**

데이터시트의 모든 레코드를 한꺼번에 선택하려면 〈Ctrl+A〉를 누르거나, [편집]–[레코드 모두 선택] 메뉴를 선택한다.

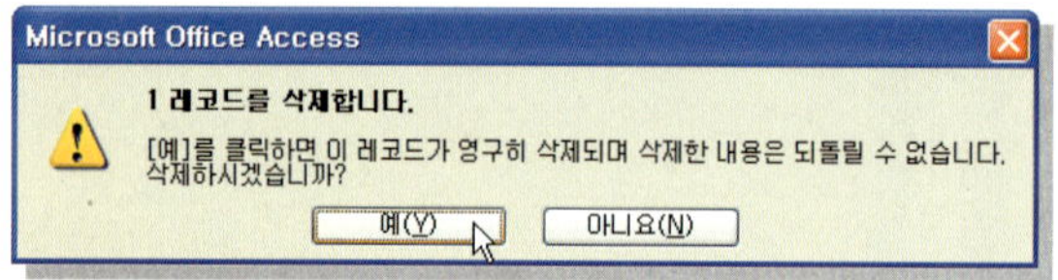

05 레코드 삭제를 확인하는 경고창이 나타나면 [예] 단추를 눌러 레코드를 삭제한다. 삭제한 내용은 되돌릴 수 없으므로 주의해서 삭제한다.

 **데이터시트 보기 창**

테이블을 데이터시트 보기 형식으로 열면 다음과 같은 화면이 나타난다. 각 레코드의 왼쪽은 레코드를 선택할 수 있는 삼각형 표식의 '행 선택기'가 표시된다. 데이터시트 아래쪽에는 레코드를 이동할 때 사용하는 레코드 탐색기가 표시된다.

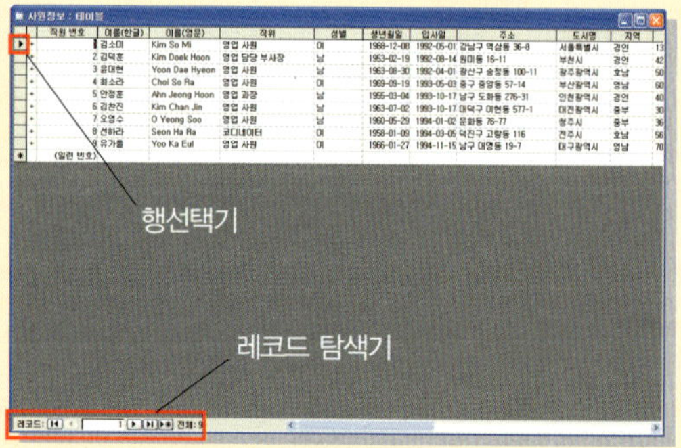

- [첫 레코드] 아이콘 : 첫 번째 레코드로 이동된다.
- [이전 레코드] 아이콘 : 현재 레코드에서 이전 레코드로 이동된다.
- [이동] 아이콘 : 이동할 레코드의 번호를 입력하면 해당 레코드로 이동된다.
- [다음] 아이콘 : 다음 레코드로 이동된다.
- [마지막 레코드] 아이콘 : 마지막 레코드로 이동된다.

02 데이터 입력, 수정 및 삭제

테이블의 데이터시트 보기 형식에서 각 필드에 데이터를 입력할 수 있으며, 입력한 데이터를 수정하고 삭제할 수 있다. 테이블에 데이터를 입력하려면 데이터를 입력할 테이블을 데이터시트 보기 형식으로 변경한 후, 입력할 필드로 커서를 이동하고 데이터를 입력한다. 수정할 필드로 커서를 이동한 후, 변경할 데이터를 입력한다. 데이터를 삭제하려면 삭제할 필드로 커서를 이동하고 〈Delete〉 키를 눌러 삭제하거나 〈BackSpace〉 키를 눌러 삭제한다.

		분류 번호	제품 분류	내용	그림
	+	1	음료	청량음료, 커피, 홍차, 맥주	비트맵 이미지
	+	2	조미료	감미료, 향신료, 양념, 스프레드	비트맵 이미지
	+	3	과자류	사탕, 쿠키, 비스킷	비트맵 이미지
	+	4	유제품	치즈, 우유, 버터, 아이스크림	비트맵 이미지
	+	5	곡류	빵, 파스타, 시리얼	비트맵 이미지
	+	6	육류	가공육	비트맵 이미지
	+	7	가공 식품	건과류, 과일 통조림	비트맵 이미지
	+	8	해산물	해초류, 생선, 건어류	비트맵 이미지
	+	9	음료	탄산음료, 쥬스	
*		(일련 번호)			

03 데이터시트 서식 변경

테이블의 데이터시트 보기 형식은 데이터를 직접 입력할 수 있는 곳으로, 필요한 경우 보기 좋게 편집할 수 있다. 데이터시트의 여러 요소들을 사용하기 편하게 만들 수 있으며, 서식을 변경할 수 있다. 열 너비를 조정하는 방법과 글꼴과 셀에 효과를 설정하여 데이터시트를 변경하는 방법을 알아본다.

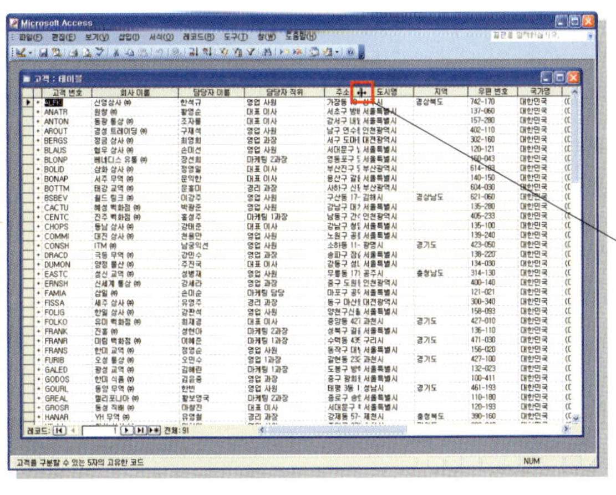

01 '고객' 테이블을 더블 클릭하여 데이터시트 보기 형식으로 연후, 열 너비를 변경하기 위해 ① '주소'와 '도시명' 필드의 경계선에 마우스를 위치한 후, 더블 클릭하거나 ② 왼쪽이나 오른쪽으로 드래그한다.

〈시작 예제〉 C:\Database\Chapter03\D0301-03.mdb

 **행 높이 조정**

행 높이도 마찬가지로 행과 행 사이의 경계선에 마우스를 위치한 다음, 위나 아래쪽으로 드래그하여 크기를 조정하거나 [서식]-[행 높이] 메뉴를 선택하여 나타난 [행 높이] 대화 상자에서 조정할 값을 직접 입력하여 높이를 조정할 수 있다. 행 높이는 전체 변경되며 일부 행의 높이만 변경할 수는 없다.

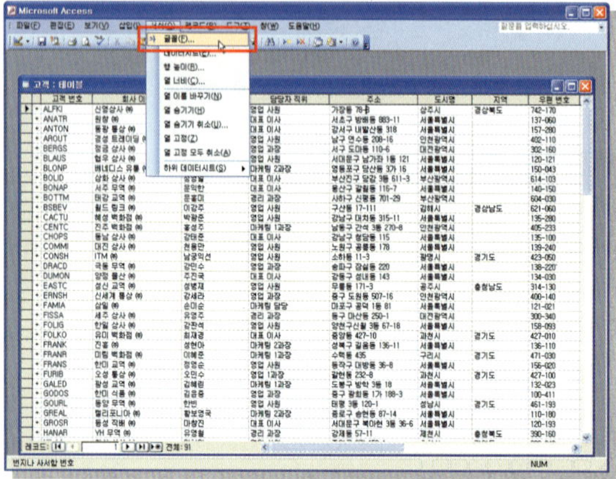

02 제일 긴 데이터 길이에 맞추어 열 너비가 늘어난다. 데이터시트의 글꼴을 변경하기 위해 [서식]-[글꼴] 메뉴를 선택한다.

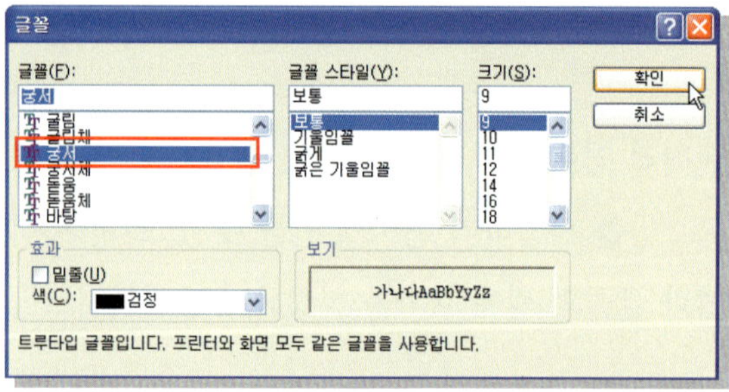

03 [글꼴] 대화 상자가 나타나면 [글꼴]은 '궁서'로 변경하고 [확인] 단추를 클릭한다.

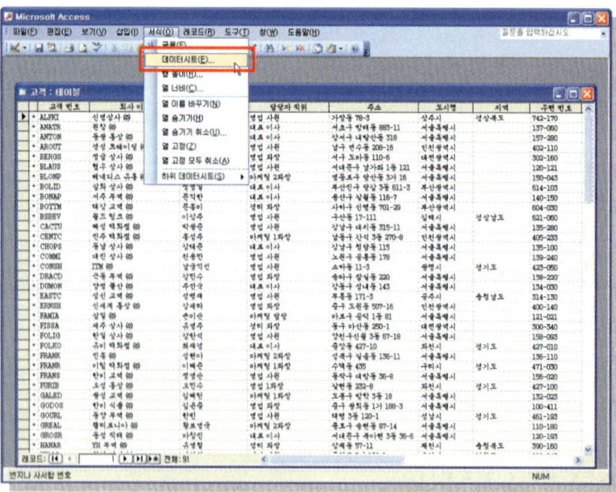

04 데이터시트의 모든 글꼴이 '궁서'로 변경된 것을 확인하고 데이터시트의 셀 효과를 변경하기 위해 [서식]-[데이터시트] 메뉴를 선택한다.

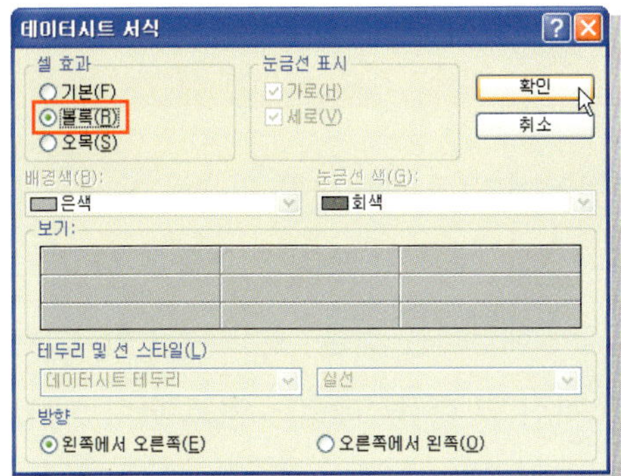

05 [데이터시트 서식] 대화 상자가 나타나면 [셀 효과]의 '볼록'을 선택하고 [확인] 단추를 클릭한다.

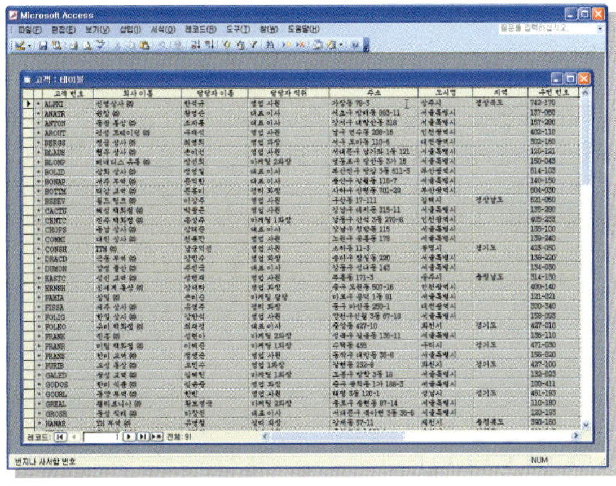

06 데이터시트의 서식이 볼록한 효과로 나타난다.

 **하위 데이터시트**

테이블과 테이블의 관계를 일대다 관계로 설정한 후, 데이터시트 보기로 열면 하위 데이터시트가 나타난다. 하위 데이터시트는 연관된 레코드 목록을 보여주므로 여러 테이블 간의 관계를 쉽게 알 수 있다. 데이터시트에서 레코드의 왼쪽 [확장] 아이콘 + 을 클릭하면 하위 데이터시트가 나타난다. 다시 [축소] 이이콘 을 클릭하면 나타난 하위 데이터시트가 숨겨진디.

데이터베이스는 한 개 이상의 테이블을 구성해서 만들어진다. 데이터를 검색하고 레코드 추가, 삭제 등의 작업은 모두 테이블에서 이루어진다. 테이블은 표와 같은 모양을 하고 있으며, 표의 행에 해당하는 것을 '레코드' 라고 하고 열에 해당하는 것을 '필드' 라고 한다. 필드는 데이터가 들어가는 특정 공간이고 필드들이 모여진 한 행을 '레코드' 라고 한다. 데이터가 저장되는 테이블을 작성하는 방법은 여러 가지가 있지만 일반적으로 테이블의 구조를 만들고 데이터를 입력하는 방법으로 테이블을 작성한다. 마법사와 디자인 보기를 이용해서 새 테이블을 만들고 데이터 형식과 속성을 변경하고 여러 테이블간의 관계를 설정 해본다.

학습 목표

- 테이블 마법사와 디자인 보기를 이용하여 새 테이블을 작성할 수 있다.
- 데이터 형식을 지정하여 테이블의 구조를 변경할 수 있다.
- 필드의 크기, 형식 등의 속성을 변경할 수 있다.
- 테이블에서 특정한 필드에 기본 키와 인덱스를 설정할 수 있다.

01 마법사를 이용하여 새 테이블 작성

테이블을 작성하는 여러 가지 방법 중에서 사용자가 직접 테이블을 만들기 어려운 경우 마법사를 사용하면 쉽고 편리하게 작성할 수 있다. 마법사에서 제공하는 예제 테이블이나 필드 목록을 사용자가 선택하여 테이블을 디자인 할 수 있다. 마법사를 이용하여 새 테이블을 작성하는 방법을 알아본다.

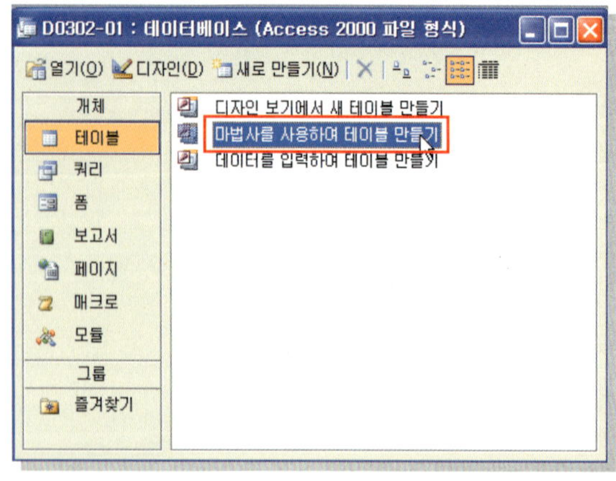

01 새로운 데이터베이스를 작성하기 위해 '테이블' 개체에서 ① [마법사를 사용하여 테이블 만들기]를 더블 클릭한다. 또는 데이터베이스 창의 도구 모음에서 ② [새로 만들기] 아이콘 을 클릭한 후 '테이블 마법사'를 선택하고 [확인] 단추를 클릭한다.

〈시작 예제〉 C:\Database\Chapter03\D0302-01.mdb

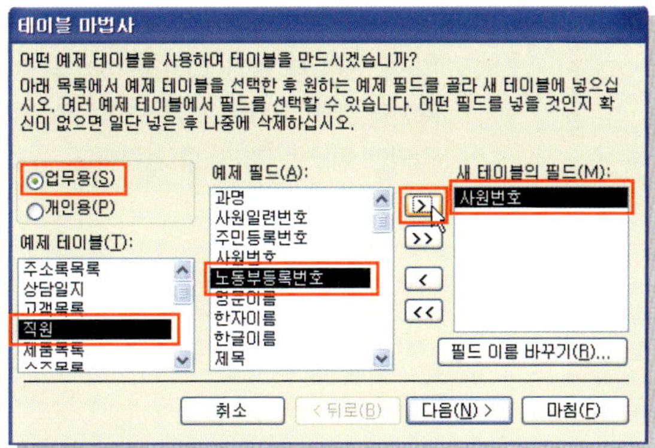

02 [테이블 마법사] 대화 상자에서 [업무용]을 선택하고 [예제 테이블]의 '직원'을 선택하고 [예제 필드]에서 '사원번호'를 선택한 후, [이동] 단추 ﹀ 를 클릭하여 새 테이블의 필드에 추가한다.

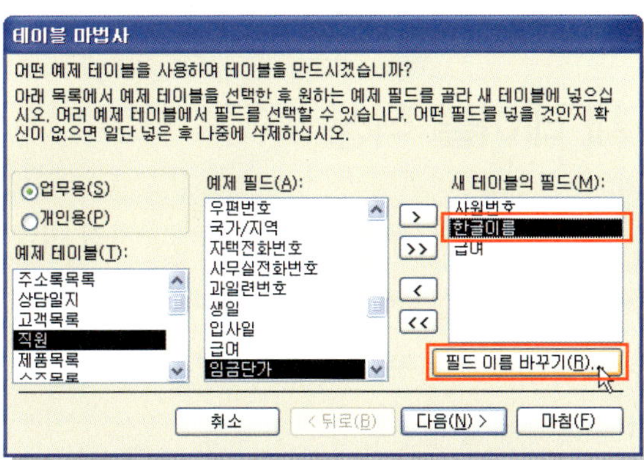

03 사용할 필드를 '한글이름', '급여'를 차례대로 추가한 후, 필드 이름을 변경하기 위해 '한글이름'을 선택하고 [필드 이름 바꾸기] 단추를 클릭한다.

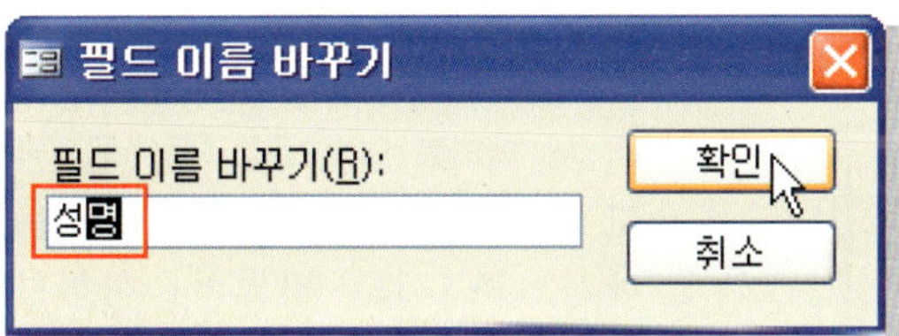

04 [필드 이름 바꾸기] 창이 나타나면 '성명'을 입력하고 [확인] 단추를 클릭한다. 다시 [테이블 마법사] 대화 상자로 돌아오면 [다음] 단추를 클릭한다.

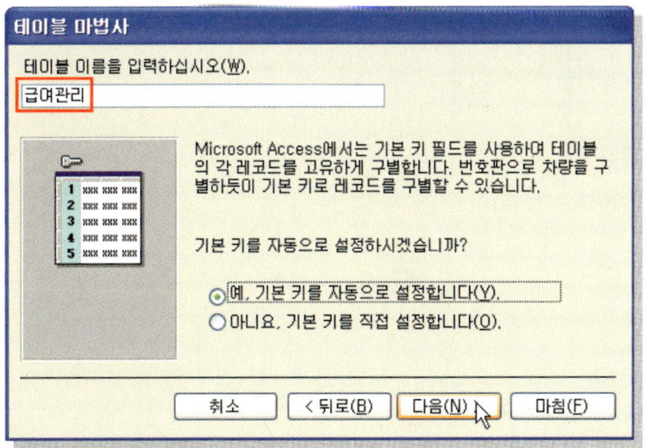

05 테이블의 이름을 '급여관리'라고 입력하고 [다음] 단추를 클릭한다.

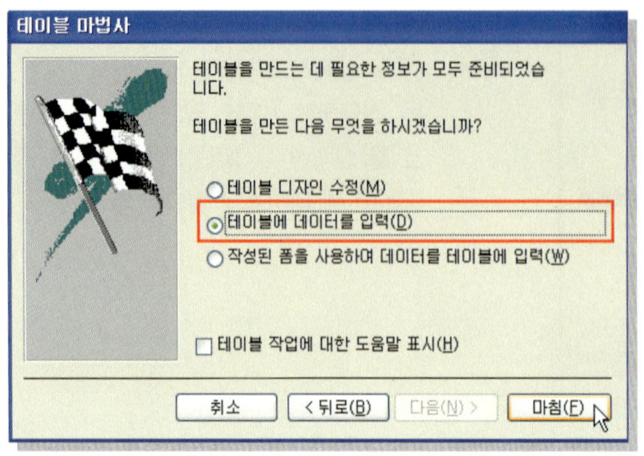

06 [테이블에 데이터를 입력]을 선택한 후, [마침] 단추를 눌러 테이블 작성을 완료한다. 데이터시트 보기 형식으로 변경되면 필요한 데이터를 입력한다.

02 디자인 보기를 이용하여 새 테이블 작성

디자인 보기를 이용하면 테이블을 구성하는 데이터 형식과 속성 등을 하나 하나 직접 입력하여 작성할 수 있다. 각 필드의 이름과 형식, 속성 등을 설정하는 작업이 수작업이라 시간과 노력이 많이 들기는 하지만, 주로 사용하는 방법이므로 충분히 숙달되도록 해야 한다. 필드의 이름과 데이터 형식을 변경하는 방법에 대해서 알아본다.

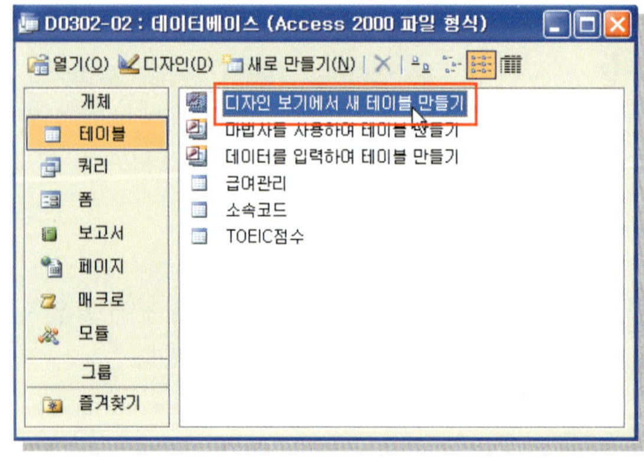

01 새로운 데이터베이스를 작성하기 위해 '테이블' 개체에서 ① [디자인 보기에서 새 테이블 만들기]를 더블 클릭한다. 또는 데이터베이스 창의 도구 모음에서 ② [새로 만들기] 아이콘 을 클릭한 후, '디자인 보기'를 선택하고 [확인] 단추를 클릭한다.

〈시작 예제〉 C:\Database\Chapter03\D0302-02.mdb

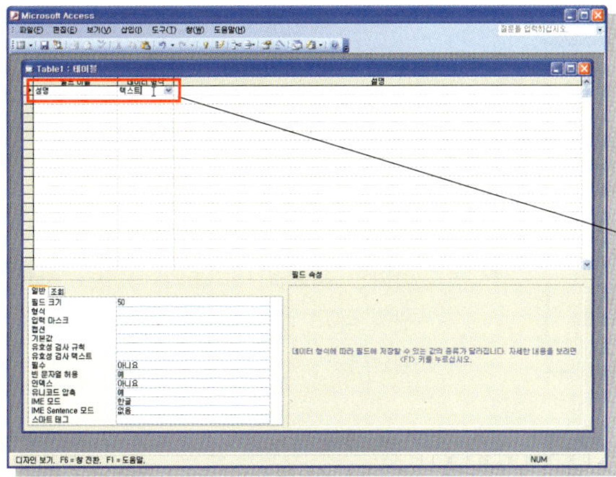

02 [필드 이름] 열에 사용할 필드의 이름을 '성명'이라고 입력하면 데이터 형식은 기본값인 '텍스트'가 나타난다. 성명은 텍스트로 입력하면 되므로 그대로 둔다.

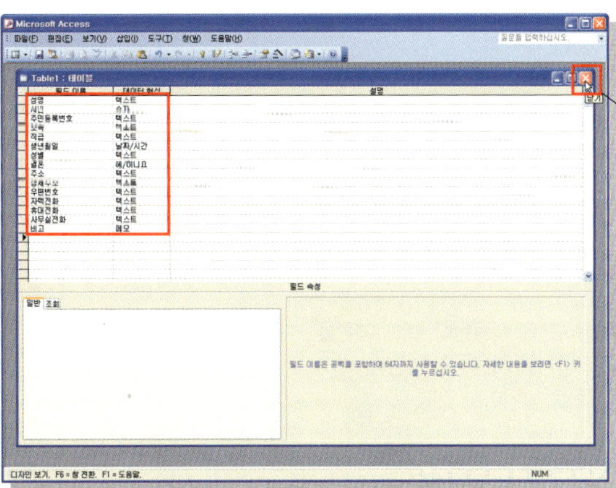

03 행을 바꾸어 필드의 이름을 '사번'이라고 입력하고 [데이터 형식]의 화살표를 클릭하여 '숫자'로 변경한다.

04 다음 그림처럼 필드의 이름과 데이터 형식을 입력하고, [닫기] 아이콘 을 클릭한다.

---

tip 예/아니오 형식

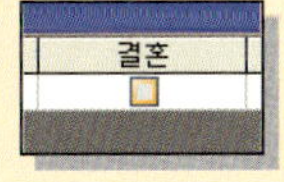

'예/아니오' 형식은 둘 중에 하나를 선택해야 하는 데이터를 저장할 때 사용한다. 입금여부, 현재 회원 상태나 결혼여부 등을 표시할 때 사용하며, 데이터시트 보기 형식에서는 확인란 모양으로 표시된다.

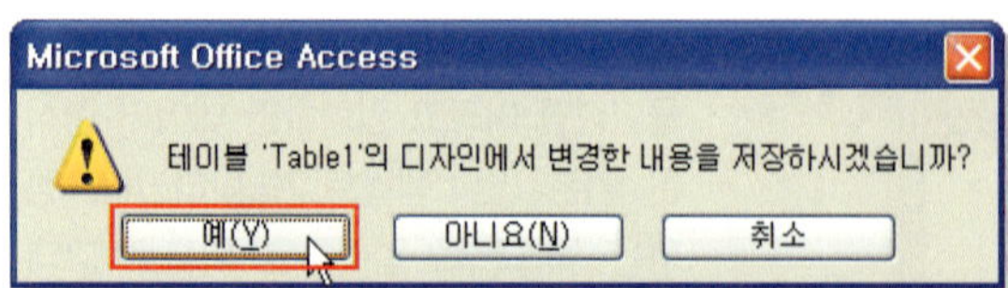

05 작성한 테이블을 저장할 것인지 묻는 창이 나타나면 [예] 단추를 클릭한다.

06 [다른 이름으로 저장] 대화 상자가 나타나면 저장할 테이블의 이름을 '사원관리'라고 입력하고 [확인] 단추를 클릭한다.

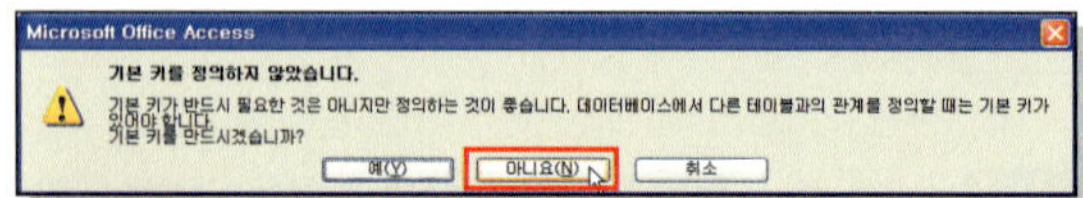

07 기본 키를 설정할 것인지 묻는 창이 나타나면 [아니요] 단추를 눌러 기본 키를 정의하지 않고 테이블을 저장한다.

 **기본 키란?**

테이블의 각 레코드를 식별하는 값이 들어 있는 필드를 의미하며 기본키로 설정된 필드에는 중복된 값을 허용하지 않는다.

 **데이터 형식과 크기**

테이블을 작성하기 전에 데이터의 성격에 따라 필드에 어떤 데이터 형식을 지정할지를 고려해서 테이블을 만들어야 한다. 숫자로 지정해야 될 필드를 텍스트로 지정하면 나중에 계산할 수 없게 되므로 액세스에서 제공하는 데이터 형식을 알고 있어야 한다.

데이터 형식	설 명	최대 크기
텍스트	이름, 주소, 전화번호 같은 문자 데이터를 저장한다. 255문자 이상의 문자를 입력하려면 메모 형식으로 해야 한다.	255문자
메모	설명, 비고, 참고사항 같이 긴 문자열을 입력할 때 사용한다. 인덱스를 지정할 수 없으며 정렬할 수 없다.	64,000문자
숫자	산술 계산을 할 수 있는 숫자 값을 저장하는데 사용한다. 화폐 계산을 할 때는 반올림 처리 문제 때문에 숫자 형식을 사용하지 않는다. 바이트, 정수,실수, 복제 ID 등의 세부 형식으로 나뉘어져 있다.	바이트 : 1바이트 정수(integer) : 2바이트 정수(long) : 4바이트 실수(single) : 8바이트 실수(double) : 16바이트 복제ID : GUID에 사용
날짜/시간	날짜 및 시간을 저장한다. 계산도 할 수 있다.	8바이트
통화	화폐 값을 저장하며, 화폐 계산시 반올림이 되지 않도록 해 준다.	8바이트
일련번호	직접 데이터를 입력할 수 없으며, 레코드가 추가되면 자동으로 증가되어 삽입되는 숫자 값이다. 주로 기본 키를 설정하는데 사용한다.	4바이트
예/아니오	두 값 중에 하나를 선택해야 하는 데이터에 사용한다.	1비트
OLE 개체	외부 프로그램에서 생성된 그림, 차트 등을 저장하는데 사용한다.	1GB

| 하이퍼링크 | 하이퍼링크를 저장하기 위한 데이터 형식이다. 인터넷 주소나 전자 우편 주소 등을 저장할 때 유용하다. | 2,040문자 |
| 조회 마법사 | 값을 직접 입력하지 않고 미리 입력된 값을 선택하여 데이터를 입력하는 형식으로 '텍스트' 형식에 이용할 수 있다. | 4바이트 |

03 텍스트와 숫자 형식의 필드 속성 변경

테이블을 구성하는 필드를 입력하기 위해 데이터에 맞게 형식을 변경해 보았다. 그러면 필드의 형식을 정한 후, 데이터 크기나 표시 형식 등을 변경하여 입력을 도울 수 있다. 데이터 형식에 따라 변경할 수 있는 항목들이 있는데 이것을 '속성' 이라 하며 필드의 속성에 대해 알아본다.

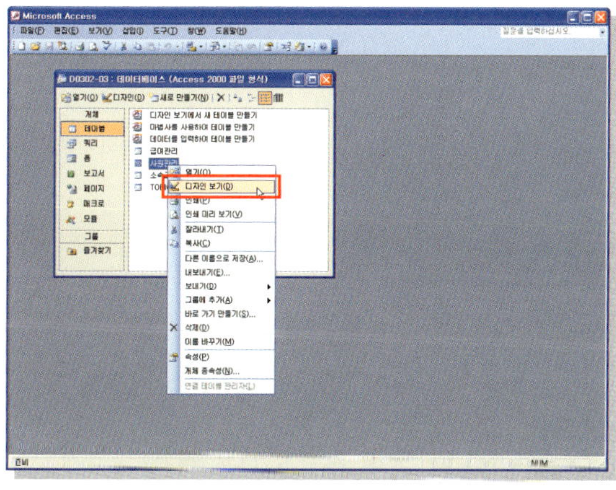

01 텍스트 형식 크기 변경
'사원관리' 테이블을 선택한 후, ① 마우스 오른쪽 단추를 눌러 [디자인 보기] 메뉴를 선택하거나 ② 데이터베이스 창의 도구 모음에서 [디자인] 아이콘 디자인(D) 을 클릭한다.

〈시작 예제〉 C:\Database\Chapter03\D0302-03.mdb

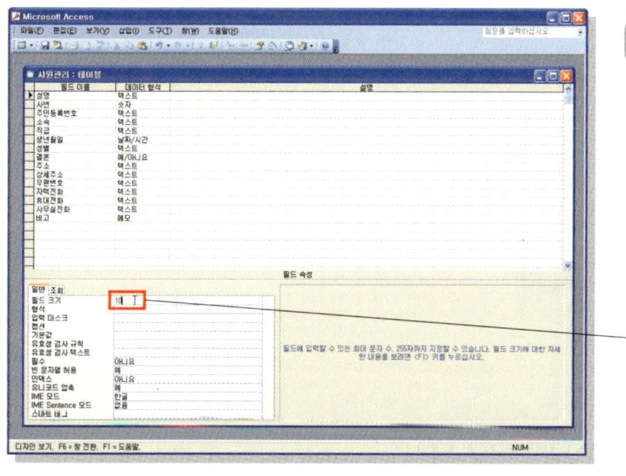

02 디자인 보기 형식으로 열리면 속성을 변경할 필드인 '성명'에 커서를 이동한 후, 창 하단의 [필드 속성]에서 [일반] 탭의 [필드 크기] 입력 상자에 '10'을 입력한다.

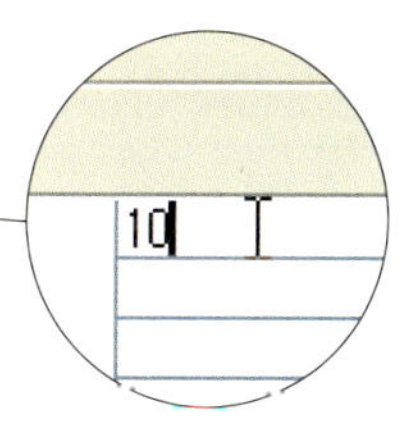

 **필드 삽입**

필드를 삽입하려면 왼쪽 행 머리글을 클릭하여 선택한 후, 마우스 오른쪽 단추를 눌러 [행 삽입] 메뉴를 선택하거나 도구 모음의 [행 삽입] 아이콘 ![icon] 을 클릭하면 선택한 행의 위쪽으로 빈 행이 삽입된다. 삽입된 행에 필드 이름과 데이터 형식, 속성 등을 지정한다.

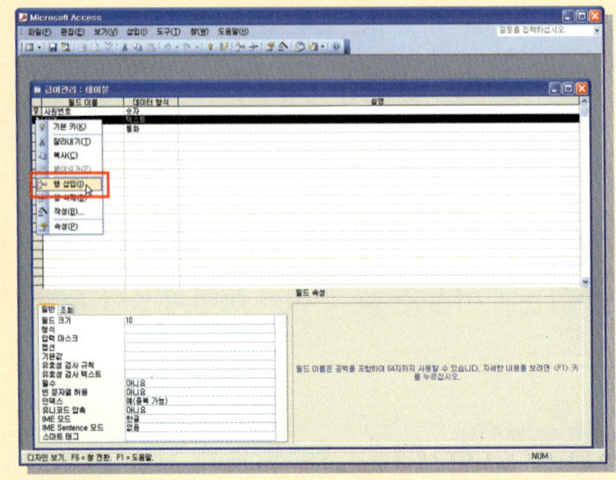

 **데이터의 필드 크기 변경하기**

필드 이름을 입력한 후, 데이터 형식을 지정하면 날짜나 시간, 통화 등은 데이터 크기를 변경하지 않아도 기본 값으로 설정되지만, 텍스트나 숫자 등은 필드 크기를 지정해 주어야 한다.

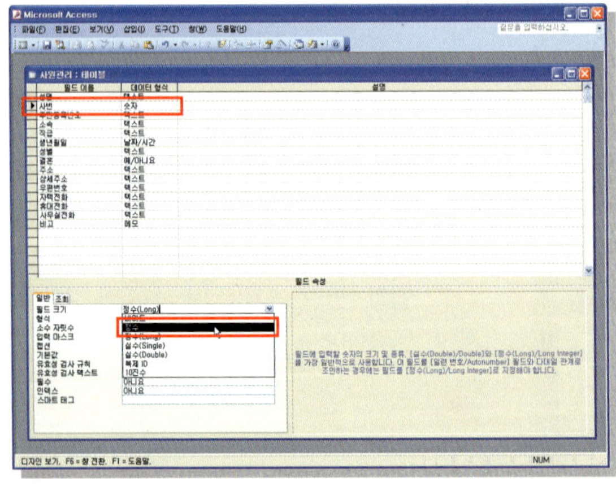

03 숫자 형식의 필드 설정

숫자 형식인 '사번' 필드로 커서를 이동한 후, 필드 속성의 [일반] 탭의 [필드 크기] 화살표를 클릭하여 '정수'를 선택한다. 숫자 형식인 경우 필드 크기를 선택할 수 있는 목록이 제공된다.

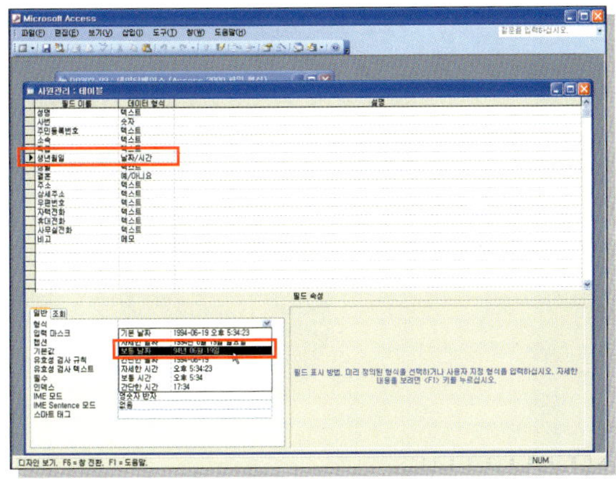

04 ‘생년월일’ 필드로 커서를 이동한 후, 필드 속성의 표시 형식을 변경하기 위해 필드 속성의 [일반] 탭에서 [형식] 화살표를 클릭하여 ‘보통 날짜’를 선택한다.

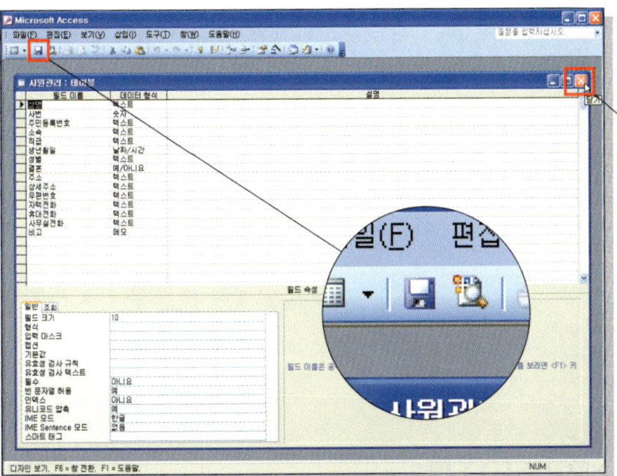

05 날짜/시간에 대한 형식을 변경한 후, 도구 모음에서 [저장] 아이콘 을 클릭하여 저장한 후, [닫기] 아이콘 을 클릭한다.

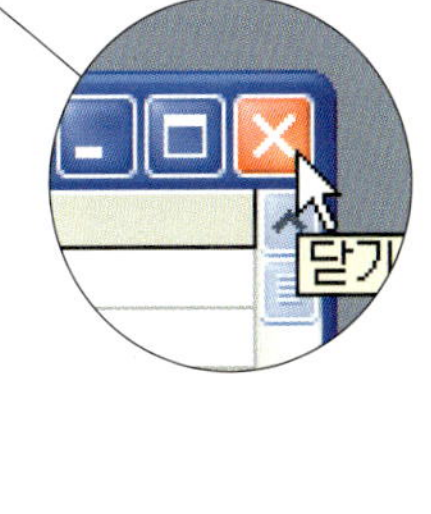

06 ‘급여관리’ 테이블을 디자인 보기 형식으로 열어 놓은 후, ‘급여’ 필드를 선택하고 필드 속성의 [일반] 탭에서 [형식] 화살표를 클릭하여 ‘통화’를 선택한다.

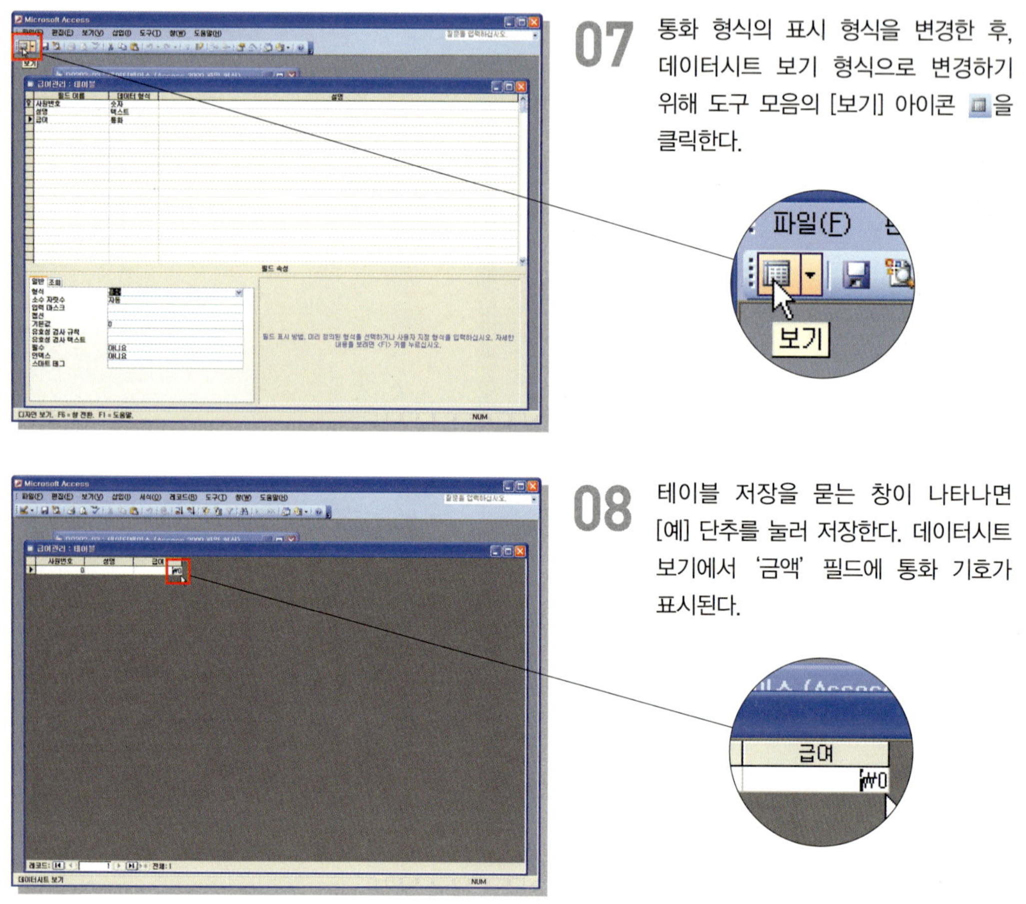

07 통화 형식의 표시 형식을 변경한 후, 데이터시트 보기 형식으로 변경하기 위해 도구 모음의 [보기] 아이콘 █ 을 클릭한다.

08 테이블 저장을 묻는 창이 나타나면 [예] 단추를 눌러 저장한다. 데이터시트 보기에서 '금액' 필드에 통화 기호가 표시된다.

04 입력 마스크 속성 변경

입력 마스크는 사용자가 범할 수 있는 오류의 가능성을 줄이고 보다 편리하게 데이터를 입력할 수 있도록 입력의 형식을 지정해 주는 기능이다. 반드시 설정해야 하는 것은 아니지만 사용자의 입장을 최대한 고려하여 편리함을 제공하기 위해 사용한다. 입력 마스크는 텍스트 형식의 주민등록번호나 우편번호, 전화번호 등에 사용한다.

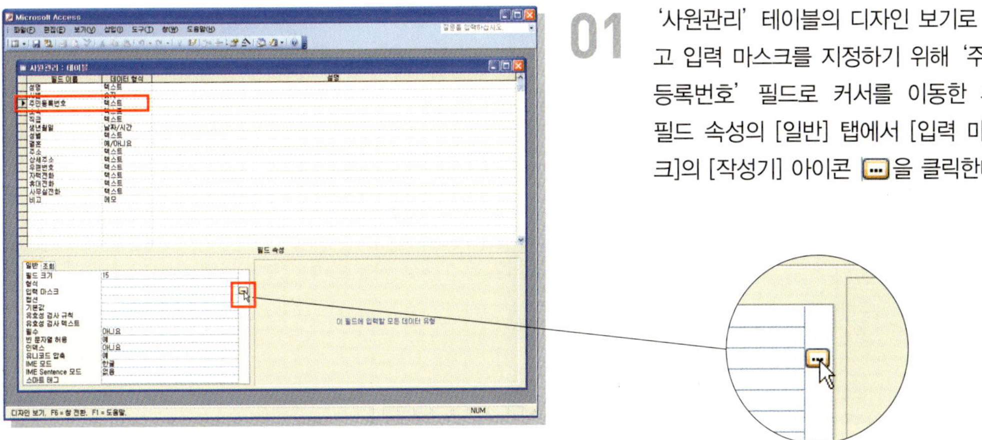

〈시작 예제〉 C:\Database\Chapter03\D0302-04.mdb

01 '사원관리' 테이블의 디자인 보기로 열고 입력 마스크를 지정하기 위해 '주민등록번호' 필드로 커서를 이동한 후, 필드 속성의 [일반] 탭에서 [입력 마스크]의 [작성기] 아이콘 을 클릭한다.

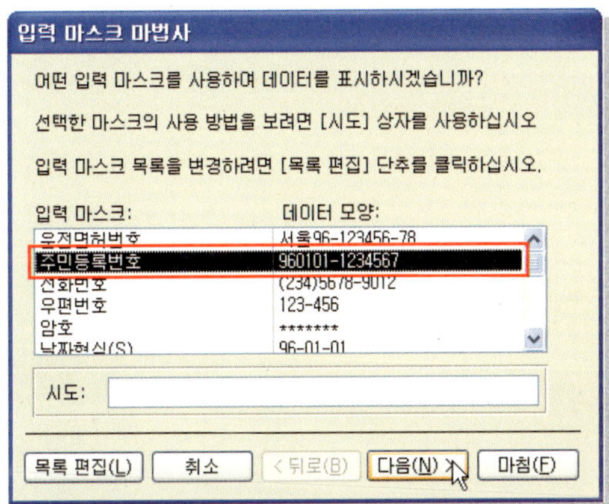

02 첫 번째 [입력 마스크 마법사] 대화 상자에서 데이터 모양에 맞는 목록을 선택하고 [다음] 단추를 클릭한다.

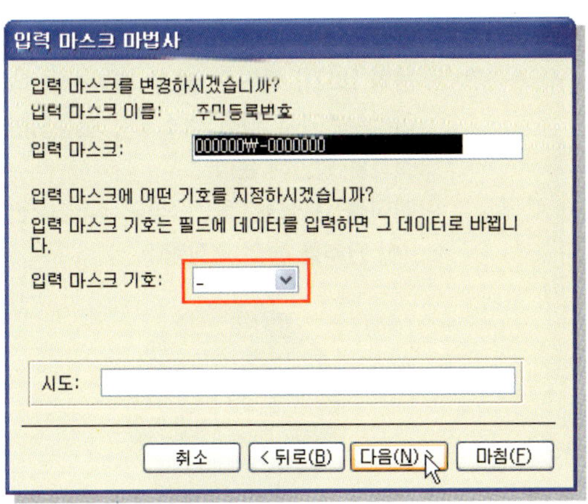

03 두 번째 단계에서 [입력 마스크 기호] 화살표를 클릭하여 자리를 채울 기호를 선택하고 [다음] 단추를 클릭한다.

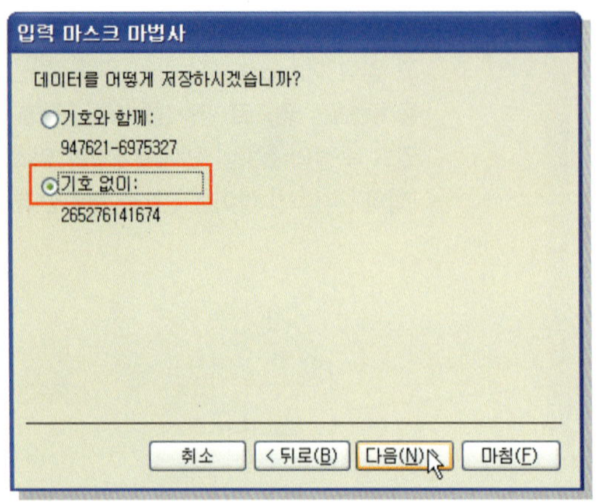

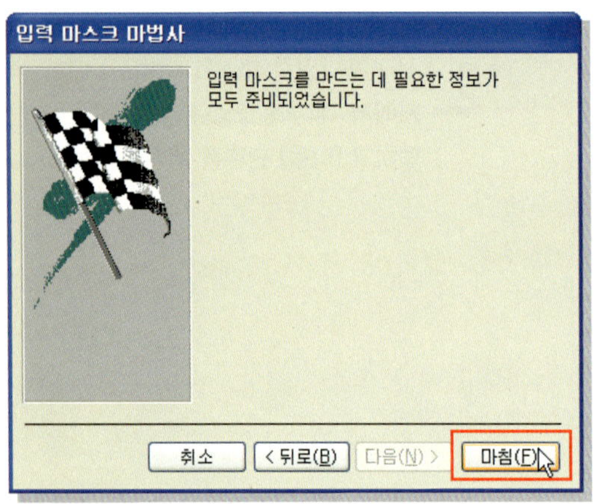

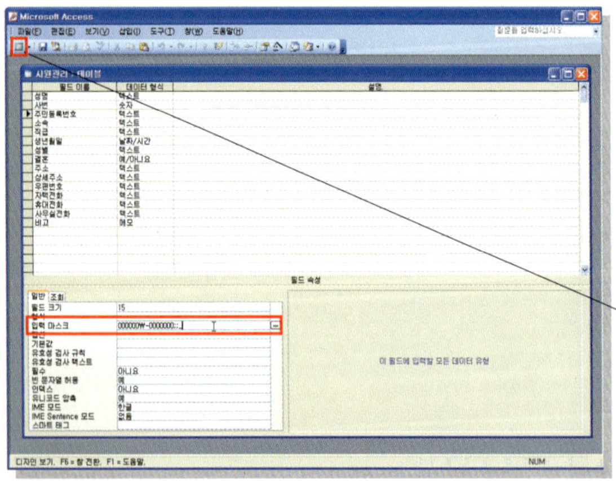

04 데이터를 저장할 때 주민등록번호의 앞자리와 뒷자리를 구분해 주는 기호인 '-'를 포함해서 저장할 것인지를 물으면 [기호 없이]를 선택하고 [다음] 단추를 클릭한다.

05 입력 마스크에 대한 정보를 모두 설정한 후, [마침] 단추를 클릭한다.

06 필드 속성의 [입력 마스크] 입력란에 입력 마스크 기호가 표시된다. 도구 모음의 [보기] 아이콘 을 클릭하여 데이터시트에서 입력 마스크가 실행되는 결과를 확인해 본다.
테이블 저장을 묻는 창이 나타나면 [예] 단추를 눌러 저장한다.

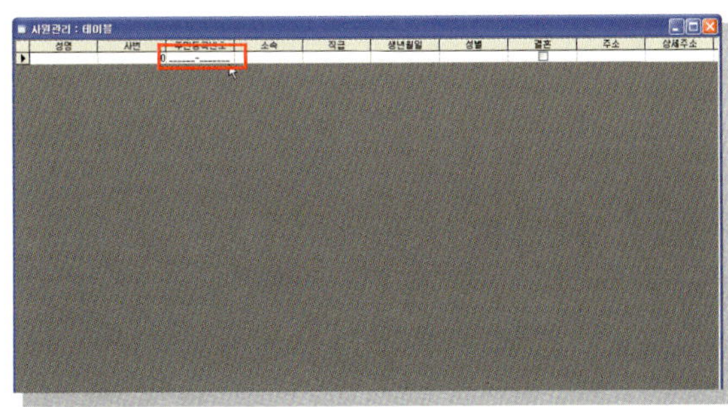

07 '주민등록번호' 필드를 마우스로 클릭
하면 설정한 입력 마스크가 나타난다.

05 데이터 유효성 속성 변경

데이터베이스에서 테이블의 저장된 데이터가 모호하거나 불분명해서는 안 된다. 데이터가
올바르게 입력되도록 하기 위해 테이블을 디자인할 때 규칙을 정해 줄 수 있다. '유효성 검
사 규칙' 속성을 이용하여 규칙에 맞는 데이터만 입력되도록 설정하고 만약 잘못 입력했을
경우 입력 오류에 대한 설명을 '유효성 검사 텍스트'에서 지정할 수 있다.

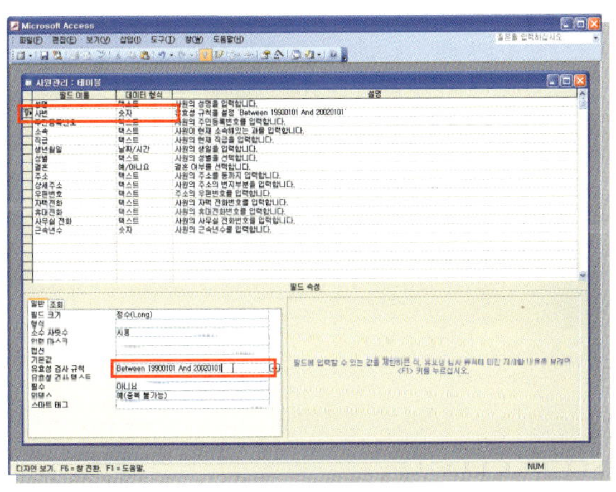

01 '사원관리' 테이블을 디자인 보기 형식
으로 열고 '사번' 필드로 커서를 이동
한 후, 필드 속성의 [일반] 탭에서 [유
효성 검사 규칙] 입력란에 'Between
19900101 And 20020101'라고 입력
한다.

〈시작 예제〉 C:\Database\Chapter03\D0302-05.mdb

기본 값 속성

데이터 유효성처럼 규칙을 정하는 것은 아니지만, 특정 필드에 항상 동일한 값이 나타날 수 있도록 하는 '기본값'
이라는 속성이 있다. 이 속성은 각 필드에 사용자가 입력하기 전에 항상 기본적으로 나타날 값을 입력해 준다. 예
를 들어, 회원 가입을 하는 테이블에 가입일자를 항상 특정 날짜로 표시하거나 금액을 입력할 때 항상 0을 표시
할 수 있으며, 도시 명을 입력하는 필드에서 '서울'로 설정하여 항상 표시되도록 할 수 있다. 레코드를 추가할 때
그대로 사용히기나 다른 값을 입력할 수 있다.

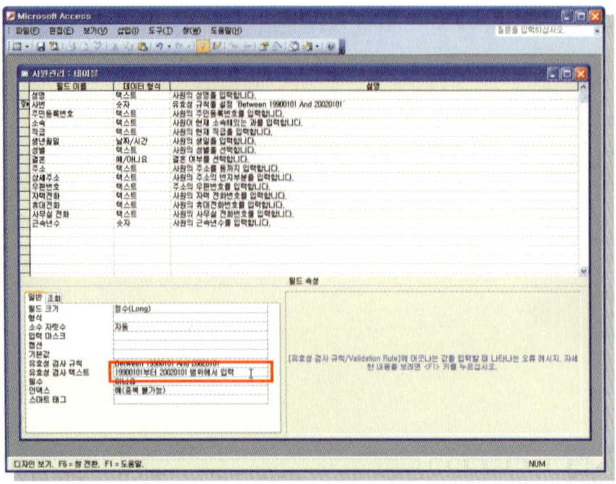

02 규칙에 어긋나는 데이터를 입력했을 경우 메시지를 보여주기 위해 [유효성 검사 텍스트] 입력란에 '19900101부터 20020101 범위에서 입력'이라고 입력한다.

날짜/시간과 숫자 형식에 대한 규칙

숫자 형식에 대한 규칙을 설정할 때 특정 필드에 양수만 입력하도록 하려면 [유효성 검사 규칙] 입력란에 '>0'이라고 입력한다. 즉, 비교 연산자>=(이상), <=(이하), >(초과), <(미만), <>(같지않다))를 이용하여 규칙을 설정한다. 날짜 형식인 경우 '>=2008-01-01'라고 입력한다.

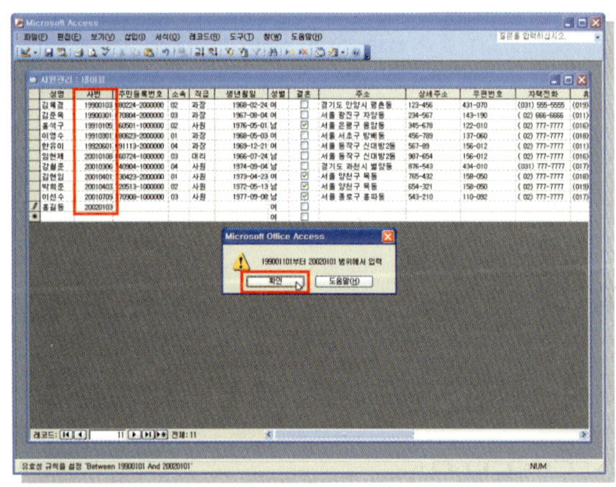

03 도구 모음의 [저장] 아이콘 ▣을 클릭하여 변경된 상태를 저장한 후, [보기] 아이콘 ▣을 클릭하여 데이터시트 보기 형식으로 변경한다. '사번' 필드에 잘못된 데이터를 입력하면 다음과 같이 경고창이 나타난다.

06 인덱스와 기본 키 설정

액세스와 같은 관계형 데이터베이스에서는 테이블을 여러 개로 나누고 기본 키와 외래 키를 연결하는 '관계'를 지정할 수 있다. 관계를 설정할 때 중요한 개념이 바로 '기본 키'이다. 인덱스를 지정하면 레코드의 검색 속도를 빠르게 향상시킬 수 있다. 기본 키와 인덱스를 설정하고 관계 설정하는 방법에 대해서 알아본다.

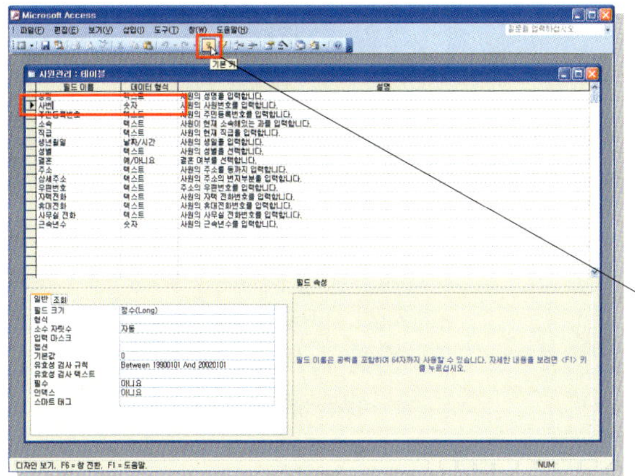

01 '사원관리' 테이블을 디자인 보기 형식으로 열어 놓은 후, 기본 키를 설정할 필드인 '사번'으로 커서를 이동한 후, ① 도구 모음에서 [기본 키] 아이콘 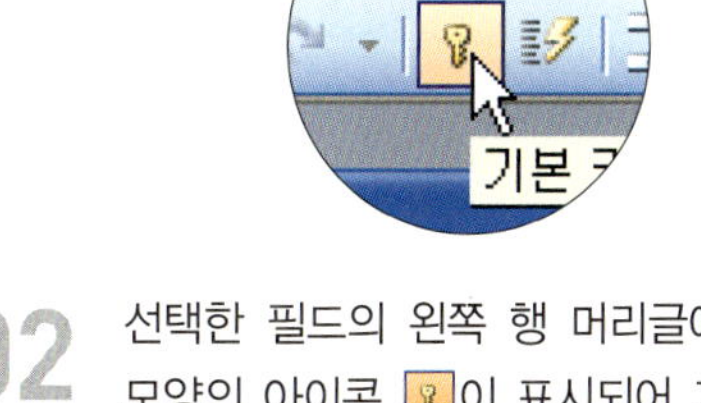 을 클릭하거나 ② 마우스 오른쪽 단추를 눌러 [기본 키] 메뉴를 선택한다. 또는 ③ [편집]-[기본 키] 메뉴를 선택한다.

〈시작 예제〉 C:\Database\Chapter03\D0302-06.mdb

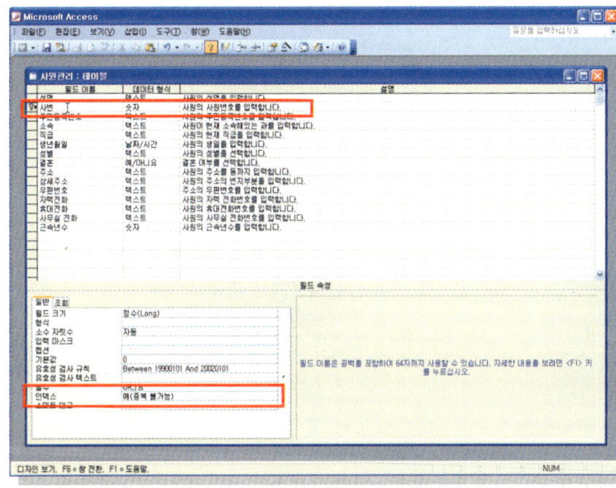

02 선택한 필드의 왼쪽 행 머리글에 열쇠 모양의 아이콘 이 표시되어 기본 키로 설정된 필드를 나타낸다. 기본 키로 설정된 필드에는 중복해서 입력할 수 없으며, 빈 값을 입력할 수 없다. 그리고 기본 키로 설정된 필드는 [인덱스] 속성이 '예 (중복 불가능)'으로 자동으로 변경된다.

 **인덱스**

인덱스는 색인이라는 의미이다. 데이터베이스에서 인덱스를 사용하면 검색 속도가 빨라진다. 책의 뒷부분에 나온 인덱스를 통해 빨리 원하는 페이지에 찾아갈 수 있는 것과 같은 원리이다. 인덱스를 설정하면 검색 속도는 빨라지지만, 수정, 삭제의 속도는 오히려 늦어질 수 있으므로 반드시 필요할 때만 사용한다.

 **기본 키 필드 취소**

기본 키로 설정된 필드의 왼쪽 행 머리글에는 열쇠 모양의 아이콘이 나타나 기본 키로 설정된 필드를 보여준다. 기본 키로 설정된 필드로 커서를 이동한 후, 도구 모음의 [기본 키] 아이콘 을 클릭하여 취소할 수 있다.

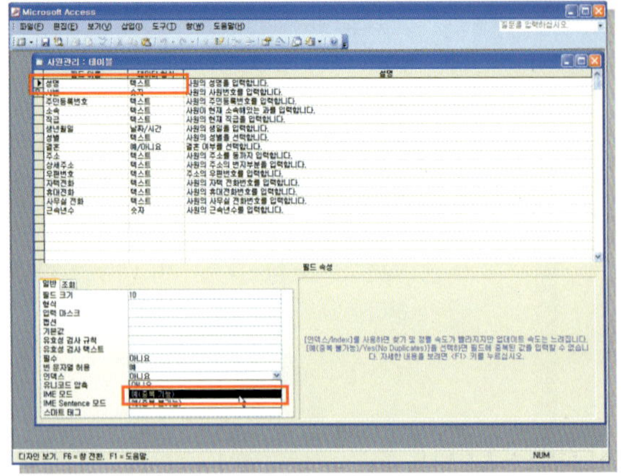

03 '성명' 필드에 인덱스 속성을 설정하기 위해 '성명' 필드로 커서를 이동한 후, 필드 속성의 [일반] 탭의 [인덱스] 화살표를 눌러 '예(중복 가능)'으로 선택한다.

성명 같은 경우 동명이인이 있을 수 있으므로 중복 가능으로 설정한다.

[저장] 아이콘 을 클릭하여 변경된 상태를 저장하고 [닫기] 아이콘 을 클릭하여 테이블을 닫는다.

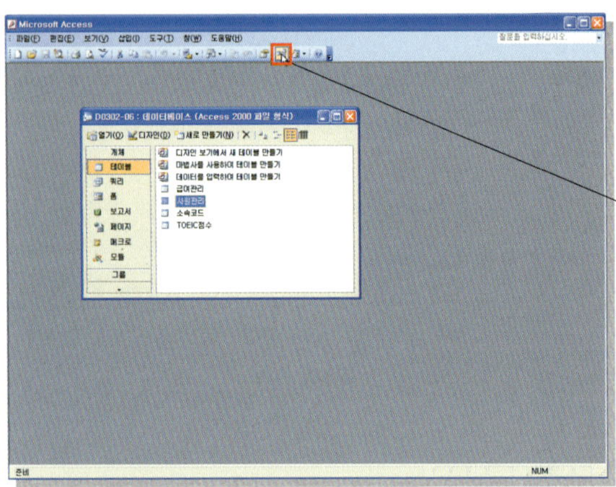

04 두 개의 테이블을 관계 설정하기 위해 ① 도구 모음에서 [관계] 아이콘 을 클릭한다. 또는 ② [도구]-[관계] 메뉴를 선택한다.

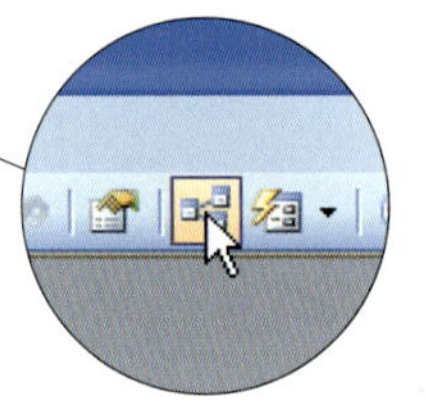

05 [테이블 표시] 대화 상자에서 '사원관리' 테이블과 'TOEIC점수' 테이블을 선택하고 [추가] 단추를 눌러 [관계] 창에 표시하고 [닫기] 단추를 클릭한다.

테이블을 〈Ctrl〉 키를 누른 채 클릭하여 다중 선택하고 [추가] 단추를 클릭하면 한 번에 추가된다.

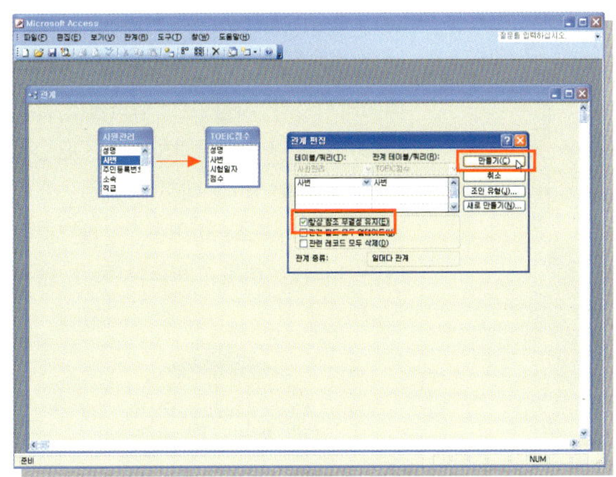

06 '사원관리' 테이블의 기본 키인 '사번' 필드를 'TOEIC점수' 테이블의 '사번' 필드로 드래그한다.

그러면 [관계 편집] 대화 상자가 나타나는데 [항상 참조 무결성 유지]를 선택하고 [만들기] 단추를 클릭한다.

 ## 참조 무결성

참조 무결성은 서로 연결하려는 부모 테이블('사원관리' 테이블)과 자식 테이블('TOEIC점수' 테이블) 사이의 연결고리로 언제나 똑같은 값으로 강제적으로 유지되게 하는 방식이다. 참조 무결성을 유지하면 자식 테이블의 데이터는 항상 부모 테이블에 연결돼 부모가 변하는 순간 자식도 함께 변하게 된다. 따라서 참조 무결성을 유지하는 것은 데이터 연결이 생길 수도 있기 때문에 꼭 필요한 경우에만 설정한다.

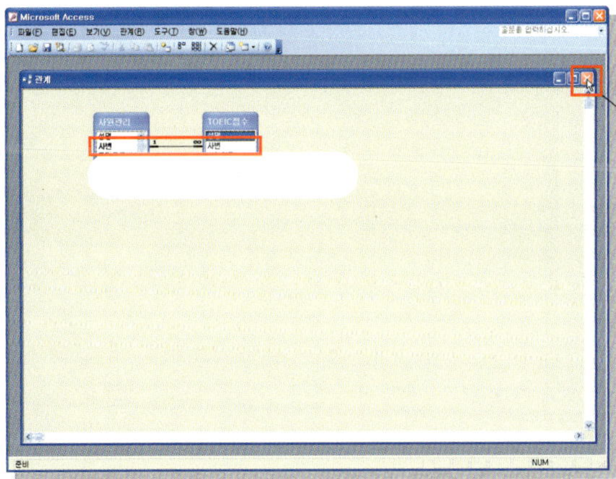

07 [관계] 창을 닫기 위해 [닫기] 아이콘 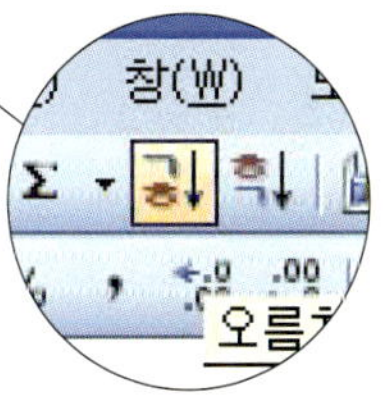을 클릭하면 저장을 묻는 창이 나타나는데 [예] 단추를 눌러 저장하고 닫는다.

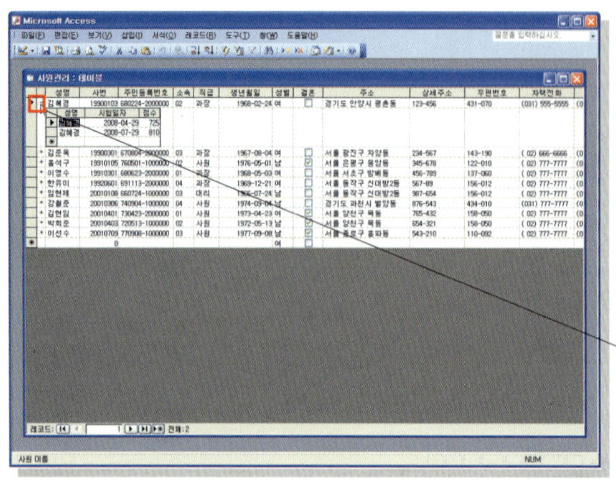

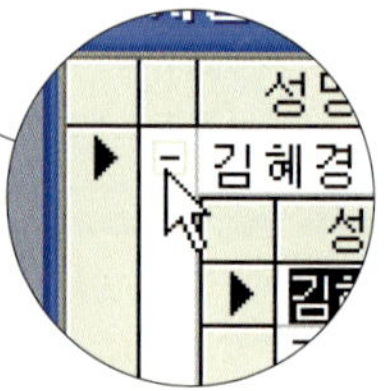

08 '사원관리' 테이블을 더블 클릭하여 '데이터시트 보기' 형식으로 열면 하위 데이터시트가 자동으로 나타난다. [확장] 아이콘 **+** 을 클릭하면 'TOEIC점수' 테이블이 하위 데이터시트로 표시된다. 다시 [축소] 아이콘 **-** 을 클릭하면 나타난 하위 데이터시트가 숨겨진다.

 **관계 삭제**

설정된 관계를 제거하려면 열려 있는 테이블을 모두 닫은 후, 도구 모음의 [관계] 아이콘 을 클릭하여 [관계] 창을 표시한 다음 연결된 관계선 위에서 마우스 오른쪽 단추를 눌러 [삭제] 메뉴를 선택한다. 관계를 제거할 것인지 묻는 창이 나타나면 [예] 단추를 눌러 제거한다.

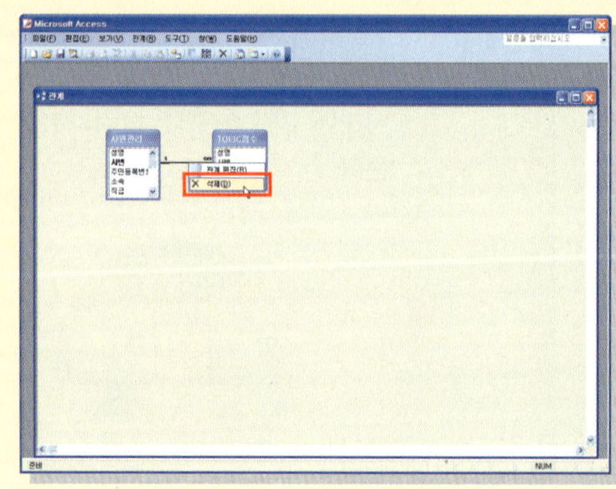

나는 자동차를 판매하는 영업사원이고 고객에 대한 자료를 액세스를 이용하여 만들려고 한다. 일단 액세스에서는 데이터를 입력하고 저장하는 부분이 '테이블'이라고 하는데, 고객 정보를 입력할 수 있는 테이블을 작성한 후, 입력할 데이터에 맞게 형식을 변경해 보겠다.

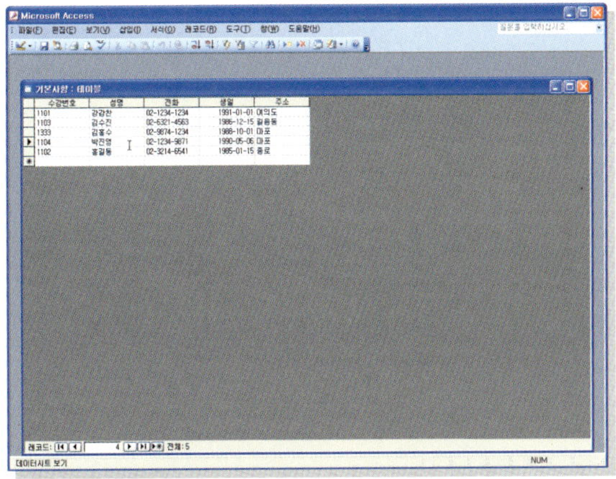

〈시작 예제〉 C:\Database\Chapter03\D03-01-ST.mdb

Task1

'고객관리' 테이블 중에서 '고객번호' 필드를 일련번호 형식으로 변경한다.

1. '고객관리' 테이블을 선택하여 [디자인] 아이콘 디자인(D) 을 클릭한다.
2. '고객번호' 필드로 커서를 이동한 후, [데이터 형식] 화살표를 클릭한다.
3. '일련번호'를 선택한다.

Task2

'고객명' 다음에 '성별' 필드를 삽입하고 예/아니오 형식으로 설정한다.

1. '차종' 필드의 왼쪽 행 머리글을 클릭하여 선택한다.
2. 마우스 오른쪽 단추를 눌러 [행 삽입] 메뉴를 선택한다.
3. 필드 이름을 '성별'이라고 입력한다.
4. [데이터 형식] 화살표를 클릭하여 '예/아니요'를 선택한다.

Task3

'차종' 필드 이름을 '구매차종'으로 변경한다.

1. '차종' 필드의 '필드 이름'으로 커서를 이동한다.
2. 필드 이름을 '구매차종'이라고 입력한다.

Task4

'고객번호' 필드를 기본 키로 설정한다.

1. '고객번호' 필드로 커서를 이동한다.
2. 도구 모음에서 [기본 키] 아이콘 🔑 을 클릭한다.

Task5

'구매일자' 필드의 기본 값을 컴퓨터에서 제공하는 오늘 날짜가 항상 나타나도록 설정한다.

1. '구매일자' 필드를 선택한다.
2. 필드 속성의 [일반] 탭에서 '기본 값' 입력란을 클릭한다.
3. 'Date( )'라고 입력한다. Date( )는 오늘 날짜를 표시해 주는 함수이다.

Task6

'차량구매가격' 필드의 표시 형식을 '형식'으로 변경한다.

1. '차량구매가격' 필드를 선택한다.
2. 필드 속성의 [일반] 탭에서 '형식' 입력란의 화살표를 클릭한다.
3. '통화'를 선택한다.

Task7

'차량구매가격' 필드에는 항상 양수만 입력하도록 설정하고 '고객관리' 테이블을 닫는다.

1. '차량구매가격' 필드를 선택한다.
2. 필드 속성의 [일반] 탭에서 '유효성 검사 규칙' 입력란으로 커서를 이동한다.
3. '>0'이라고 입력한다.
4. [닫기] 아이콘(❌)을 클릭한다.
5. 저장할 것인지 묻는 창이 나타나면 [예] 단추를 클릭한다.

정보 검색

Chapter 04 정보 검색

>>> 데이터베이스의 핵심 기능은 저장된 데이터를 바탕으로 사용자들에게 적절한 시기에 원하는 형태로 불러내어 중요한 업무에 활용할 수 있도록 해야 한다. 데이터를 정보로 변환해주는 개체가 쿼리이다. 쿼리는 테이블에 저장된 데이터를 원하는 대로 검색하고 추출하기 위한 개체로 액세스에서는 쉽게 쿼리를 작성할 수 있도록 QBE(Query By Example)라고 불리는 그래픽 환경의 쿼리 디자인 도구와 쿼리 마법사를 제공한다. 테이블에서 필터를 이용하여 정보를 검색하는 방법을 알아보고, 본격적으로 쿼리를 이용하여 정보를 검색하는 다양한 방법을 알아본다.

 필터를 이용한 검색

필터를 이용하여 테이블, 폼, 쿼리에서 정보를 검색할 수 있다. 정보 검색과 추출은 쿼리를 사용해야 하지만, 테이블이나 폼에서 필터 기능을 통해 간편하게 원하는 레코드만을 추출할 수 있다. 테이블의 '데이터시트 보기' 형식에서 필터를 이용해 레코드 작업을 효율적으로 해보도록 한다. 필터에는 선택 필터, 폼 필터, 고급 필터 3가지 방법이 있다.

> **학습 목표**
> - 테이블과 폼에서 선택 필터를 이용하여 정보를 검색할 수 있다.
> - 테이블과 폼에서 폼 필터를 이용하여 정보를 검색할 수 있다.
> - 테이블과 폼에서 고급 필터를 이용하여 정보를 검색할 수 있다.

01 선택 필터를 사용하여 레코드 검색

정보 검색을 할때는 쿼리를 사용하지만 테이블이나 폼에서도 간편하게 필터를 사용하여 지정한 조건에 맞는 데이터만 추출할 수 있다. 테이블의 데이터시트 보기 상태에서 마우스로 선택한 레코드만 보여주는 기능이 선택 필터인데 선택 필터에서 레코드를 검색하는 방법을 알아본다.

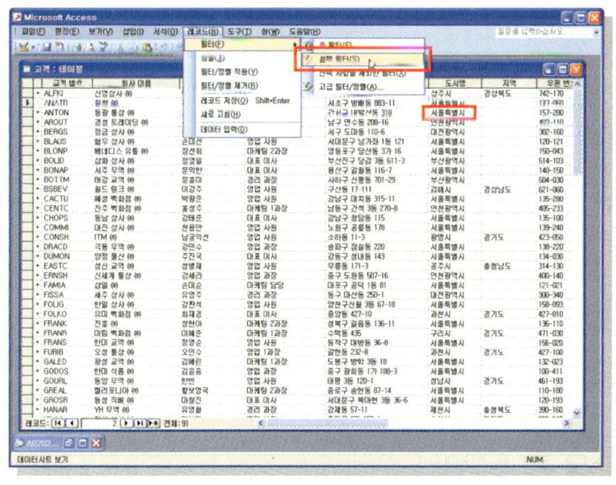

01 '고객' 테이블을 데이터시트 보기 형식으로 열어 놓은 후, '도시명' 필드의 '서울특별시'가 있는 위치로 커서를 이동하고 ① [레코드]-[필터]-[선택 필터] 메뉴를 선택한다. 또는 ② 마우스 오른쪽 단추를 눌러 [선택 필터] 메뉴를 선택한다.

〈시작 예제〉 C:\Database\Chapter04\D0401-01.mdb

 **필터**

정수기나 담배에는 필터가 있다. 몸에 안 좋은 물질을 걸러 내는 역할을 하는 것으로 액세스에서 필터는 조건을 지정해 주면 지정한 조건에 맞는 데이터만 표시해주는 것을 의미한다. 즉, 필터는 원하는 레코드만 표시하기 위해 사용한다.

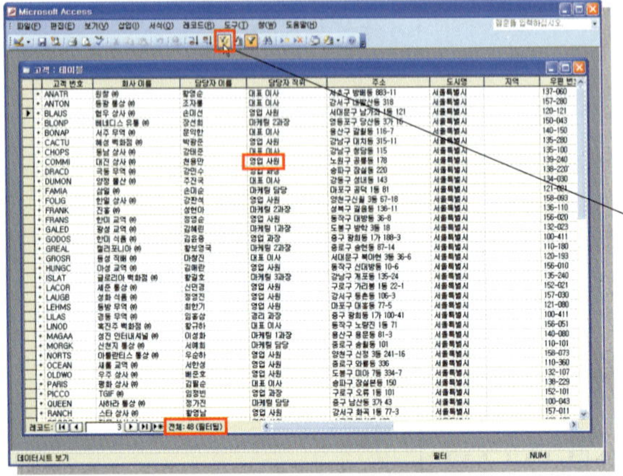

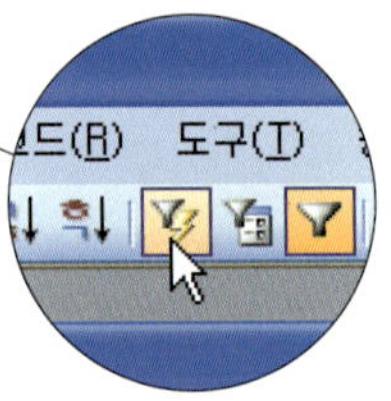

02 선택한 레코드만 화면에 나타난다. 계속해서 '담당자 직위' 필드의 '영업 사원' 위치로 이동하고 선택 필터를 적용하기 위해 도구 모음에서 [선택 필터] 아이콘 을 클릭한다.

03 필터를 취소하기 위해 ① [레코드]–[필터/정렬 제거] 메뉴를 선택한다. 또는 ② 도구 모음에서 [필터 제거] 아이콘 을 클릭한다. ③ 마우스 오른쪽 단추를 눌러 [필터/정렬 제거] 메뉴를 선택한다.

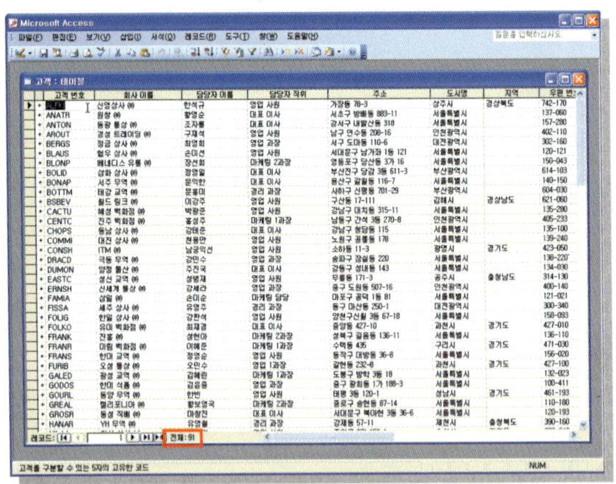

04 선택 필터 적용 전으로 돌아가 모든 레코드를 보여준다.

데이터 입력과 조회 작업을 할 수 있는 폼에서도 검색할 수 있는데, 테이블이나 쿼리에서 '선택, 고급, 폼 필터'를 이용해서 레코드를 검색하는 방법과 동일하다. 폼에서 선택 필터로 레코드를 검색하려면 검색할 조건값이 입력된 필드에 커서를 이동한 후, 도구 모음에서 [선택 필터] 아이콘 을 클릭하면 지정한 조건에 해당하는 레코드만 폼에 표시해준다. 다음 그림은 직위가 '영업 사원'인 레코드만 검색된 상태로 전체 레코드 중에서 34개의 레코드가 검색되었다는 내용이 상태 표시줄에 나타난다. 레코드 탐색기의 레코드 이동 단추를 이용하여 필터된 다른 레코드를 확인할 수 있다.

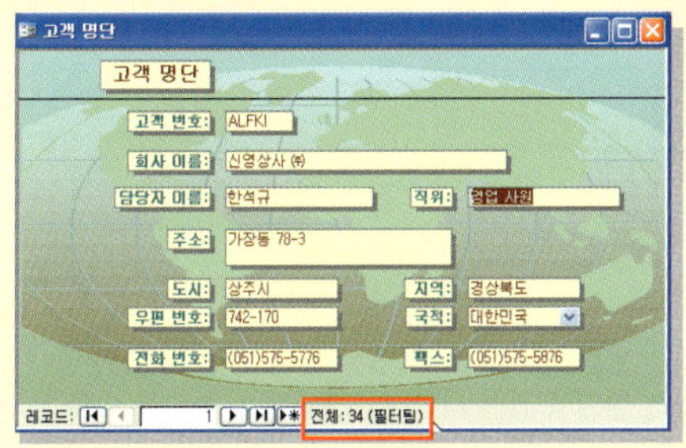

02 폼 필터를 사용하여 레코드 검색

폼 필터는 선택 필터와는 달리 여러 조건을 적용할 수 있다는 장점이 있다. 폼 필터를 선택하게 되면 폼 필터 창으로 전환되고, 검색할 조건을 각 필드에 입력한 후, 필터 적용을 하면 데이터시트 보기 상태로 전환되면서 검색한 결과를 보여준다. 폼 필터는 테이블에 존재하는 필드 중에서 조건에 일치하는 데이터를 표시할 때 주로 사용한다.

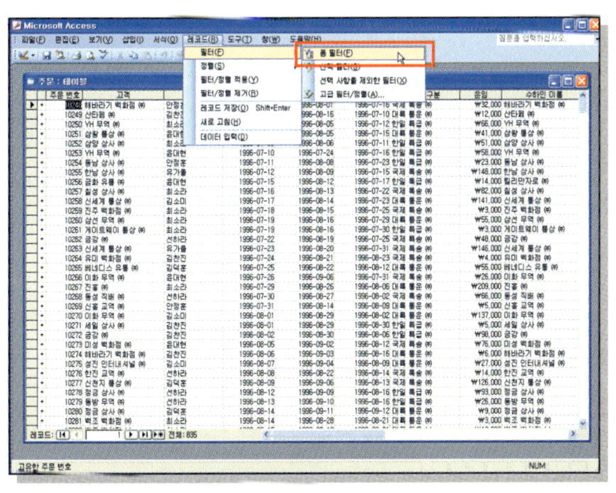

01 '수문' 테이블을 데이터시트 보기 형식으로 열어 놓은 후, ① [레코드]-[필터]-[폼 필터] 메뉴를 선택하거나 ② 도구 모음에서 [폼 필터] 아이콘 을 클릭한다.

〈시작 예제〉 C:\Database\Chapter04\D0401-02.mdb

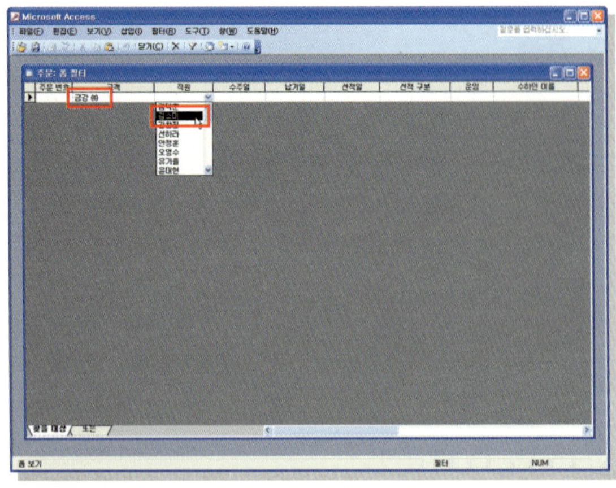

02 폼 필터 창으로 전환되면 '고객' 필드의 화살표를 클릭하여 '금강 (주)'를 선택하고 '직원' 필드의 화살표를 클릭하여 '김소미'를 선택한다.

 **동일한 필드에 여러 개의 조건 입력**

예를 들어 '김소미'와 '홍길동' 직원을 검색하려면 폼 필터 창에서 화면 하단의 [또는] 탭을 클릭하여 폼 필터 창을 변경하고 조건을 입력한다. 같은 필드에서 여러 개의 조건을 입력하려면 [또는] 탭을 이용하여 지정한다.

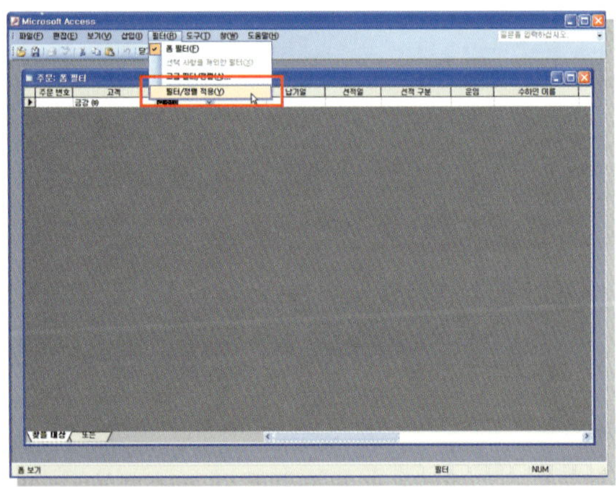

03 지정한 조건으로 레코드를 검색하기 위해 ① [필터]-[필터/정렬 적용] 메뉴를 선택하거나 ② 도구 모음에서 [필터 적용] 아이콘 을 클릭한다.

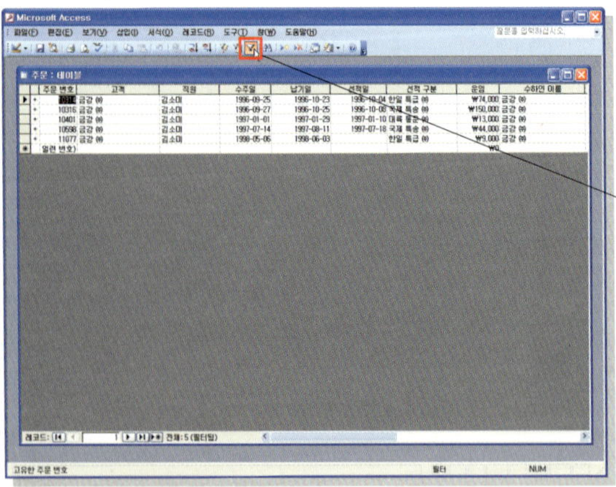

04 지정한 조건에 맞는 레코드만을 검색해서 결과를 보여준다. 도구 모음에서 [필터 제거] 아이콘 을 클릭하여 필터를 제거한다.

폼에서 폼 필터를 이용하여 레코드 검색

폼에서 폼 필터로 레코드를 검색하려면 도구 모음에서 [폼 필터] 아이콘 을 클릭하여 검색할 조건을 입력할 수 있는 화면으로 이동한다. 이 상태에서 조건을 입력한 후 도구 모음의 [필터 적용] 아이콘 을 클릭하면 검색한 레코드를 화면에 표시해 준다. 다음 그림은 폼 필터 화면에서 '강원도' 지역의 레코드만 검색하기 위해 조건을 입력한 것으로 [필터 적용] 아이콘 을 클릭하면 해당 레코드만 표시된다. 필터를 해제하려면 [필터 제거] 아이콘 을 클릭하여 원래대로 돌아간다.

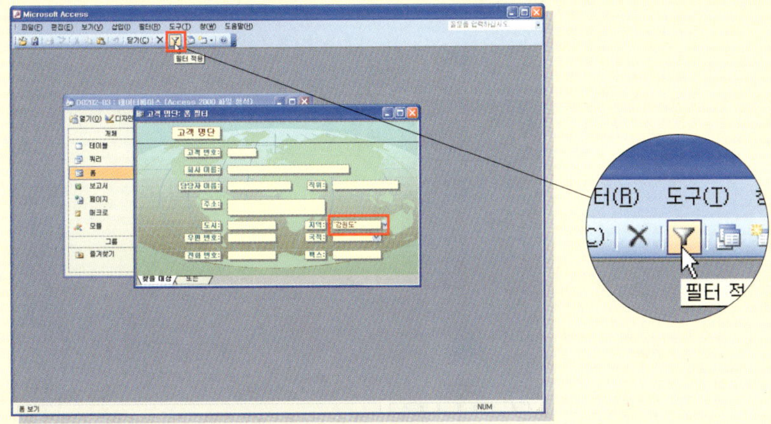

선택 사항을 제외한 필터

선택한 레코드를 제외하고 검색할 수 있는 선택 사항 제외 필터 기능도 있다. 이 필터를 적용할 값이 있는 필드를 선택한 다음 [레코드]–[필터]–[선택 사항을 제외한 필터] 메뉴를 선택하거나, 마우스 오른쪽 단추를 눌러 [선택 사항을 제외한 필터] 메뉴를 선택한다. 이 필터는 특정 내용을 제외한 레코드만을 다루고자 할 때 유용하게 사용할 수 있다.

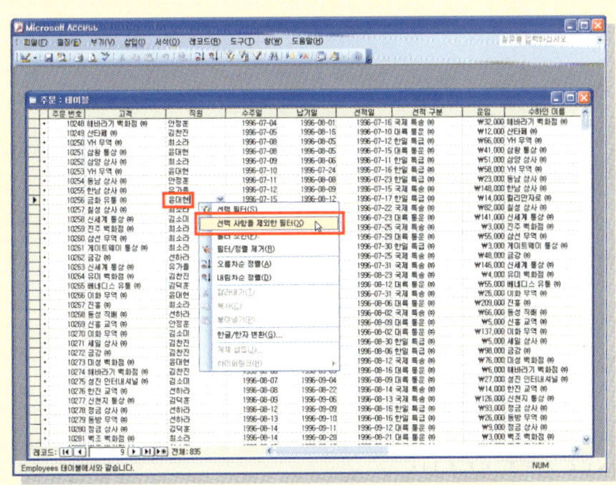

 # 고급 필터를 사용하여 레코드 검색

고급 필터는 쿼리와 유사하며 QBE(Query By Example) 쿼리 디자인 창을 이용하여 검색한다. 위쪽에는 선택한 테이블의 필드를 표시해주는 목록이 나타나고, 아래쪽에는 조건을 지정할 수 있는 창이 나타난다. 조건을 다양하게 지정할 수 있다는 장점이 있으며, 최근에 사용한 조건이 테이블에 저장되어 필터 취소를 하더라도 나중에 다시 동일한 조건을 적용할 수 있다.

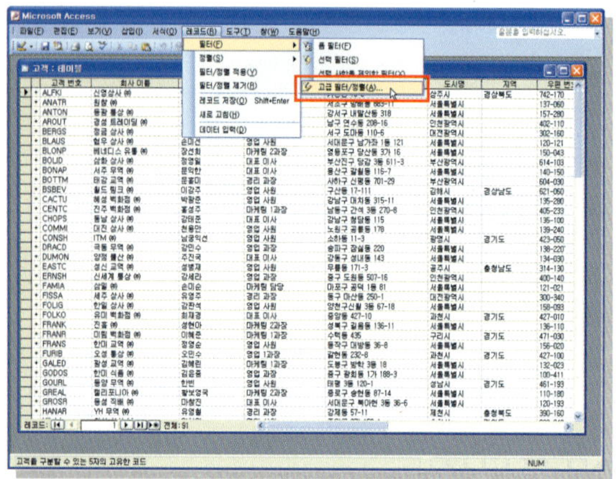

〈시작 예제〉 C:\Database\Chapter04\D0401-03.mdb

01 '고객' 테이블을 데이터시트 보기 상태로 열어 놓은 후, [레코드]-[필터]-[고급 필터/정렬] 메뉴를 선택한다.

커서의 위치

고급 필터에 의해 검색할 때는 조건을 사용자가 직접 지정해 주는 것이므로 커서의 위치는 어떤 레코드에 있어도 상관없다.

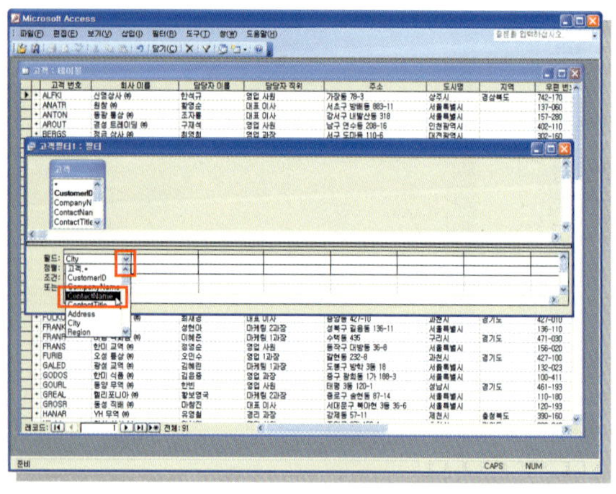

02 조건을 지정할 수 있는 필터 창이 열리면 위쪽에는 선택한 테이블의 필드 목록이 나타나고 아래쪽의 [필드] 항목의 화살표를 클릭하여 'ContactName'을 선택한다.

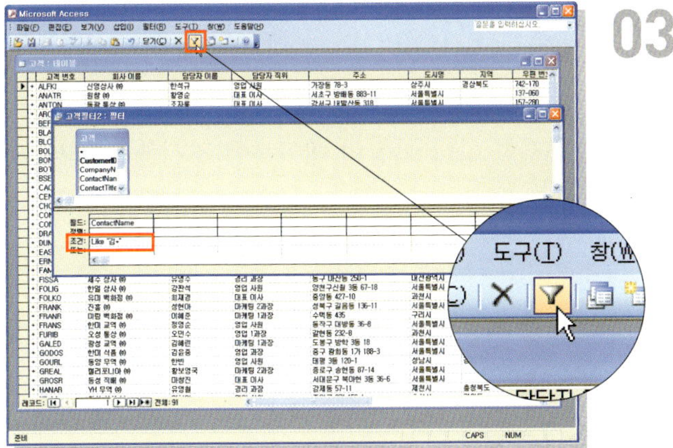

03 [조건] 행에 담당자의 이름 중에서 성이 김씨인 사람을 검색하기 위해 '김 *'을 입력하고 〈Enter〉 키를 누르면, 'Like "김 *"'이라고 자동으로 변경된다. ① 도구 모음에서 [필터 적용] 아이콘 을 클릭하거나 ② [레코드]–[필터/정렬 적용] 메뉴를 선택하여 필터를 적용한다.

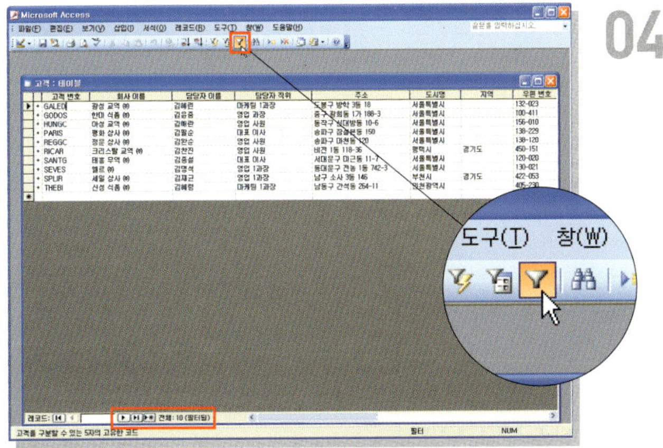

04 검색된 결과를 확인한 다음, 필터 적용을 취소하기 위해 ① 도구 모음에서 [필터 제거] 아이콘 을 클릭하거나 ② [레코드]–[필터/정렬 제거] 메뉴를 선택하여 필터를 제거한다.
작업을 마친 다음 테이블의 [닫기] 아이콘 을 클릭한다.

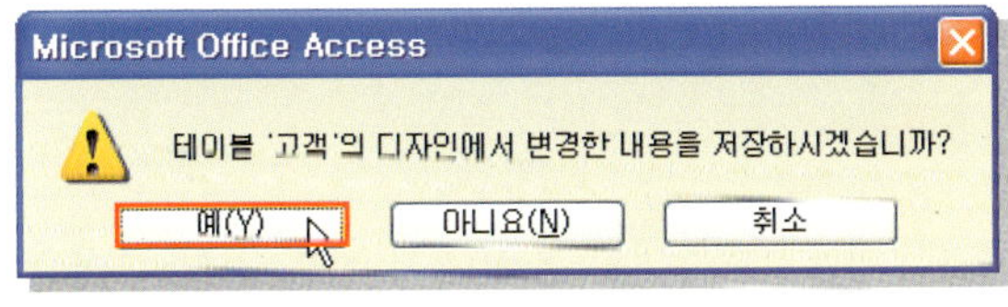

05 테이블 저장 여부를 묻는 창이 나타난다. [예] 단추를 클릭하면 고급 필터에서 지정한 조건이 테이블에 저장되어 도구 모음에서 [필터 적용] 아이콘 을 클릭만 하면 이후에 언제든지 같은 고급 필터가 적용된다.

쿼리는 '질문' 또는 '질의' 라는 뜻이며, 사용자가 하나 이상의 테이블에 조건을 주어서 원하는 정보를 검색 및 추출해 주는 개체이다. 쿼리는 관계를 이루고 있는 여러 테이블을 연결하여 하나의 테이블처럼 새로운 결과를 추출할 수 있으며, 폼과 보고서 개체와 상호 작용하여 검색 기능이나 출력 기능을 만들 수 있게 해준다. 쿼리는 원본 테이블의 필드를 검색하여 추출하여 표시할 뿐 아니라, 수식 계산, 문자열 조작을 위한 계산식을 이용하여 검색할 수 있다.

학습 목표

- 쿼리를 사용하여 데이터를 추출하고 분석할 수 있다.
- 하나의 테이블을 이용하여 검색 기준을 설정한 후, 쿼리를 작성할 수 있다.
- 두 개의 테이블을 이용하여 검색 기준을 설정한 후, 쿼리를 작성할 수 있다.
- 비교 연산자를 이용하여 검색 기준을 설정할 수 있다.
- 논리 연산자를 이용하여 검색 기준을 설정할 수 있다.
- 와일드카드(*, ?)를 이용하여 검색 기준을 설정할 수 있다.
- 쿼리에서 검색 기준을 수정하거나 필드를 수정할 수 있다.
- 작성한 쿼리를 실행할 수 있다.

01 쿼리의 개념

데이터베이스는 저장된 데이터를 적절한 시기에 원하는 형태로 불러내어 이를 의사 결정과 같은 중요 업무에 활용한다. 여러 가지 업무에 활용할 수 있도록 데이터베이스에서 데이터를 추출하는 것을 '쿼리' 라고 한다. 쿼리는 테이블을 기초로 만들어 지는데, 테이블 형식으로만 만들어지는 것은 아니며, 만들어진 쿼리는 테이블과 같은 기능을 수행하기 때문에 쿼리를 가지고 또 다른 쿼리를 작성할 수도 있다.

쿼리의 기본적인 기능은 테이블에서 특정한 조건에 맞는 원하는 데이터를 빨리 효과적으로 불러오는 것으로, 액세스에서는 QBE(Query By Example)라는 편리한 작업 환경을 제공하기 때문에 실제 쿼리 상태를 확인하면서 작업할 수 있는 장점을 가지고 있다.

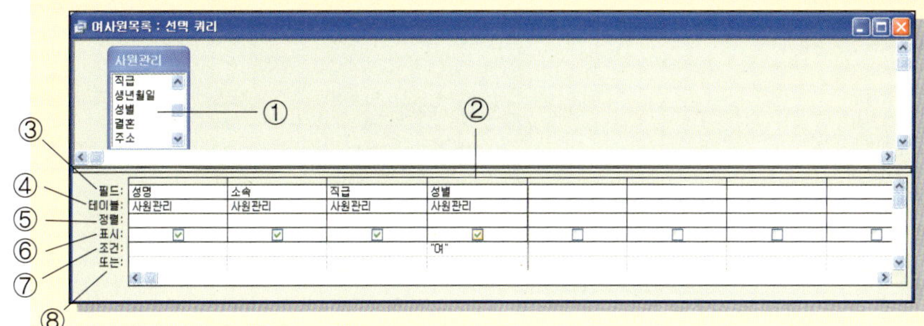

① **필드 목록 상자** : 선택한 테이블의 필드 목록을 표시해 주는 상자이며 필드를 선택하여 디자인 눈금으로 드래 그하거나 더블 클릭하여 추가할 수 있다.

② **열 머리글** : 필드를 선택하거나 열 너비를 조정할 때 사용한다. 열 머리글 사이에 마우스를 위치하면 포인터가 변경되는데, 드래그하여 열 너비를 조정할 수 있다.

③ **필드** : 필드 목록 상자로부터 추가한 필드 이름이 표시되며, 화살표를 클릭하여 다른 필드를 선택할 수도 있다.

④ **테이블** : 원본으로 선택한 테이블 이름이 표시되며 필드와 마찬가지로 화살표를 클릭하여 다른 테이블을 선택 할 수 있다(두 개 이상의 테이블을 이용할 때).

⑤ **정렬** : 오름차순 또는 내림차순으로 레코드를 정렬한다.

⑥ **표시** : 확인란의 표시 여부에 따라 데이터시트 보기 창에 해당 필드가 표시되거나 표시되지 않는다.

⑦ **조건** : 쿼리 조건을 입력하는 곳이다. 조건을 직접 입력할 수 있으며, 마우스 오른쪽 단추를 눌러 [작성] 메뉴 를 선택하면 [식 작성기] 마법사가 나타난다. 마법사를 이용하여 조건을 입력할 수 있다.

⑧ **또는** : 이미 작성한 조건에 다른 조건을 추가하여 입력할 수 있다.

액세스에서 작성할 수 있는 쿼리의 종류는 여러 가지가 있는데, '선택 쿼리, 매개 변수 쿼리, 크로스탭 쿼리'가 있다. 이들 쿼리는 테이블을 이용만 할 뿐이지 테이블에 영향을 주는 것은 아니다. '실행 쿼리'인 '삭제 쿼리, 업데이트 쿼리, 추가 쿼리, 테이블 만들기 쿼리'는 실제 테이블에 영향을 준다. 예를 들어 삭제 쿼리 같은 경우 지정한 조건에 맞는 레코드를 테이블에서 찾아 삭제를 한다. 따라서 실행 쿼리는 조심스럽게 사용해야 한다. 실행 쿼리에 의해 테이블을 변경하게 되면 다시 복구할 수 없다. 선택 쿼리와 실행 쿼리는 아이콘의 모양이 다르게 표시되기 때문에 쉽게 구분할 수 있다. 아이콘에 느낌표가 붙어 있는 쿼리가 실행 쿼리이다. 각각의 특징과 기능에 대해 간단히 살펴본다.

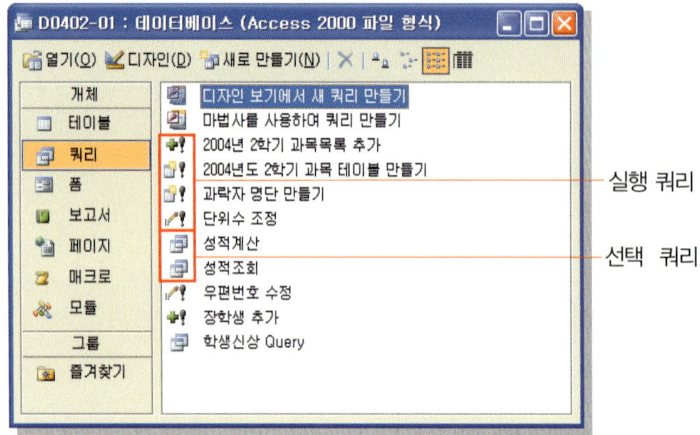

1) 선택 쿼리

선택 쿼리는 가장 일반적인 형태의 쿼리이며, 이 쿼리를 이용하여 다른 여러 가지 쿼리를 만들 수 있다. 이 쿼리를 이용해 테이블에서 데이터를 검색하여 데이터시트 보기 형식으로 보여준다. 선택 쿼리를 이용하여 선택된 레코드들을 그룹으로 묶어 합계, 개수, 평균 등의 통계를 작성할 수도 있다.

2) 매개 변수 쿼리

매개 변수 쿼리는 [쿼리 매개 변수] 대화 상자를 사용자에게 보여주어 그때그때 사용자가 레코드 검색 조건이나 필드에 삽입할 값과 같은 정보를 입력할 수 있게 해준다. 매개 변수 쿼리는 폼, 보고서, 페이지의 초기 인터페이스 도구로 사용할 수 있다. 예를 들어, 두 개의 날짜를 묻는 쿼리를 만들어 두면 특정 기간에 해당하는 레코드를 검색할 수 있다.

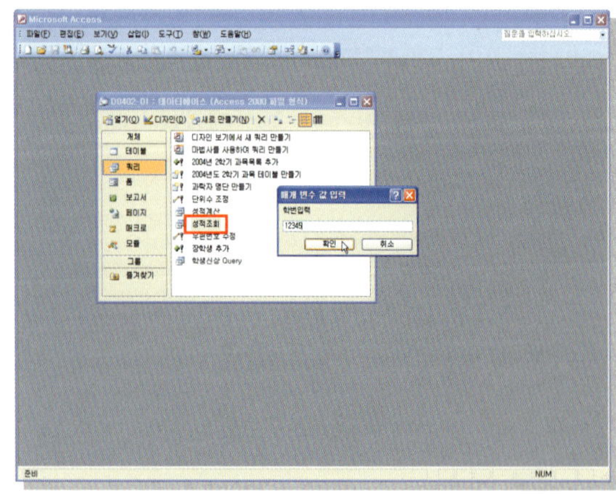

3) 크로스탭 쿼리

크로스탭 쿼리를 이용하면 스프레드시트 형식으로 데이터를 요약하고 비교할 수 있는 쿼리를 만들 수 있다. 크로스탭 쿼리는 3개의 필드에 기초를 둔 데이터를 사용하여 만든다.

4) 삭제 쿼리

삭제 쿼리는 하나 이상의 테이블에서 레코드 그룹을 삭제한다. 예를 들어 생산되는 제품 중에 더 이상 생산하지 않는 것들이 있다면 테이블에서 그 제품을 모두 삭제할 수 있다. 이렇게 삭제 쿼리는 테이블의 데이터를 일괄적으로 삭제할 수 있다.

5) 업데이트 쿼리

업데이트 쿼리는 하나 이상의 테이블에서 레코드 그룹을 전체적으로 변경할 경우에 유용하게 사용할 수 있다. 예를 들어 일괄적으로 급여를 10% 인상한 금액으로 변경해야 되는 경우 사용할 수 있다.

6) 추가 쿼리

추가 쿼리는 하나 이상의 테이블에 있는 레코드 그룹을 다른 테이블 끝에 추가하는 경우에 사용한다. 예를 들어 직원정보를 입력하는 '직원정보' 테이블이 있고, 신입사원 정보만 입력된 '신입사원' 테이블이 있다면 '직원정보' 테이블에 '신입사원' 테이블의 데이터를 입력해야 하는 경우에 사용할 수 있다. 이 때 두 테이블의 구조는 같아야 한다.

7) 테이블 만들기 쿼리

하나 이상의 테이블에서 쿼리를 실행하여 추출한 데이터를 가지고 새 테이블을 만드는 경우에 사용한다. 이 때 새 테이블은 원본 테이블의 데이터를 이용한 것이기 때문에 별도의 테이블로 존재하는 것이 아니라 새로운 원본 테이블로 저장된다.

새 쿼리는 디자인 보기에서 새 쿼리를 만들거나 쿼리 마법사를 이용하여 만들 수 있다. 디자인 보기를 이용하여 쿼리를 작성하는 것은 어려울 수 있지만, 쿼리를 이해하는데는 도움이 된다. 디자인 마법사를 이용하여 테이블 한 개로 간단한 쿼리를 작성하고 조건을 지정하는 방법을 알아본다.

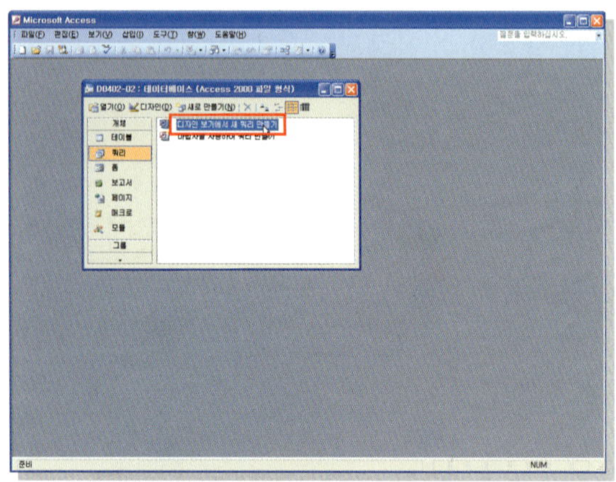

〈시작 예제〉 C:\Database\Chapter04\D0402-02.mdb

01 '쿼리' 개체를 선택하고, [디자인 보기에서 새 쿼리 만들기]를 클릭한다.

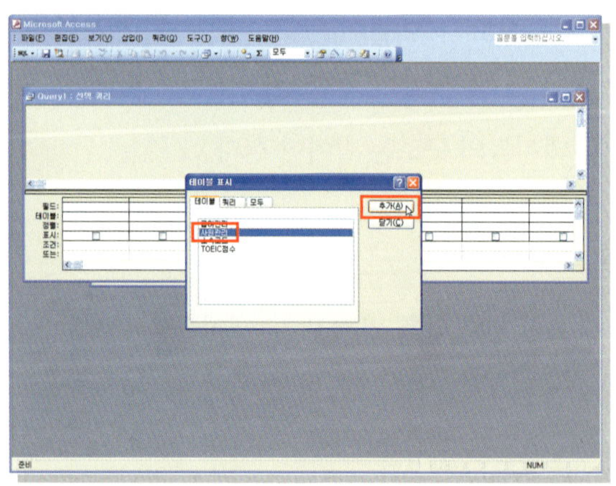

02 쿼리를 만들 수 있는 디자인 창으로 변경되면서 원본 테이블을 선택할 수 있는 [테이블 표시] 대화 상자가 나타난다.

[테이블] 탭에서 '사원관리' 테이블을 선택하고 [추가] 단추를 클릭한다. 쿼리 디자인 창의 테이블 표시 영역에 선택한 테이블이 나타난 것을 확인하고 [닫기] 단추를 클릭한다.

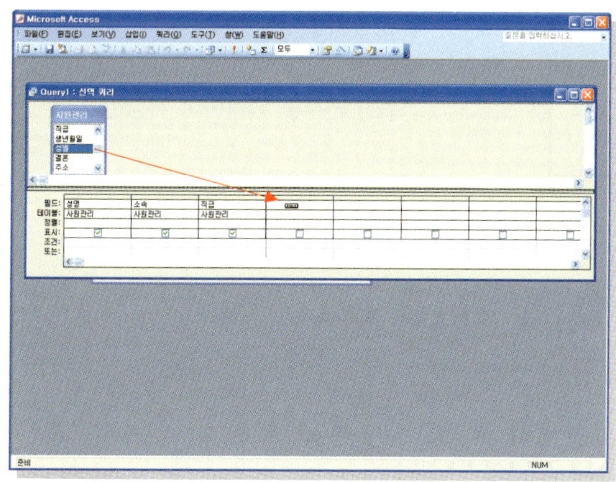

<table><tr><td>03</td><td>필드 목록 상자에서 '사원관리' 테이블의 '성명' 필드를 선택하여 디자인 눈금의 첫 번째 열로 드래그한다. '소속', '직급', '성별' 필드를 선택하여 디자인 눈금으로 드래그한다.</td></tr></table>

 **필드를 더블 클릭하여 추가하기**

필드 목록 상자에서 필드를 선택하여 드래그하지 않고 추가할 필드 이름을 더블 클릭하면 필드가 추가된다.

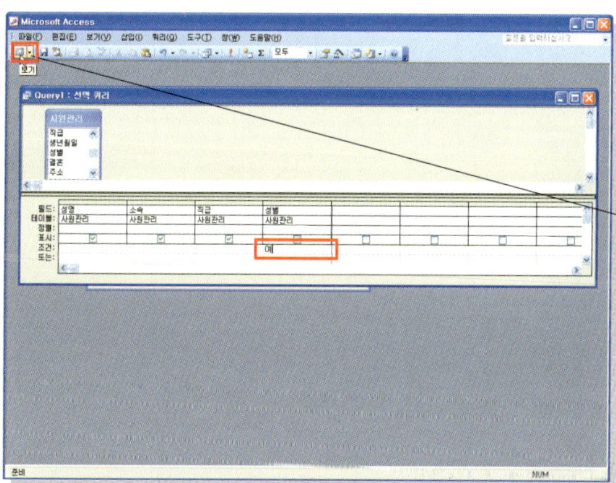

<table><tr><td>04</td><td>조건을 지정하기 위해 '성별' 필드의 [조건] 행에 '여'라고 입력하고 도구 모음의 [보기] 아이콘 을 클릭한다.</td></tr></table>

<table><tr><td>05</td><td>'사원관리' 테이블에서 선택한 '성명', '소속', '직급', '성별' 필드로 만들어진 쿼리가 표시되고, 입력한 조건에 맞는 데이터만 검색되어 나타난다.
[닫기] 아이콘 을 클릭하여 저장할 것인지 묻는 창이 나타나면 [예] 단추를 클릭한다.</td></tr></table>

06 [다른 이름으로 저장] 대화 상자가 나타나면 '여사원목록'이라고 입력하고 [확인] 단추를 클릭하여 저장한다.

03 테이블 두 개를 이용한 선택 쿼리 작성

마법사를 이용하면 새 쿼리를 쉽게 만들 수 있으며 복잡한 쿼리도 간단하게 만들 수 있다. 마법사에서 테이블 두 개를 이용해서 간단한 쿼리를 작성하고 조건을 지정하는 방법을 알아본다. 두 개 이상의 테이블을 이용하여 쿼리를 작성하려면 먼저 테이블끼리 관계가 설정되어 있어야 하며, 관계가 설정되어 있지 않다면 테이블을 추가한 후, 쿼리 디자인 창에서 임시로 관계 설정을 해도 된다.

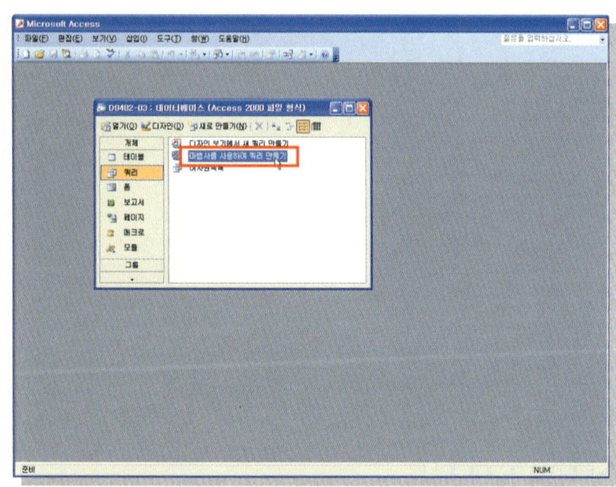

01 '쿼리' 개체를 선택하고, [마법사를 사용하여 새 쿼리 만들기]를 클릭한다.

〈시작 예제〉 C:\Database\Chapter04\D0402-03.mdb

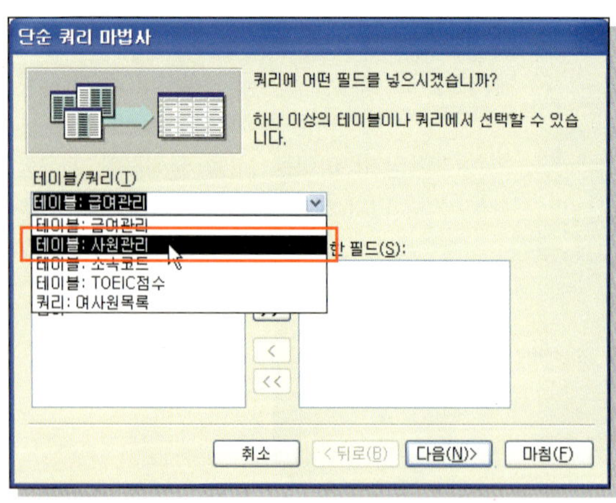

02 [단순 쿼리 마법사] 대화 상자가 표시되면 [테이블/쿼리] 화살표를 눌러 '사원관리' 테이블을 선택한다.

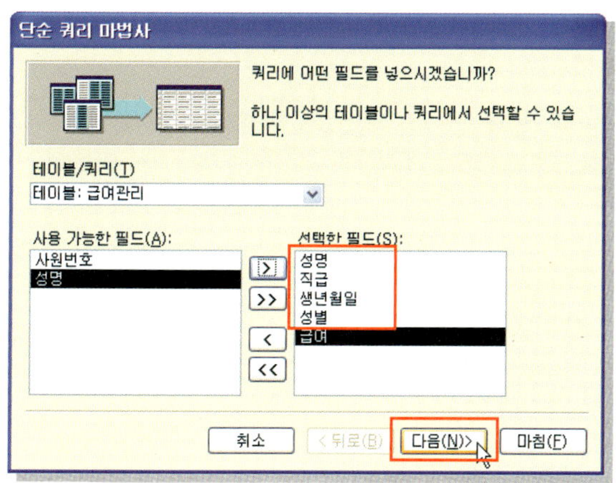

03 ‘사원관리’ 테이블에서 ‘성명’, ‘직급’, ‘생년월일’, ‘성별’ 필드를 선택하고 ＞ 를 클릭하여 오른쪽의 [선택한 필드] 상자로 이동한다. ‘급여관리’ 테이블의 ‘급여’ 필드도 이동한다. 필드를 추가하고 [다음] 단추를 클릭한다.

 **필드 이동 단추**

모든 필드를 한꺼번에 선택하려면 ＞＞ 를 클릭하고 [선택한 필드] 상자로 이동한 필드를 제거하려면 ＜ , ＜＜ 를 클릭한다.

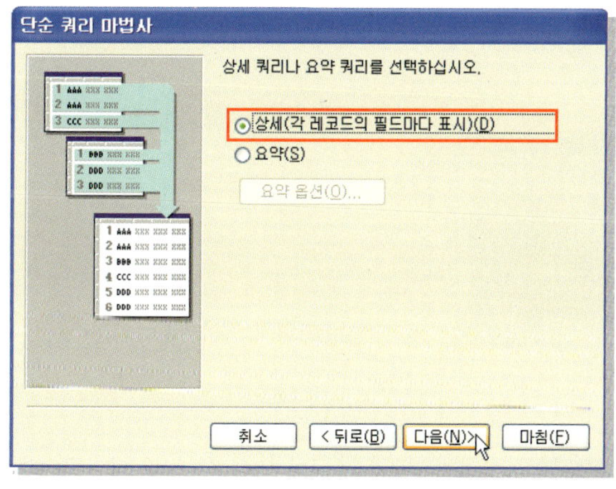

04 ‘상세 쿼리나 요약 쿼리를 선택하십시오’라는 단계에서 [상세(각 레코드의 필드마다 표시)]를 선택하고 [다음] 단추를 클릭한다.

 ## 상세 쿼리와 요약 쿼리

급여, 판매금액 등 숫자 데이터 형식으로 지정된 필드를 쿼리에 추가하게 되면 상세 쿼리와 요약 쿼리를 작성할
수 있는 단계가 표시된다. 상세 쿼리는 모든 레코드를 모두 표시해주는 쿼리이며, 요약 쿼리에서는 합계, 평균, 최
대, 최소 등의 요약된 값을 구할 수 있다. 마법사를 이용할 때 상세 쿼리나 요약 쿼리를 선택할 수 있는 단계가
표시되면 [요약 옵션] 단추를 눌러 대화 상자가 나타나면 요약할 종류를 선택한다.

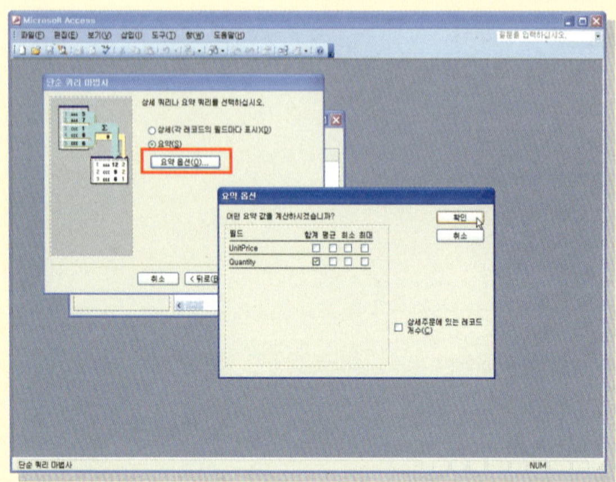

[요약 옵션] 대화 상자에서 요약할 계산식을 선택하면 선택한 필드의 합계나 평균 등이 구해진다. 몇 번의 조작만으로
통계 자료를 추출 할 수 있다.

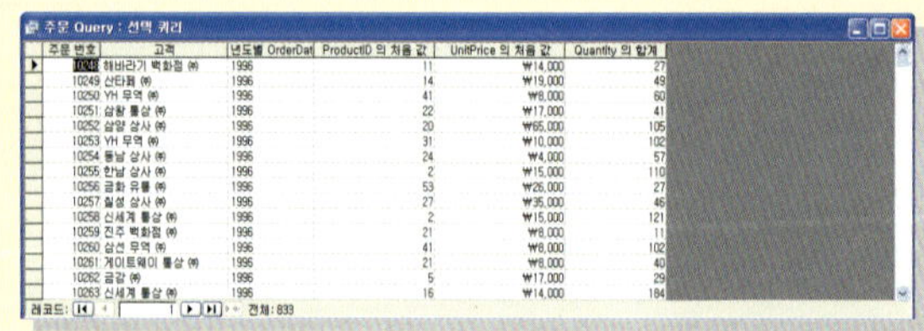

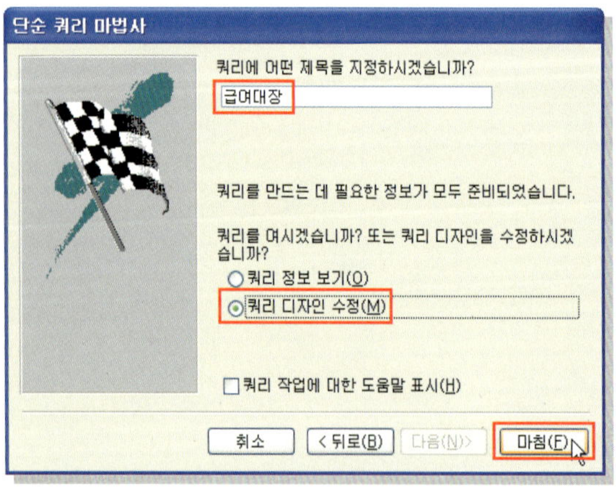

05 쿼리 제목을 입력하는 상자에 '급여대
장' 이라고 입력하고 [쿼리 디자인 수
정]를 선택하고 [마침] 단추를 클릭하여
마법사를 종료한다.
만약 [쿼리 정보 보기]를 선택하고 마
법사를 마치면 데이터시트 창이 나타
나면서 쿼리 결과가 표시된다.

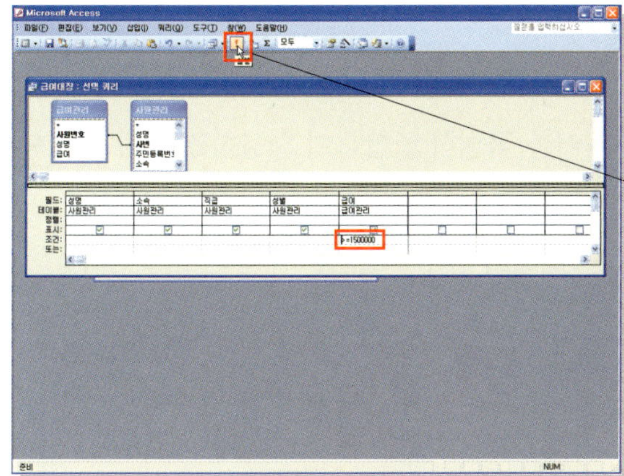

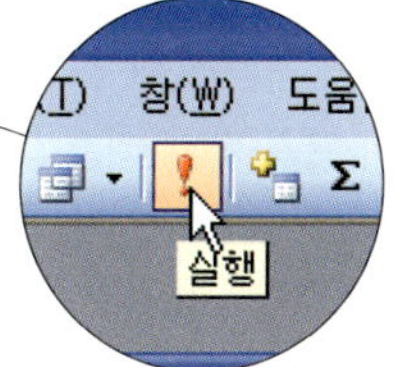

06 '급여' 필드의 [조건] 입력란에 '>=1500000'이라고 입력하고 도구 모음에서 [실행] 아이콘 을 클릭하여 쿼리를 실행해 본다.

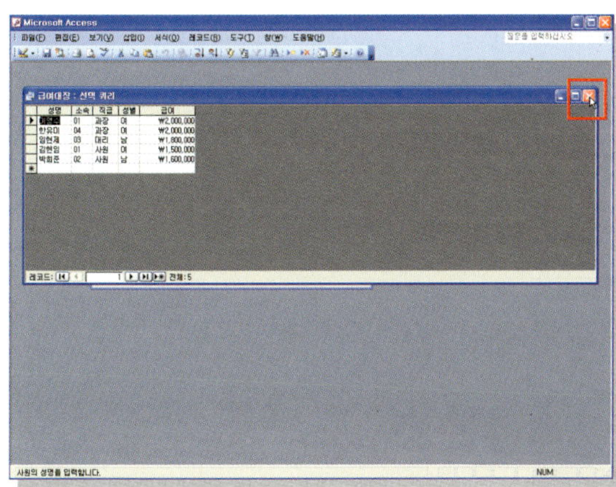

07 급여가 1,500,000원 이상인 직원들만 검색하여 결과를 보여준다. [저장] 아이콘 을 클릭하여 조건을 지정한 쿼리를 저장하고 [닫기] 아이콘 을 클릭하여 창을 닫는다.

04 단순 조건으로 쿼리 작성

쿼리에서는 여러 가지 검색 조건을 제공하여 이를 적절히 조합하여 사용하면 보다 강력한 결과를 얻을 수 있다. 단순 조건은 필드에 조건을 하나만 지정하는 것으로 비교 연산자(=, 〈〉, 〈, 〈=, 〉, 〉=)를 많이 이용하게 된다. 이 연산자는 데이터 형식에 상관없이 사용할 수 있다.

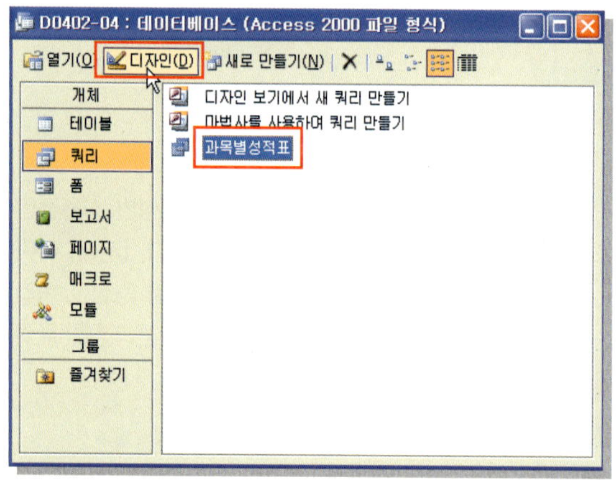

〈시작 예제〉 C:\Database\Chapter04\D0402-04.mdb

01 '쿼리' 개체를 선택한 후, '과목별성적표' 쿼리를 선택하여 조건을 지정하기 위해 도구 모음에서 [디자인] 아이콘 디자인(D)을 클릭한다.

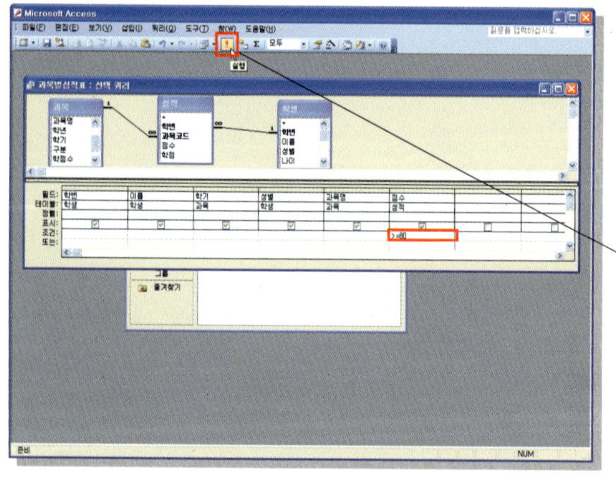

02 쿼리 디자인 창에서 점수가 80점 이상인 데이터만 검색할 조건을 입력하기 위해 '점수' 필드의 [조건] 입력란에 '〉=80' 이라고 입력한 후, 쿼리를 실행하기 위해 도구 모음에서 [실행] 아이콘 을 클릭한다.

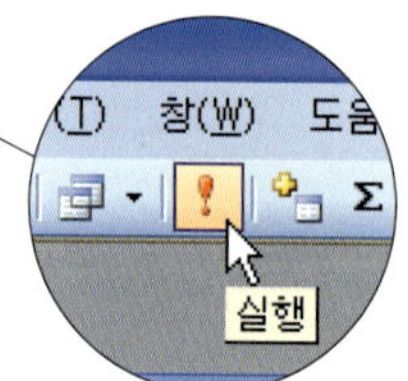

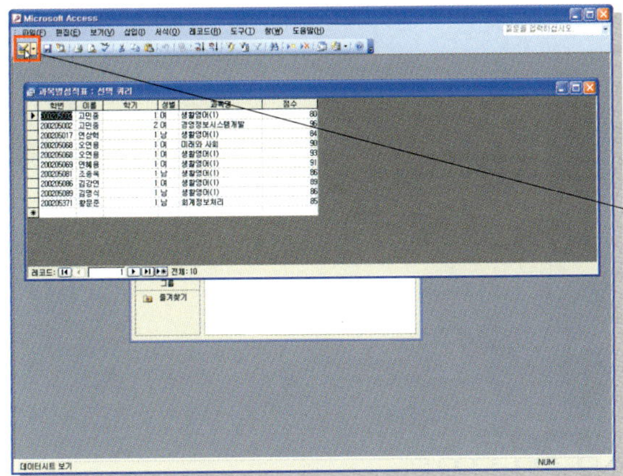

03 결과를 확인한 다음, 조건을 수정하여 검색하기 위해 도구 모음에서 [보기] 아이콘 을 클릭한다.

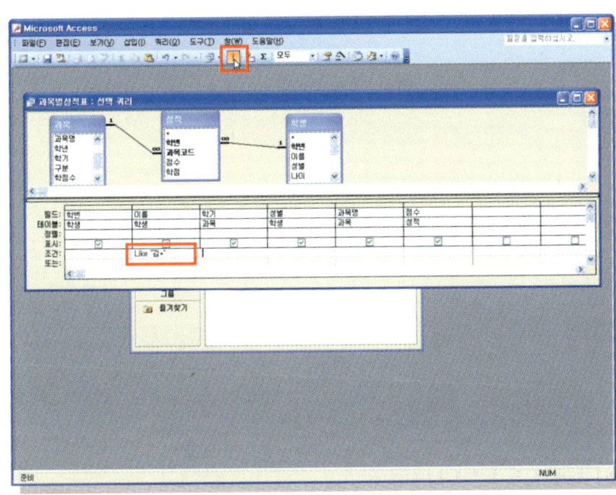

04 쿼리 디자인 창으로 변경되면 처음에 입력된 조건을 〈Delete〉 키를 눌러 지우고 '이름' 필드의 [조건] 입력란에 '김＊'이라고 입력하면 자동으로 'like 김＊'로 변경된다. 도구 모음에서 [실행] 아이콘 을 클릭한다.

 **와일드카드**

- ＊ : 글자 수에 관계없이 문자열에서 데이터를 찾을 때 사용하는 것으로 문자열의 치음이나 마지막 분자로 사용된다. '운동＊'을 입력하면 운동장, 운동화, 운동선수 등을 찾는다.
- ? : 한 자리의 문자만 찾는데, '소?자'를 입력하면 소비자, 소유자, 소개자 등을 찾는다.
- − : 영문자의 경우, 문자 범위 내에서 하나의 문자를 찾는데, 오름차순 정렬을 지정해야 한다.
- # : 숫자 한 자리를 찾는데, '1#3'를 입력하면 103, 113, 123을 찾는다.

 **Like 연산자**

Like 연산자는 별표(＊) 기호와 함께 사용되어 필드 문자 값의 일부를 추출하는 연산자이다. 별표(＊) 기호를 특정 문자열 앞에 두면 그 문자열로 끝나는 모든 데이터를 검색할 수 있다. 예를 들어 'Like ＊"정"'이라고 입력하면 '정'으로 끝나는 모든 데이터를 추출한다.

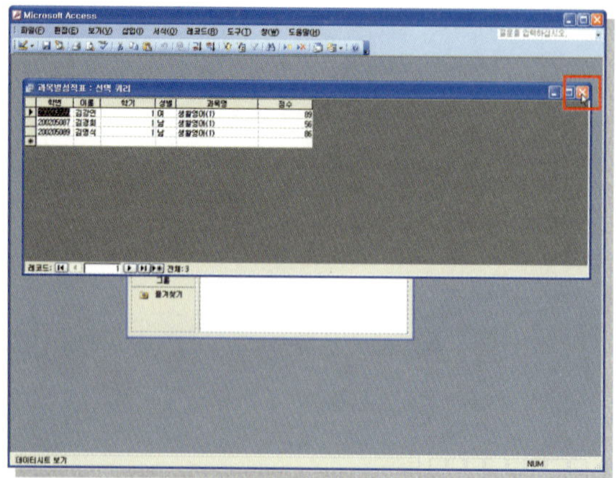

05 성이 '김'씨인 모든 학생을 찾아 표시한다. [닫기] 아이콘 X을 클릭하여 창을 닫으면 저장할 것인지 묻는 창이 나타나면 [예] 단추를 눌러 지정한 조건의 쿼리를 저장한다.

05 다중 조건으로 쿼리 작성

하나 이상의 검색 조건을 설정하는 방법을 알아본다. 하나 이상의 필드에 조건을 설정하거나 한 필드에 여러 개의 조건을 설정할 수 있는데, 조건과 조건을 연결할 때는 'and' 나 'or' 의 논리 연산자를 이용한다. 'and' 는 여러 개의 조건을 모두 만족해야 하고 'or' 은 연결된 여러 개의 조건 중에서 하나만 만족하면 된다.

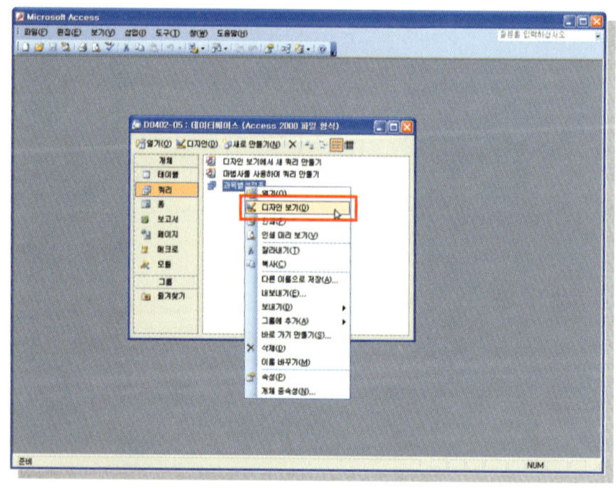

01 1학기에서 성별이 여자인 레코드만 검색하기 위해 '과목별성적표' 쿼리를 선택하여 마우스 오른쪽 단추를 눌러 [디자인 보기] 메뉴를 선택한다.

〈시작 예제〉 C:\Database\Chapter04\D0402-05.mdb

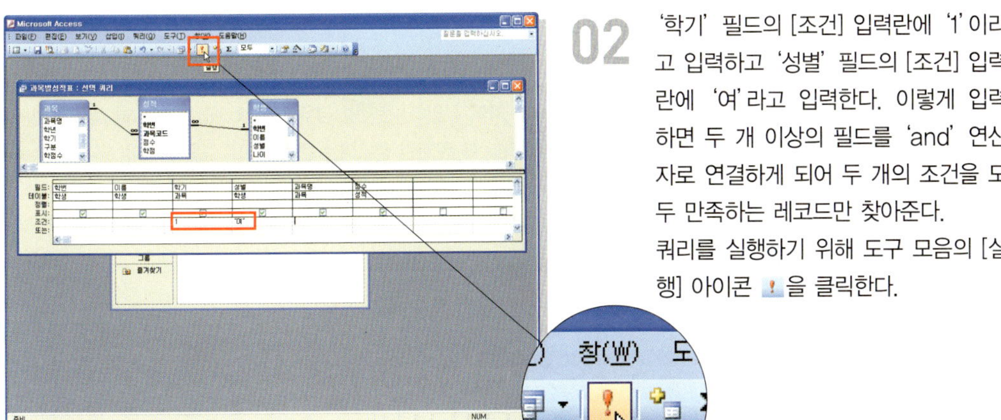

02 '학기' 필드의 [조건] 입력란에 '1'이라고 입력하고 '성별' 필드의 [조건] 입력란에 '여'라고 입력한다. 이렇게 입력하면 두 개 이상의 필드를 'and' 연산자로 연결하게 되어 두 개의 조건을 모두 만족하는 레코드만 찾아준다.
쿼리를 실행하기 위해 도구 모음의 [실행] 아이콘 을 클릭한다.

 **or 조건**

한 개의 필드에 여러 조건을 설정하는데 'or'로 지정하려면 [조건] 입력란의 아래쪽 행인 [또는] 입력란에 조건을 입력한다. 줄을 바꿔가며 조건을 입력하면 'or' 연산자로 연결된다.

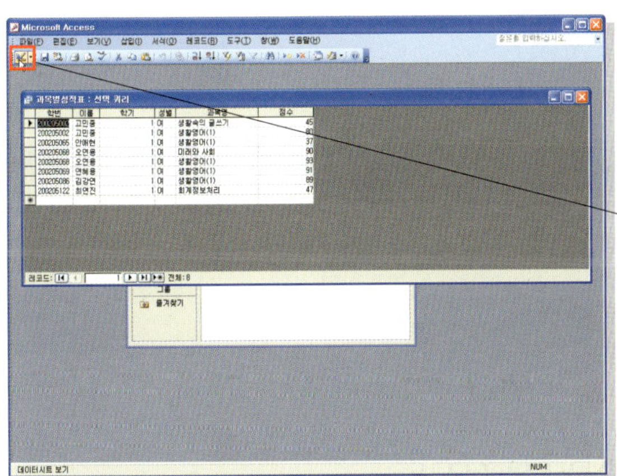

03 설정한 조건에 맞는 레코드만 검색된 결과를 확인하고 다른 조건을 입력하기 위해 도구 모음의 [보기] 아이콘 을 클릭한다.

04 점수가 80점에서 90점 사이의 학생만 검색하기 위해 '학기' 필드와 '성별' 필드의 조건을 삭제한다. '점수' 필드의 [조건] 입력란에 '>=80 and <=90'이라고 입력하고 도구 모음의 [실행] 아이콘 을 클릭한다. 같은 필드에 여러 조건을 입력할 때는 조건식 사이에 'and'나 'or'를 입력한다.

 **날짜 데이터 형식의 조건 입력**

데이터 형식에 따라 조건을 입력하는 방법이 조금씩 차이가 있다. 문자인 경우 조건에 해당하는 값을 입력하면 자동으로 큰 따옴표(" ")가 붙는다. 사용자가 직접 입력할 때 문자인 경우에는 큰 따옴표(" ")를 붙여야 한다. 숫자는 큰 따옴표를 붙이지 않아도 된다. 그런데 날짜 데이터인 경우 날짜 앞뒤에 '#' 기호를 붙여 날짜 데이터 형식이라는 것을 알려주어야 한다. 사용자가 입력하지 않으면 자동으로 표시해 주기도 한다. 2008년 1월에 해당하는 데이터만 검색한다면 조건을 '>=#2008-01-01# and <=#2008-01-31#' 이라고 입력한다.

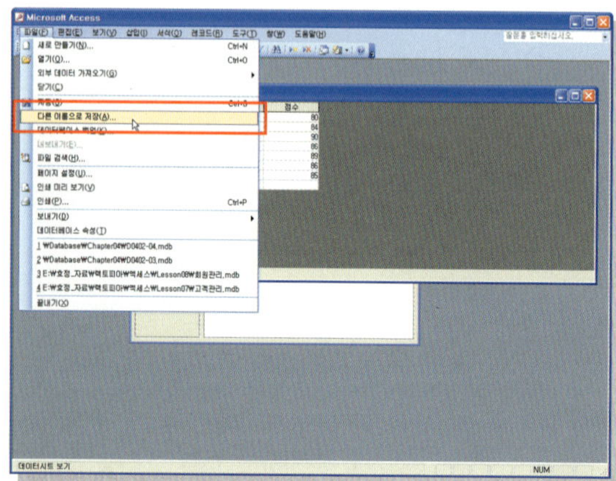

05 설정한 조건에 의해 검색된 결과를 확인하고 쿼리를 다른 이름으로 저장하기 위해 [파일]–[다른 이름으로 저장] 메뉴를 선택한다.

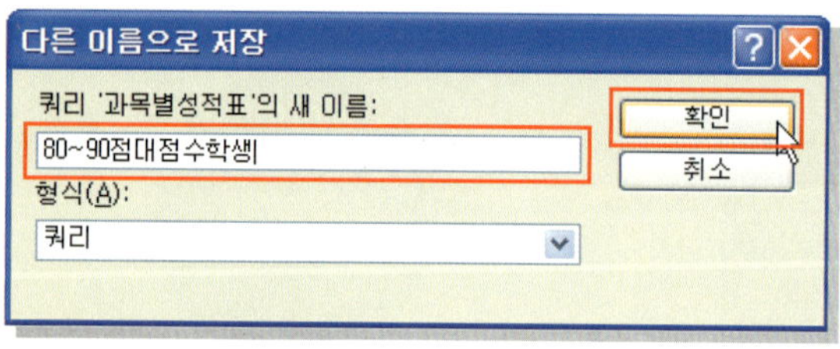

06 [다른 이름으로 저장] 대화 상자가 나타나면 쿼리의 이름을 '80~90점대점 수학생' 이라고 입력하고 [확인] 단추를 클릭한다.

 **not 연산자**

조건에 해당하는 값이 아닌 레코드를 추출해 준다. 예를 들어 특정 필드에 'not "경제과"' 라고 입력하면 경제과를 제외한 모든 과의 학생을 검색한다.

06 계산 쿼리 작성

쿼리는 원본 테이블의 필드를 추출하여 표시할 뿐만 아니라 계산식을 이용하여 계산 필드를 추가할 수 있다. 원본 테이블에서는 계산을 하지 않고 쿼리에서 테이블에 입력된 데이터를 기초로 계산식을 작성하여 계산 필드를 추가한다. 계산식은 사용자가 직접 입력하거나 식 작성기를 이용하여 작성할 수 있다. 수량과 단가를 곱하여 금액 필드를 작성하는 계산 필드를 쿼리에 추가하는 방법을 알아본다.

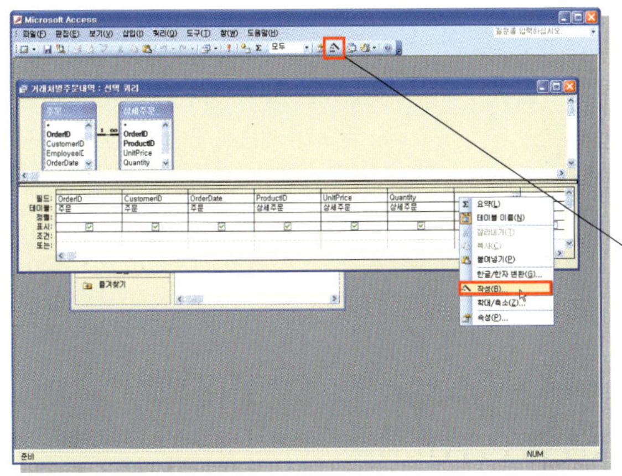

〈시작 예제〉 C:\Database\Chapter04\D0402-06.mdb

01 '쿼리' 개체의 '거래처별주문내역' 쿼리를 선택하여 도구 모음의 [디자인] 아이콘 ⊿디자인(D) 을 클릭하여 디자인 창으로 열어 놓는다.

제일 오른쪽 열의 빈 필드로 커서를 이동한 후, ① 마우스 오른쪽 단추를 눌러 [작성]을 선택하거나 ② 도구 모음의 [작성] 아이콘 ⊿ 을 클릭한다.

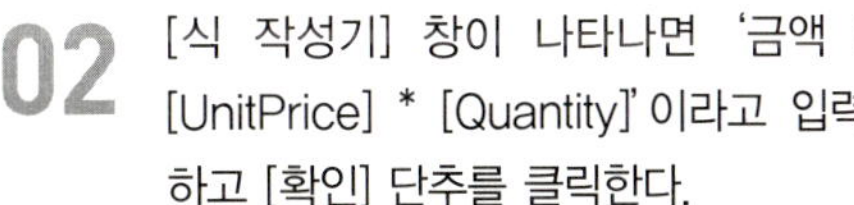

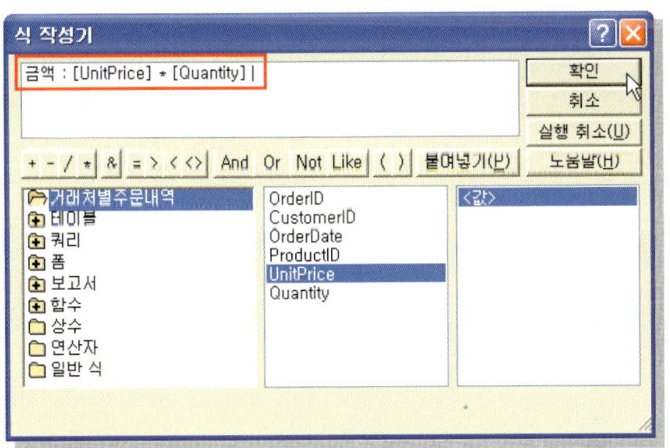

02 [식 작성기] 창이 나타나면 '금액 : [UnitPrice] * [Quantity]'이라고 입력하고 [확인] 단추를 클릭한다.

 **필드 이름 입력**

쿼리에서 계산 필드를 추가하려면 필드명은 '필드명 : 계산식' 으로 입력해야 한다. 계산식 앞에 '콜론(:)' 을 추가해야 하며, 입력하지 않으면 필드명은 'Expr1' 으로 표시된다.

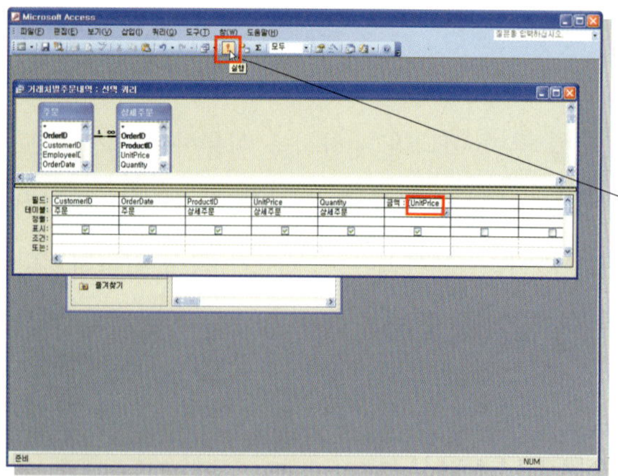

03 빈 필드에 작성된 식을 확인하고 〈Enter〉 키를 누른 후, 도구 모음의 [실행] 아이콘 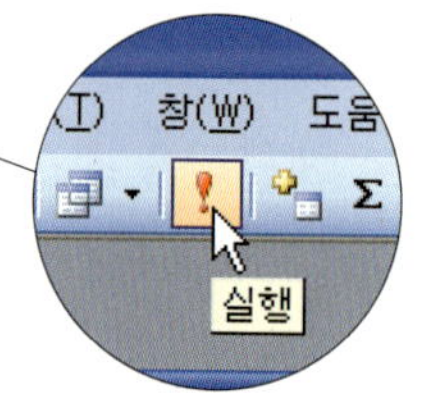 을 클릭한다.

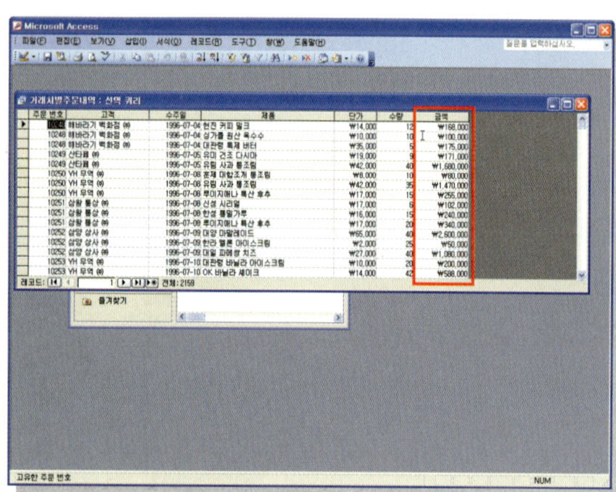

04 데이터시트 보기 창으로 변경되고 '금액' 필드가 새롭게 만들어 진 것을 확인할 수 있다. 이렇게 계산하는 필드는 쿼리에서 작성해야 한다.

07 쿼리 편집

쿼리를 새롭게 작성하거나 작성한 쿼리를 편집할 수 있다. 필드의 순서를 변경하거나 필드를 표시하지 않을 수 있으며, 다른 필드를 추가할 수도 있다. 쿼리를 작성하는 원본 테이블도 추가할 수 있다. 작성한 쿼리를 편집하는 방법을 알아본다.

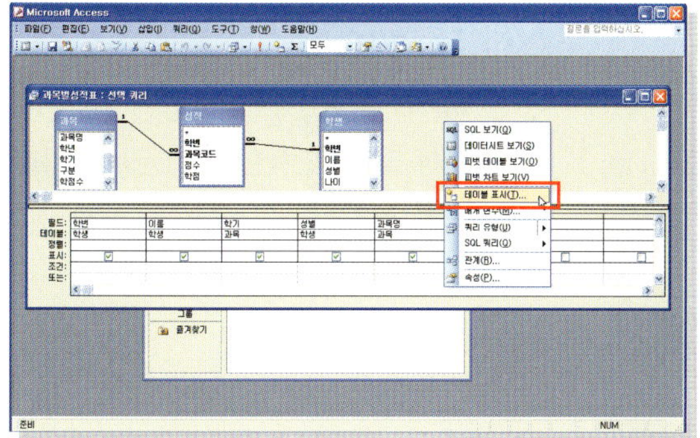

01 '과목별성적표' 쿼리를 선택하여 도구 모음의 [디자인] 아이콘 **✍️디자인(D)**을 클릭하여 디자인 창으로 열어 놓는다. 다른 테이블을 추가하기 위해 테이블 창에서 마우스 오른쪽 단추를 눌러 [테이블 표시] 메뉴를 선택한다.

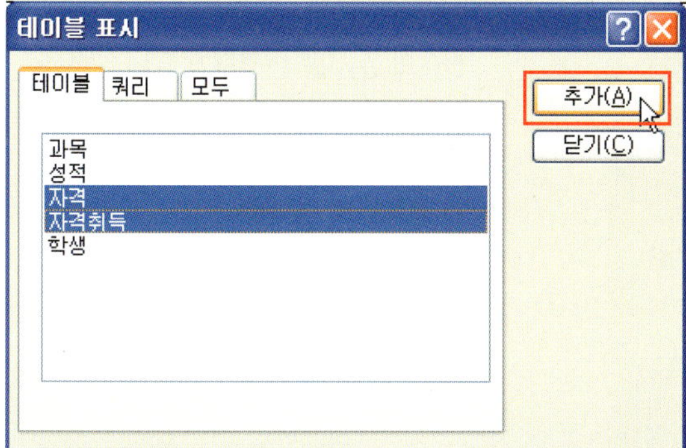

02 [테이블 표시] 대화 상자가 나타나면 [테이블] 탭을 눌러 '자격', '자격취득' 테이블을 〈Ctrl〉 키를 누른 채 클릭하여 동시에 선택하고 [추가] 단추를 클릭한다. 테이블을 추가 한 다음 [닫기] 단추를 눌러 대화 상자를 닫는다.

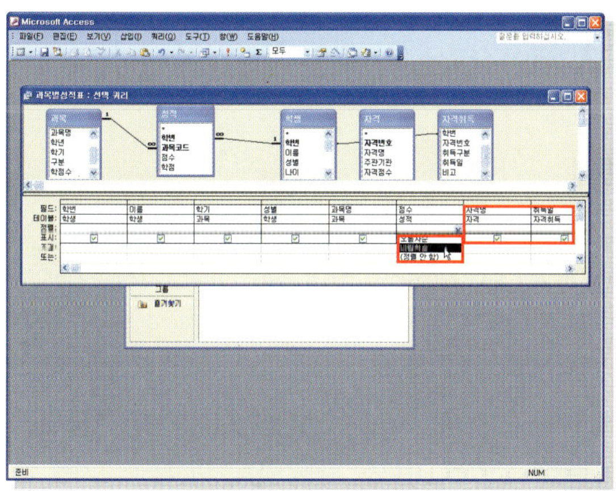

03 추가된 테이블에서 '자격명'과 '취득일' 필드를 드래그하여 디자인 눈금으로 이동하여 필드를 추가한다. '점수' 필드로 정렬하기 위해 [정렬] 화살표를 눌러 [내림차순]을 선택한다.

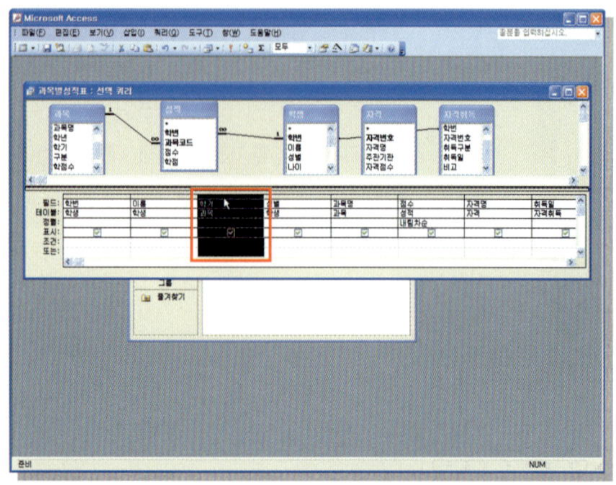

04 필드를 삭제하기 위해 삭제할 필드의 위쪽에 마우스를 위치하면 포인터 모양 ↧ 이 변경된다. 열 머리글을 클릭하여 필드를 선택한 후, 〈Delete〉 키를 눌러 삭제한다.

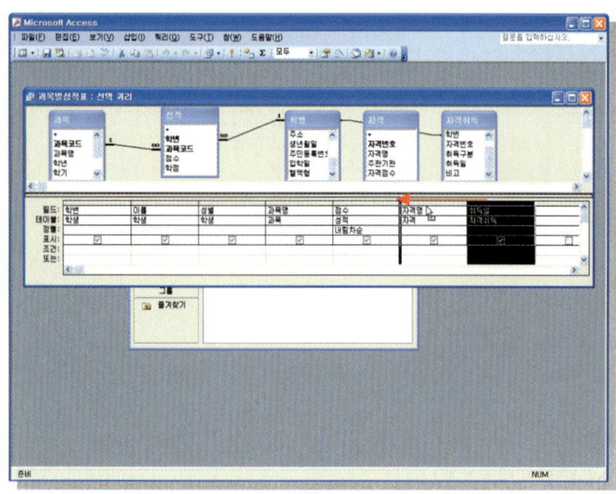

05 필드의 순서를 변경하기 위해 '취득일' 필드의 열 머리글로 마우스를 이동하여 마우스 포인터 모양 ↧ 이 변경되면 클릭하여 선택한다.
선택한 상태에서 '점수' 필드 뒤쪽으로 드래그하여 이동한다.

 **데이터시트 창에서 필드 순서 변경**

쿼리를 실행하여 데이터시트로 변경한 다음 필드의 순서를 변경하면 데이터시트에서만 순서가 바뀌는 것이지 디자인에는 영향을 주지 않는다. 디자인 창에서 순서를 바꾸게 되면 데이터시트에서도 순서가 바뀌고 데이터 정렬에도 영향을 준다.

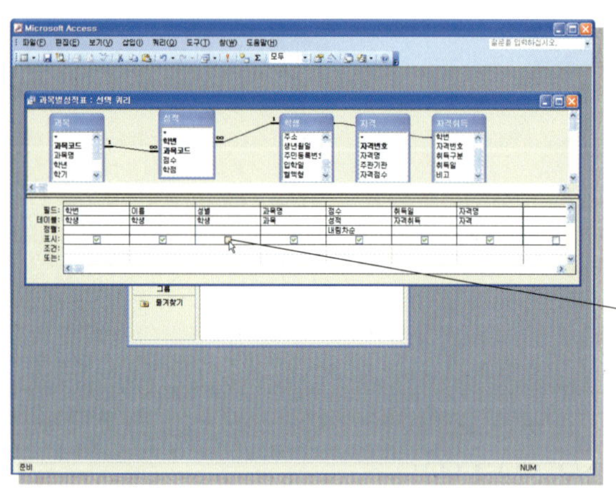

06 '성별' 필드를 표시만 하지 않으려면 [표시] 행을 클릭하여 체크 표시를 제거한다. 필드는 삭제되지 않고 데이터시트에서만 필드가 보이지 않게 설정된다.

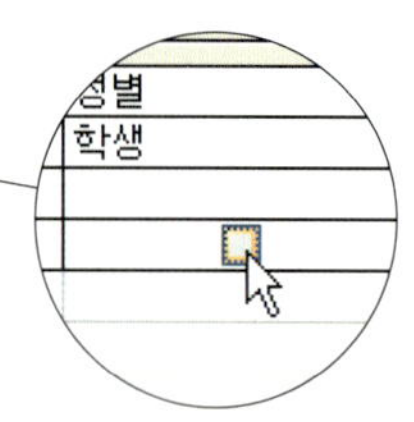

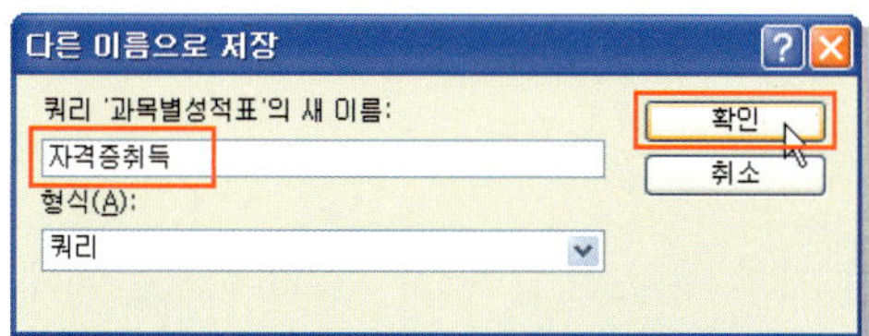

07 수정한 쿼리를 다른 이름으로 저장하려면 [파일]-[다른 이름으로 저장] 메뉴를 선택하여, 표시된 대화 상자에 '자격증취득'이라고 입력하고 [확인] 단추를 클릭한다.

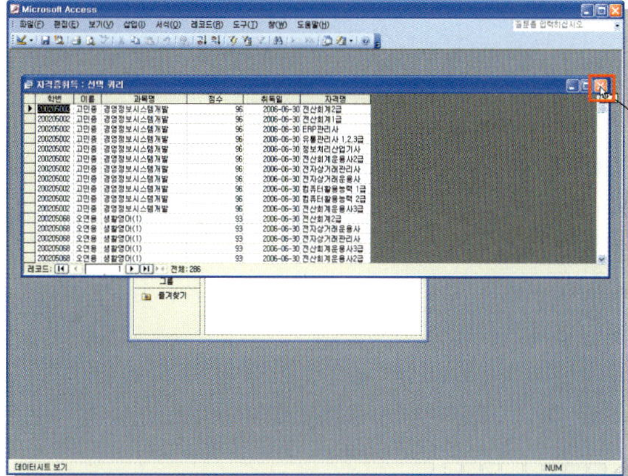

08 수정한 쿼리의 결과를 알아보기 위해 도구 모음의 [실행] 아이콘 을 클릭한다. 수정된 쿼리를 닫기 위해 [닫기] 아이콘 을 클릭한다.

행정처에 근무를 하고 있는 나는 입학한 학생들의 기본 자료를 입력하는 일과 학생들에게 성적표 우편물을 발송하는 일을 담당하고 있다. 개별적으로 입력된 정보를 바탕으로 주소록을 작성하려고 한다. 액세스의 쿼리를 이용하면 쉽게 만들 수 있다고 하던데 한번 시도해 봐야 겠다.

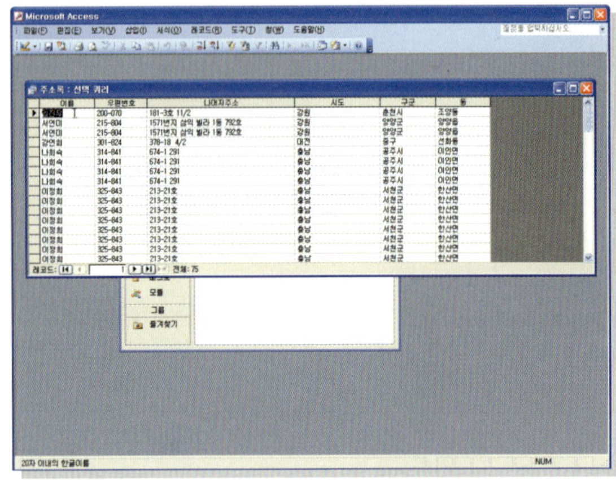

〈시작 예제〉 C:\Database\Chapter04\D04-01-ST.mdb

Task 1

쿼리 디자인 마법사로 '학생신상', '우편번호' 테이블을 이용하여 '주소록' 쿼리를 작성한다. 이 때 '학생신상' 테이블에서는 '이름, 우편번호, 나머지주소'를 '우편번호' 테이블에서는 '시도, 구군, 동' 필드를 포함한다.

1. '쿼리' 개체를 선택한 후, [마법사를 사용하여 쿼리 만들기]를 클릭한다.
2. 첫 번째 단계에서 '학생신상' 테이블을 선택하여 '이름, 우편번호, 나머지주소' 필드를 클릭하여 추가한다.
3. '우편번호' 테이블로 변경하여 '시도, 구군, 동' 필드를 클릭하여 추가한 후, [다음] 단추를 클릭한다.
4. 두 번째 단계에서 쿼리의 이름을 '주소록'이라고 입력하고 [마침] 단추를 클릭한다.
5. 데이터시트 보기 상태로 변경되면서 작성한 쿼리의 결과를 보여준다.

Task 2

'주소록' 쿼리를 이용하여 '나머지주소' 필드를 '동' 필드 오른쪽으로 이동한다.

1. 현재 데이터시트 창에서 디자인 창으로 변경하기 위해 도구 모음의 [보기] 아이콘 을 클릭한다.
2. '나머지주소' 필드의 열 머리글로 마우스를 이동하여 포인터 모양이 변경되면 클릭하여 선택한다.
3. 선택한 상태에서 '동' 필드 오른쪽으로 드래그한다.

'서울'과 '경기' 지역에 거주하는 학생만 검색하도록 '주소록' 쿼리를 수정하여 실행해 본다.

1. '시도' 필드의 [조건] 입력란에 '서울'이라고 입력한다.
2. 줄을 변경하여 [또는] 입력란에 '경기'라고 입력한다.
3. 도구 모음의 [실행] 아이콘 을 클릭하여 실행한다.
4. [닫기] 아이콘 을 클릭하여 창을 닫으면 저장할 것인지 묻는 창이 나타나면 [예] 단추를 눌러 쿼리를 저장한다.

Task4

'성적계산' 쿼리에서 '학점' 필드를 삭제한다.

1. '성적계산' 쿼리를 선택하여 도구 모음에서 [디자인] 아이콘 을 클릭한다.
2. '학점' 필드의 열 머리글을 클릭하여 선택한다.
3. 〈Delete〉 키를 눌러 필드를 삭제한다

Task5

'성적계산' 쿼리에서 '출석점수'와 '레포트점수'가 모두 90점 이상인 데이터만 검색하여 실행한 후, '성적계산_출석과레포트'라는 쿼리로 저장한다.

1. '성적계산' 쿼리를 선택하여 도구 모음에서 [디자인] 아이콘 을 클릭한다.
2. '출석점수' 필드의 [조건] 입력란에 '〉=90'이라고 입력한다.
3. '레포트점수' 필드의 [조건] 입력란에 '〉=90'이라고 입력한다.
4. 도구 모음의 [실행] 아이콘 을 클릭하여 실행한다.
5. [파일]-[다른 이름으로 저장] 메뉴를 선택한다.
6. [나른 이틈으로 서장] 내화 상자에서 파일 이름에 '싱직계산_출식과레포트'라고 입력하고 [확인] 딘추를 클릭힌다.

Chapter
05
폼

Chapter 01 폼

>>> 데이터베이스를 구축하는 사람은 전문가이지만 데이터베이스에 데이터를 입력하거나 검색하는 사람은 대부분은 일반 사용자들이다. 일반 사용자가 데이터를 쉽게 검색하거나 입력할 수 있도록 해 주는 것이 폼의 역할이다. 폼은 사용자가 데이터베이스와 대화할 수 있도록 연결해 주는 역할을 하기 때문에 사용자 인터페이스(user interface)라 한다. 폼에 대한 역할을 이해하고 폼을 작성하는 여러 가지 방법에 대해 알아보고 작성된 폼에 데이터를 입력하고 검색, 수정하는 방법에 대해서 알아본다. 그리고 작성된 폼의 디자인을 수정하는 방법도 알아본다.

폼은 창의 형태로 되어 있어 테이블이나 쿼리의 레코드를 한 눈에 볼 수 있으며, 일반 사용자들이 데이터를 입력하거나 수정, 검색 등을 쉽게 할 수 있다. 폼의 역할과 구조에 대해 알아보고, 디자인과 마법사를 이용하여 폼을 작성하는 방법을 알아본다.

학습 목표
- 폼은 원본 테이블의 데이터를 표시하고 수정을 쉽게 할 수 있다.
- 폼을 여러 가지 방법으로 만들 수 있다.

01　폼의 개념

폼은 데이터의 입력과 출력을 도와주는 개체이다. 폼에서는 데이터를 입력하고 입력된 데이터를 수정하거나 삭제하는 등의 작업을 할 수 있으며, 조건에 맞는 데이터만 검색하여 표시도 해 준다. 폼에서는 테이블이나 쿼리의 데이터 시트에서는 표시하지 못하는 그림, 동영상, 음악 파일 등 OLE 개체 데이터를 표시할 수 있다.

▶ 삽입한 사진을 폼을 통해 확인한 상태

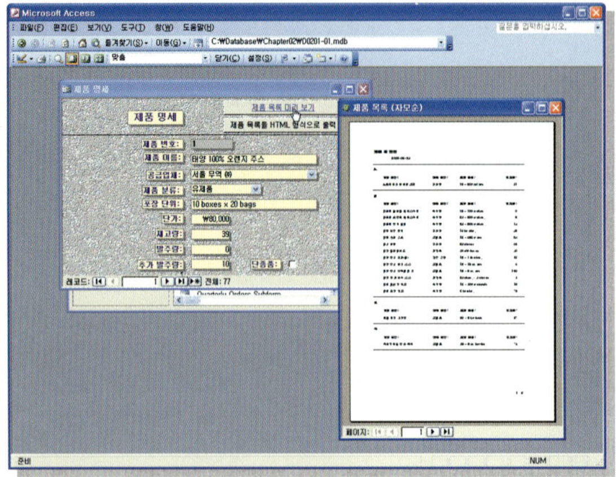

▶현재 폼에서 '보고서'를 미리보기한 상태

폼의 종류

폼의 종류는 크게 두 가지로 구분할 수 있다. 테이블의 데이터가 반영된 폼과 테이블의 데이터와는 무관한 폼으로 구분할 수 있다. 테이블의 데이터가 반영된 폼을 바운드 폼이라고 하고 무관한 폼을 언바운드 폼이라고 한다.

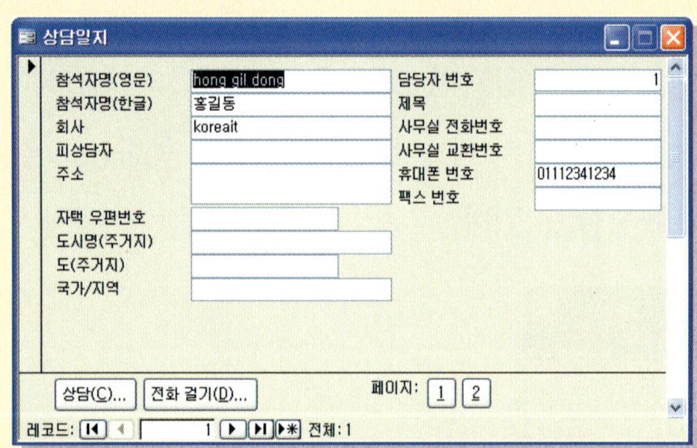

▶ 테이블과 연관된 바운드 폼이다.

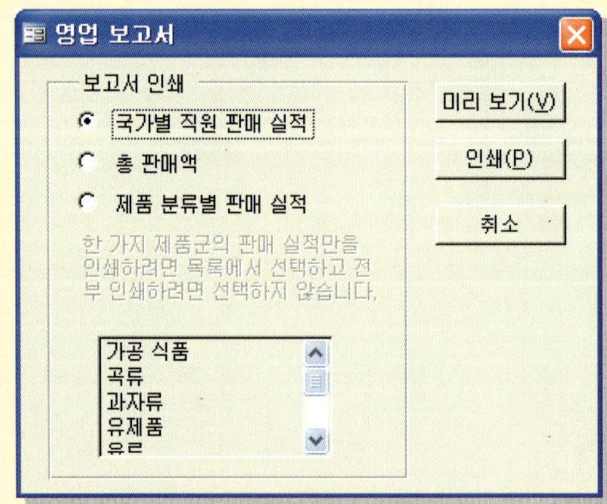

▶ 테이블과 관련 없는 언바운드 폼이다. 명령을 실행할 수 있다.

폼을 작성할 때는 디자인 보기를 이용하거나 마법사를 이용하여 폼을 작성할 수 있으며, 각종 마법사를 사용하여 다양한 종류의 폼을 만들 수 있다. 폼을 작성하려면 '폼' 개체를 선택한 후, 사용자가 작업 방법을 선택하는데 [마법사를 사용하여 새 폼 만들기] 나 [디자인 보기에서 새 폼 만들기]를 선택한다. 마법사를 이용하면 폼의 종류나 스타일 등을 지정하여 쉽게 만들 수 있다. 디자인을 이용하면 사용자가 직접 컨트롤을 추가하여 작성해야 하며, 스타일 등을 사용자가 직접 변경해 주어야 한다.

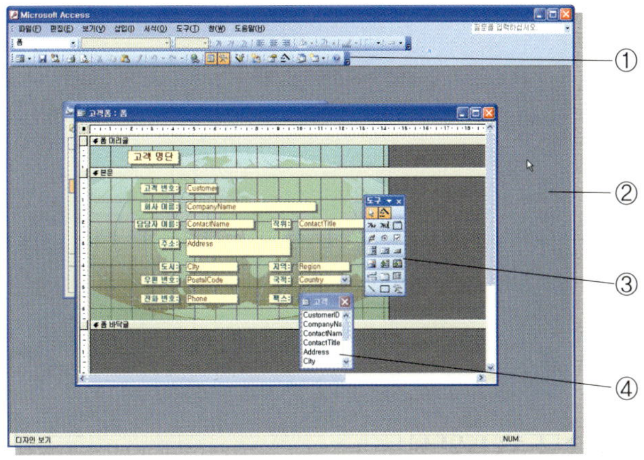

① **폼 디자인 도구 모음** : 폼을 디자인하는데 필요한 여러 가지 도구가 모여 있다.

② **폼 디자인 구역** : 컨트롤을 추가하여 폼을 작성할 수 있는 바탕이 되는 구역이다. 도구 상자 또는 필드 목록 상자에서 컨트롤을 선택한 후, 폼 디자인 구역에 추가하는 방식으로 폼을 작성한다.

③ **도구 상자** : 폼을 구성하는 컨트롤들의 모음이다.

④ **필드 목록 상자** : 테이블에 연결된 바운드 폼을 만들 때 표시히는 상자이며, 데이블의 필드를 폼에 추가할 수 있다.

 **컨트롤**

컨트롤이란 레이블, 텍스트 상자, 콤보 상자와 같이 폼 위에 배치되어 사용자와 데이터를 주고받을 수 있도록 해 주는 도구이다.

폼을 만들 때 처음부터 디자인 창을 이용하여 만드는 것 보다는 폼 마법사를 이용하여 기본
적인 폼을 만들고 사용자가 원하는 형태로 디자인 창을 이용하여 변경하는 것이 쉽게 폼을
만들 수 있는 방법이다. 따라서 폼 마법사를 이용하여 폼을 만드는 방법부터 알아본다.

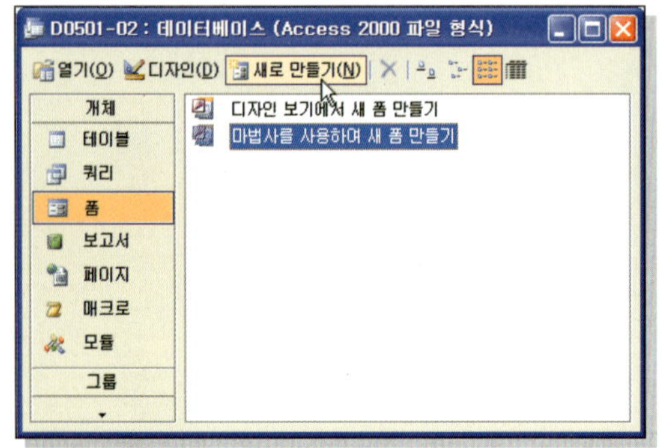

〈시작 예제〉 C:\Database\Chapter05\D0501-02.mdb

01 [폼] 개체를 선택한 후, [새로 만들기]
아이콘 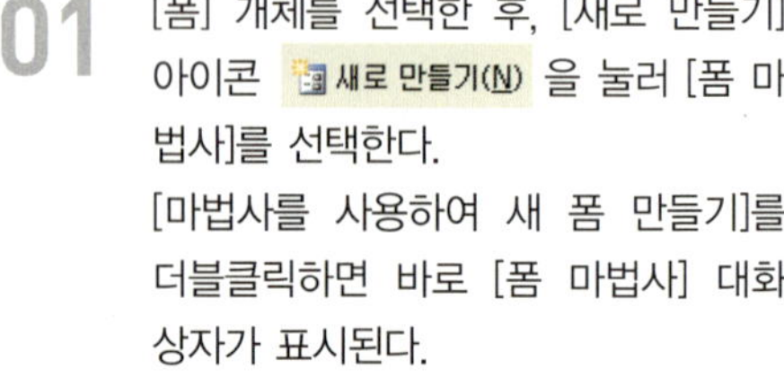 을 눌러 [폼 마
법사]를 선택한다.
[마법사를 사용하여 새 폼 만들기]를
더블클릭하면 바로 [폼 마법사] 대화
상자가 표시된다.

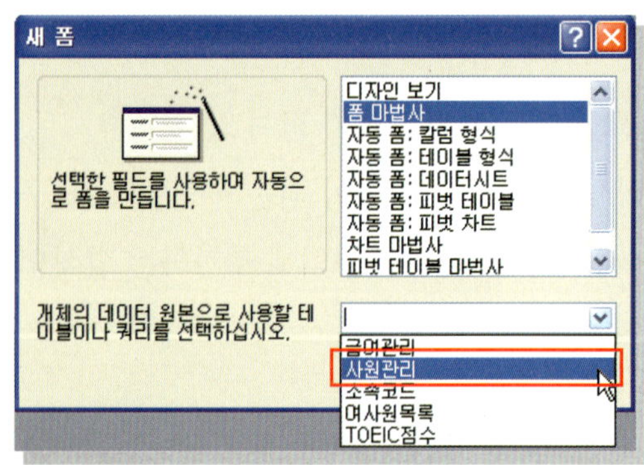

02 [새 폼] 대화 상자가 표시되면 [폼 마법
사]를 선택하고 하단의 테이블이나 쿼
리를 선택할 수 있는 화살표를 클릭하
여 원본 테이블로 사용할 '사원관리'
테이블을 선택하고 [확인] 단추를 클릭
한다.

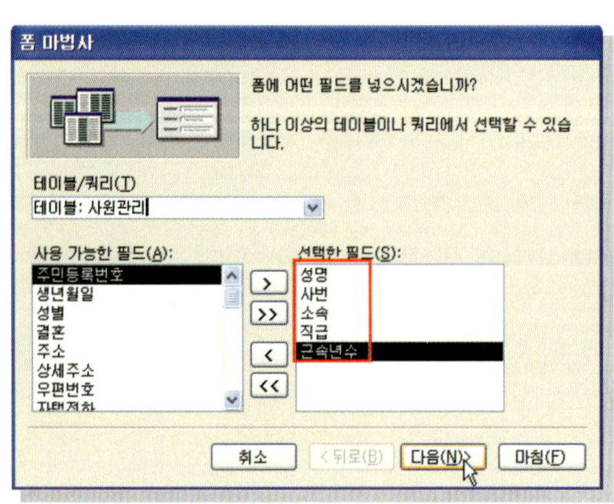

03 [폼 마법사] 대화 상자가 표시되면 [사용
가능한 필드]에서 [선택한 필드]로 이동
할 필드를 '성명, 사번, 소속, 직급, 근속
년수'를 선택한다. 이동할 때는 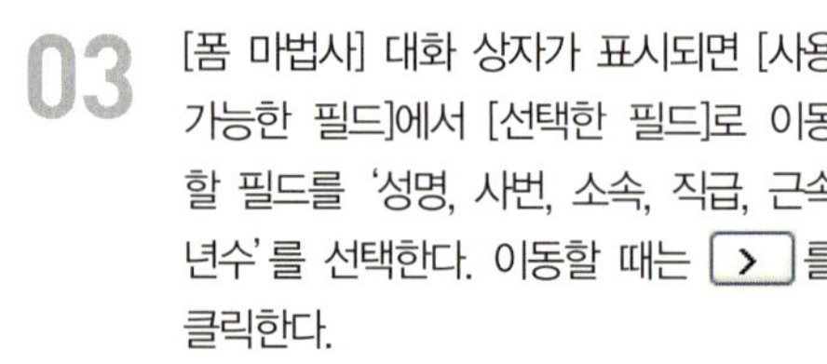 를
클릭한다.

 **필드 이동 단추**

모든 필드를 한꺼번에 선택하려면 ▶▶ 를 클릭하고, [선택한 필드] 상자로 이동한 필드를 제거하려면 ◀ ,
모든 필드를 한꺼번에 제거하려면 ◀◀ 를 클릭한다.

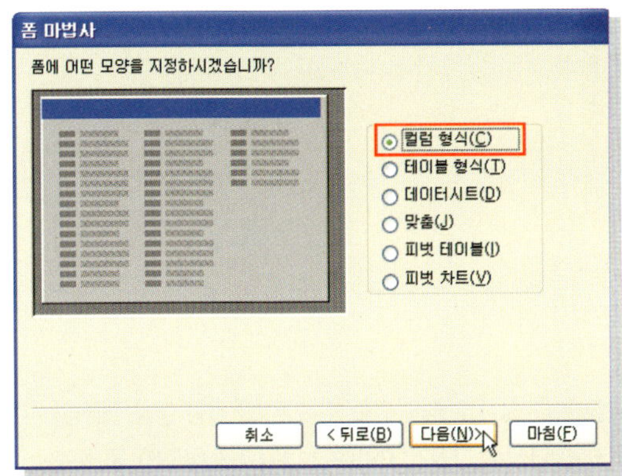

04 폼에 지정할 모양을 선택하는 단계로
서 모양을 '컬럼 형식'으로 선택하고
[다음] 단추를 클릭한다.

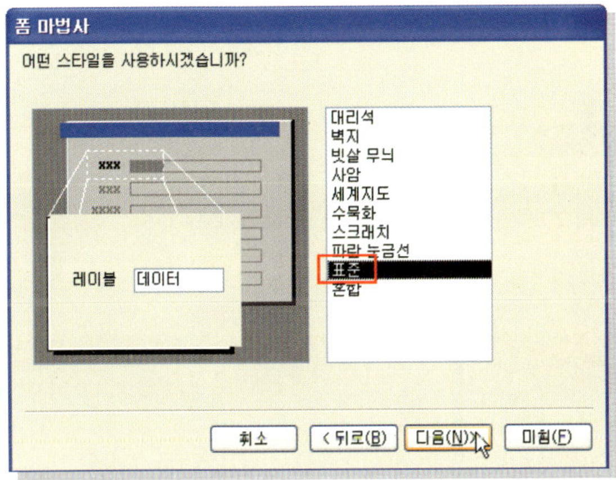

05 폼에 지정할 스타일을 선택하는 단계
에서 '표준'으로 선택하고 [다음] 단추
를 클릭한다.

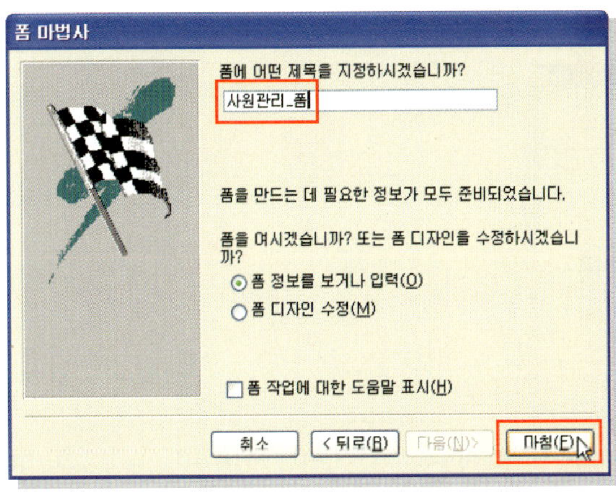

06 마지막 단계에서 폼 이름을 '사원관리_
폼'이라고 입력하고 [폼 정보를 보거나
입력]을 선택한 후, [마침] 단추를 클릭
한다. [폼 디자인 수정]을 선택하면 디
자인이 표시된다.

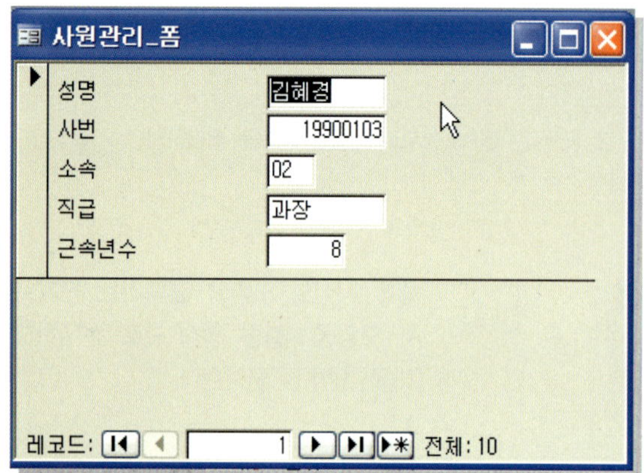

07 데이터를 입력할 수 있는 폼 화면이 표시된다. 폼 마법사를 이용하면 보다 쉽게 테이블을 연결한 폼을 작성할 수 있다.

 **자동 폼**

폼을 만드는 방법 중에 '자동 폼'이 있다. 지동 폼은 마법사보다 더 간단하게 만들 수 있는데, 컬럼 형식, 테이블 형식, 데이터시트, 피벗 테이블, 피벗 차트가 있다. 도구 모음의 [새로 만들기] 아이콘 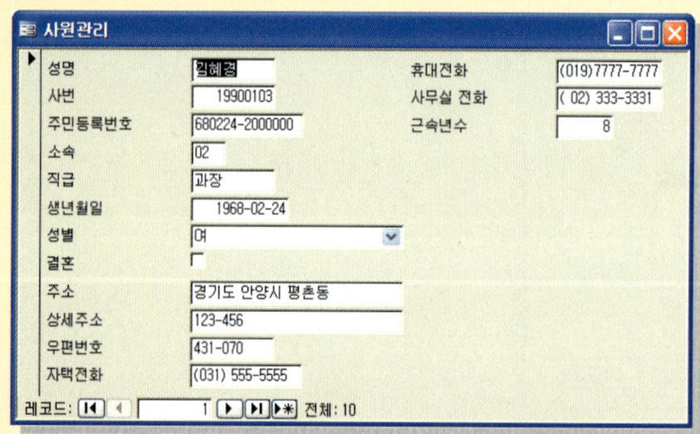 새로 만들기(N) 을 클릭하여 나타난 [새 폼] 대화 상자에서 자동 폼을 선택하여 작성한다. 자동 폼은 작성할 모양의 폼과 연결할 테이블이나 쿼리를 선택만 하면 폼 마법사의 단계를 거치지 않고 자동으로 폼의 모양과 스타일이 적용된 상태로 빠르게 만들어진다.

▶컬럼 형식은 필드 목록이 컬럼 형식으로 펼쳐지도록 만드는 폼으로 레코드를 한 화면에 하나씩 표시해 준다.

▶테이블 형식은 기본 테이블 형태로 자료를 나열하도록 만드는 폼이다.

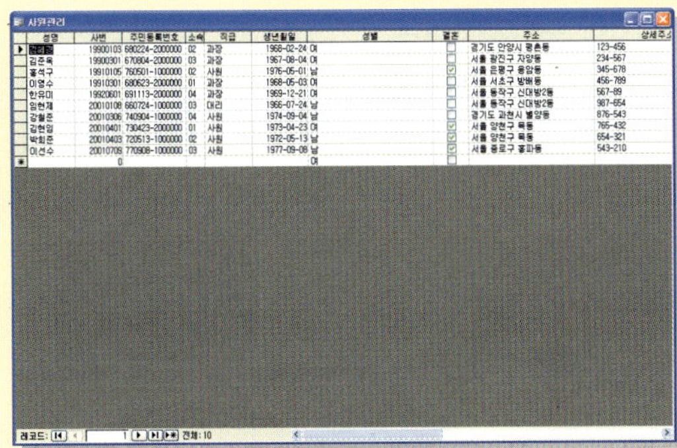

▶데이터시트 형식은 일반적인 테이블이나 쿼리를 데이터시트 보기로 변경한 것처럼 자료를 나열하도록 만드는 폼으로 다른 폼의 하위 폼으로 사용하는 경우 많이 이용하거나, 모든 데이터를 한꺼번에 표시할 때 이용한다.

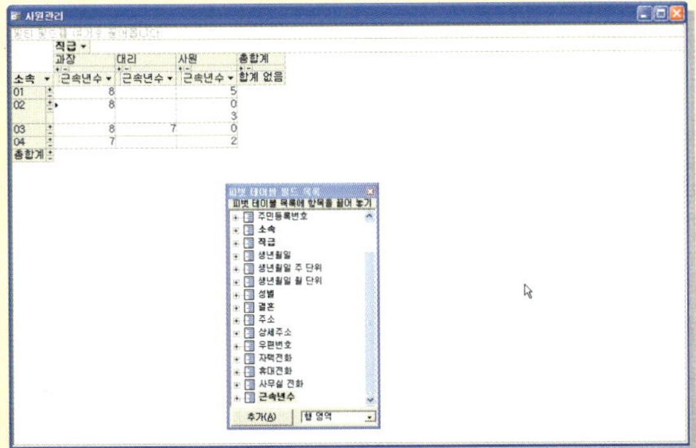

▶피벗 테이블 형식은 데이터를 집계 낼 때 사용하는 폼으로 집계 낼 필드를 열과 행으로 드래그하고, 데이터 필드에 집계 낼 값이 들어 있는 필드를 드래그하면 폼이 만들어진다. 피벗 차트도 집계를 내거나 데이터를 분석할 때 사용하는 폼으로 차트 형태로 표시해준다.

디자인 보기를 이용하여 폼을 작성할 때는 폼 디자인 창에서 직접 컨트롤을 추가해야 하며, 테이블을 직접 지정해 주어야 한다. 디자인 보기를 이용하여 폼을 작성하는 방법을 알아본다.

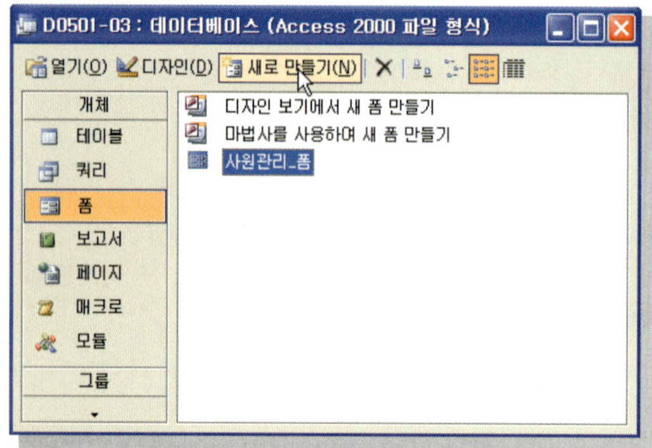

〈시작 예제〉 C:\Database\Chapter05\D0501-03.mdb

01 [폼] 개체를 선택한 후, 도구 모음의 [새로 만들기] 아이콘 을 클릭한다.

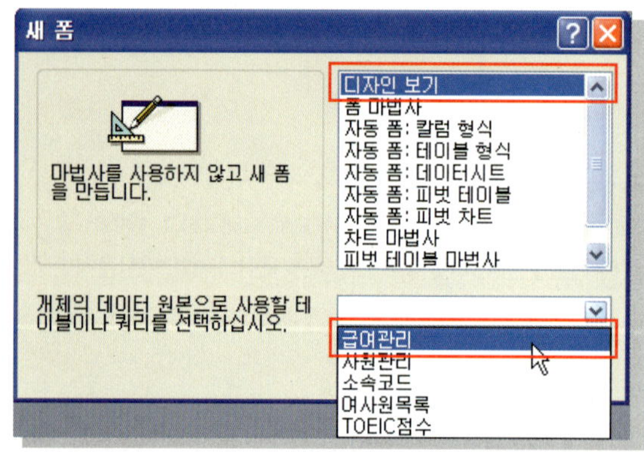

02 [새 폼] 대화 상자에서 [디자인 보기]를 선택하고 테이블이나 쿼리를 선택할 수 있는 화살표를 클릭하여 원본 테이블로 사용할 '급여관리' 테이블을 선택하고 [확인] 단추를 클릭한다.

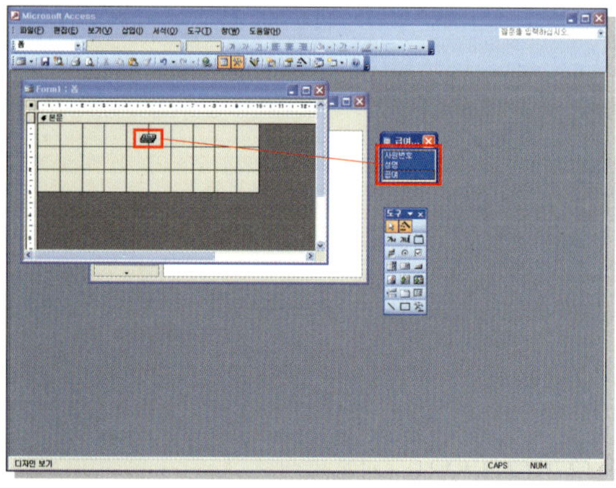

03 폼 디자인 창이 열리고 '급여관리' 테이블의 필드 목록 상자와 폼 디자인 도구 상자가 나타난다.
모든 필드를 한꺼번에 폼 디자인 창으로 추가하려면 필드 목록 상자의 제목 표시줄을 더블 클릭하여 필드 전체를 선택한 후, 폼 디자인 창의 본문 구역으로 드래그한다.

 **필드 이동**

필드 목록 상자에서 폼 디자인 창의 본문 구역에 추가할 필드를 〈Shift〉 또는 〈Ctrl〉 키를 누르면서 선택한 후 드래그한다.

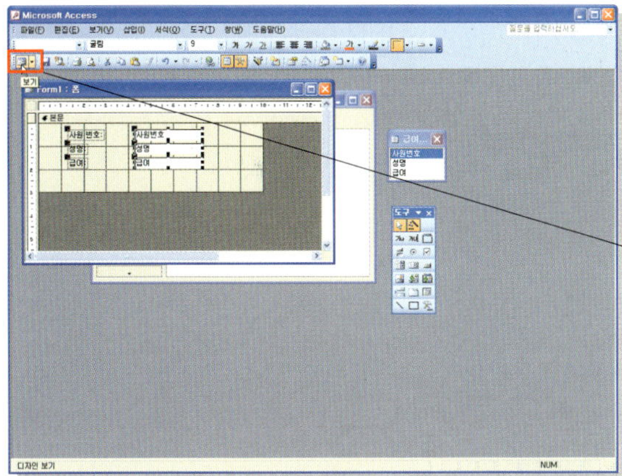

04 모든 필드가 폼의 본문 구역에 추가된 것을 확인하고 작성한 폼을 실행하려면 도구 모음에서 [보기] 아이콘 을 클릭한다.

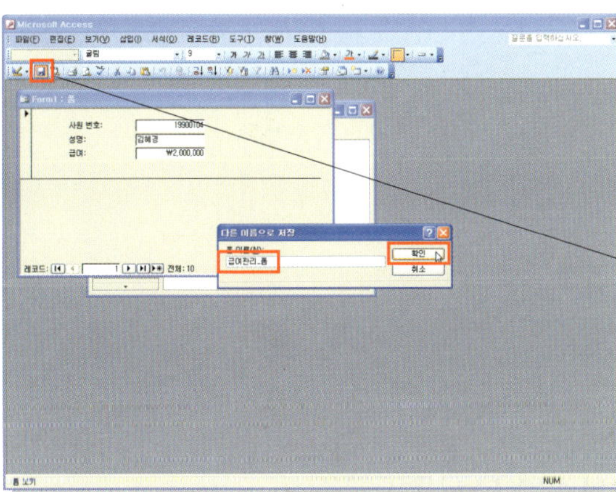

05 화면이 전환되고 데이터를 입력하거나 검색할 수 있는 폼이 나타난다. [저장] 아이콘 을 클릭하여 [다른 이름으로 저장] 대화 상자에서 '급여관리_폼'이라고 입력하고 [확인] 단추를 클릭한다.

 **폼에 원본 테이블 연결하기**

[새로 만들기] 아이콘의 디자인 보기를 이용하면 폼에 연결할 테이블이나 쿼리를 직접 사용자가 선택할 수 있지만, [디자인 보기에서 새 폼 만들기]를 선택하면 연결할 테이블이나 쿼리를 다른 방법으로 선택해 주어야 한다. 폼 디자인 창이 나타난 상태에서 폼의 제목 표시줄를 클릭하여 선택한 후, 마우스 오른쪽 단추를 눌러 [속성] 메뉴를 선택한다. [폼] 창이 나타나면 [데이터] 탭을 해서 [레코드 원본]으로 커서를 이동하면 화살표가 나타난다. 화살표를 클릭하면 현재 데이터베이스에서 만들어진 테이블이나 쿼리 목록이 나타난다. 폼과 연결할 테이블이나 쿼리를 선택하면 필드 목록 상자가 표시된다. 폼에서 사용할 필드를 본문 구역으로 드래그하여 폼을 작성한다.

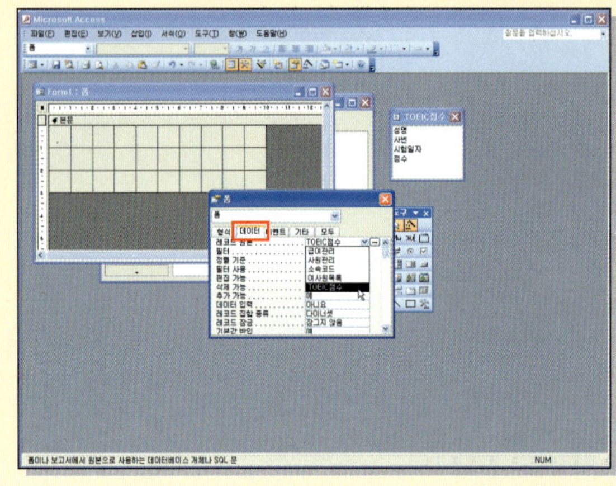

폼은 데이터를 입력하거나 검색을 쉽게 할 수 있도록 도와주는 개체이므로, 폼을 이용하여 데이터를 입력하고 수정 할 수 있다. 데이터를 입력하거나 수정하게 되면 연결된 테이블에 영향을 주게 된다. 폼을 이용하여 데이터를 입력하고 수정하고 삭제하는 방법을 알아본다. 디자인 창을 이용하여 작성한 폼에 테이블의 필드만 추가하는 것이 아니라 사용자가 선택한 컨트롤을 직접 추가할 수 있다. 그리고 추가된 컨크롤의 서식도 보기 좋게 변경할 수 있다. 컨트롤을 추가해 보고 서식을 변경하는 방법을 알아본다.

학습 목표

• 폼을 이용하여 데이터를 입력하고 삭제, 수정할 수 있다.

• 폼에 컨트롤을 추가하여 폼을 수정할 수 있다.

• 폼의 서식을 변경할 수 있다.

---

01 폼에서 레코드 관리

테이블의 데이터시트 창과 마찬가지로 폼도 데이터를 입력할 수 있는 개체이다. 폼을 통해 입력한 데이터는 레코드라는 단위로 테이블에 저장된다. 폼에서 레코드를 검색, 추가, 수정, 삭제 하는 방법을 알아본다.

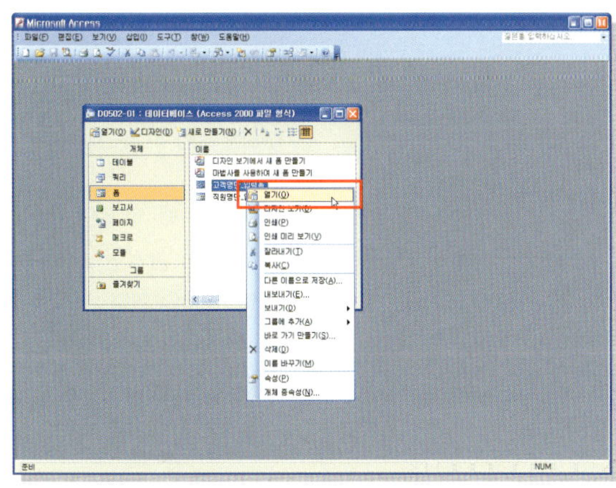

01 [폼] 개제를 선택한 후, '식원 명단_입력폼'을 선택하여 ① 마우스 오른쪽 단추를 눌러 [열기] 메뉴를 선택하거나 ② 도구 모음의 [열기] 아이콘 🔓열기(O) 을 클릭한다. 또는 ③ 폼을 더블 클릭하면 폼 보기 상태로 열린다.

〈시작 예제〉 C:\Database\Chapter05\D0502-01.mdb

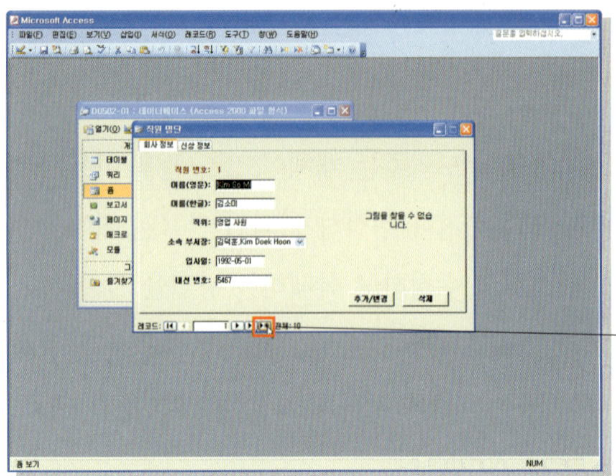

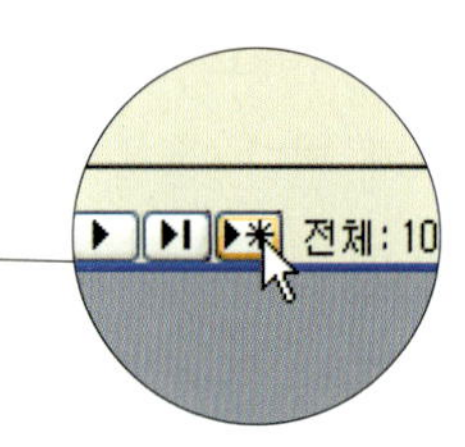

02 폼의 하단에 레코드 관리 도구들을 볼 수 있다. 새 레코드를 추가하기 위해 레코드 관리 도구에서 ▶✳ 단추를 클릭한다.

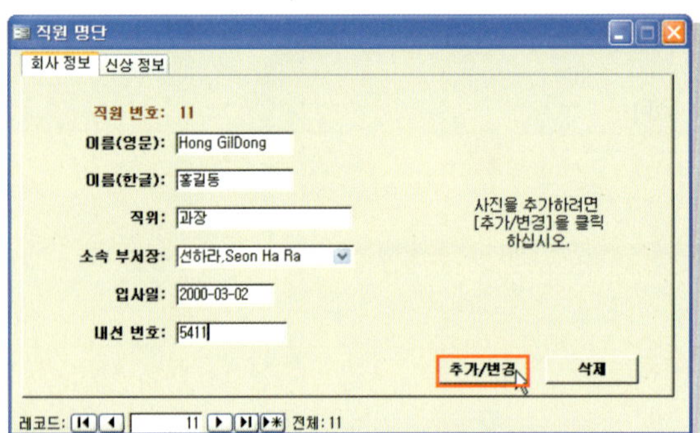

03 새 레코드가 추가되고, 사용자가 입력할 수 있는 상태가 되면 다음과 같이 각 필드에 내용을 입력한다. 필드에 값을 입력하는 순간 데이터가 연결된 테이블에 저장되므로 따로 저장을 하지 않아도 된다. 사진을 추가하기 위해 [추가/변경] 단추를 클릭한다. 사진 같은 경우 '테이블'의 데이터시트 보기 창에서는 삽입만 할 수 있고 표시되지 않는다.

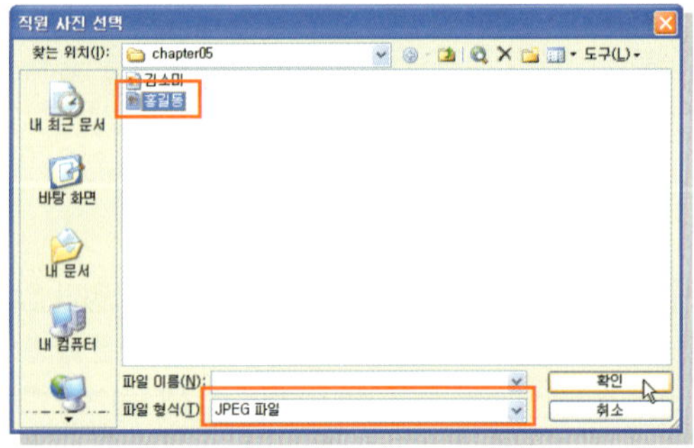

04 [직원 사진 선택] 대화 상자가 나타나면 [파일 형식]의 화살표를 클릭하여 'JPEG 파일'로 변경하고 삽입할 그림을 선택하고 [확인] 단추를 클릭한다.

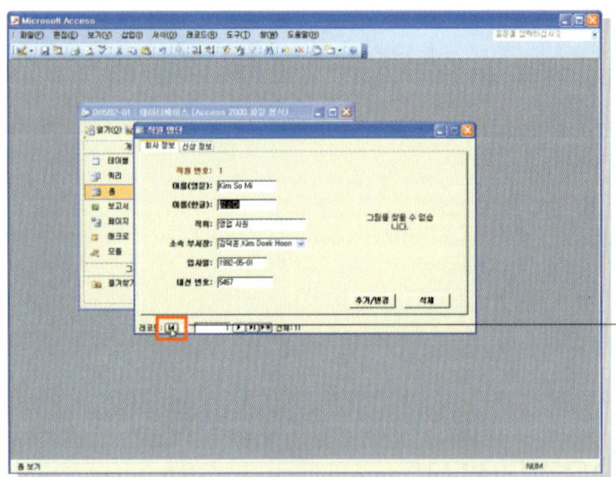

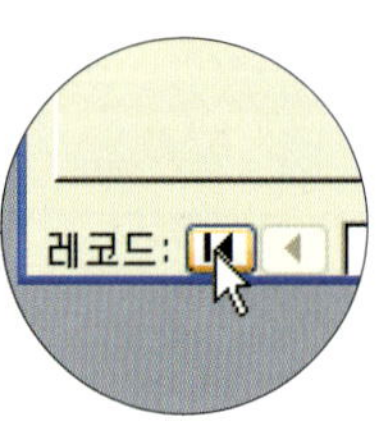

05 레코드를 이동하기 위해 레코드 관리 도구에서 ◀ 단추를 클릭한다. 무조건 첫 번째 레코드로 이동한다.

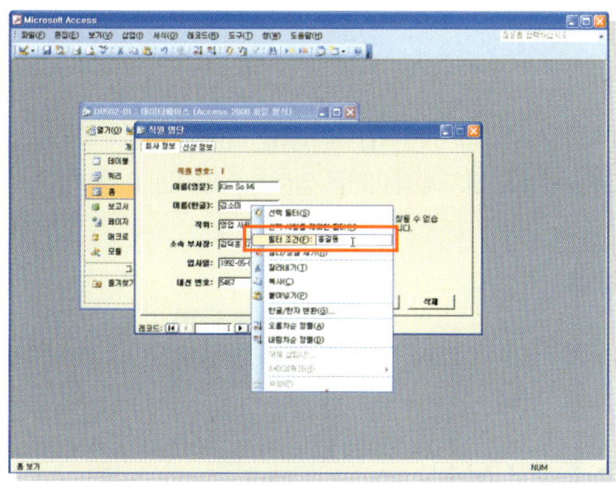

06 조건을 지정하여 원하는 레코드를 찾아 수정하기 위해 '이름(한글)' 필드로 이동한 후, 마우스 오른쪽 단추를 눌러 [필터 조건]에 '홍길동'이라고 입력하고 〈Enter〉 키를 누른다.

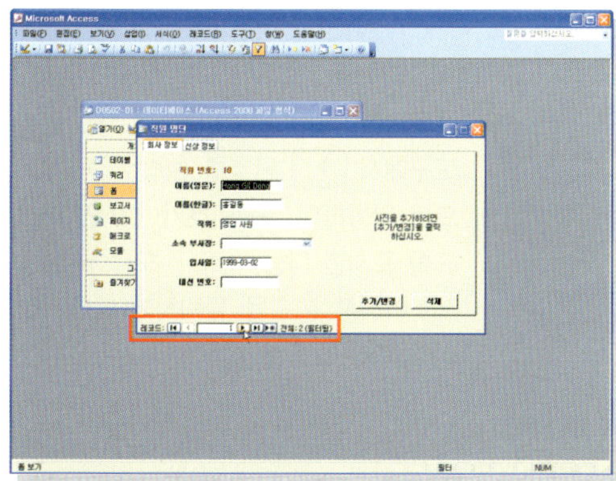

07 창의 하단에 '전체 2 (필터됨)'이라는 것을 통해 동일한 이름을 가진 직원이 2명이 있는 것을 알 수 있다. 레코드 탐색 창에서 ▶ 단추를 눌러 다음 레코드로 이동한다. 이전 레코드로 이동하기 위해 ◀ 단추를 클릭한다.

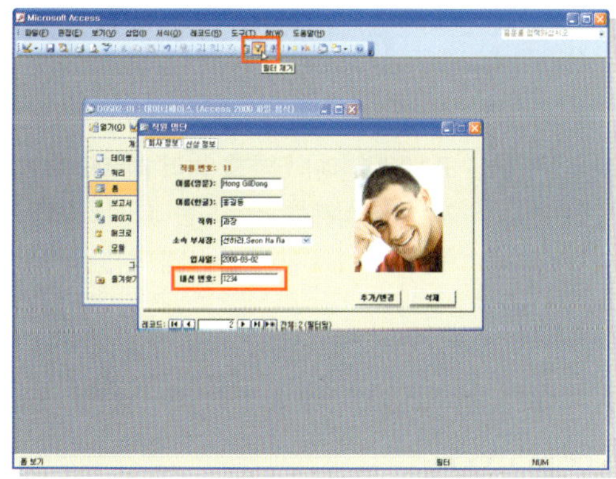

08 수정할 레코드를 표시한 다음 '내선번호' 필드로 커서를 이동하여 내선번호를 수정하고 〈Enter〉 키를 누른다.
필터를 제거하기 위해 도구 모음에서 [필터 제거] 아이콘 을 클릭한다. 필터이 기능은 테이블 및 쿼리 개체와 동일히디.

 **레코드 수정**

새로운 레코드를 추가하거나 수정하기 위해 필드를 선택하여 커서를 표시한 다음 데이터를 입력하면 [레코드 선택기]가 연필 모양으로 변경된다. 작업하는 상태를 알려 주는 것으로 필드에 데이터를 입력하고 있다는 표시이다.

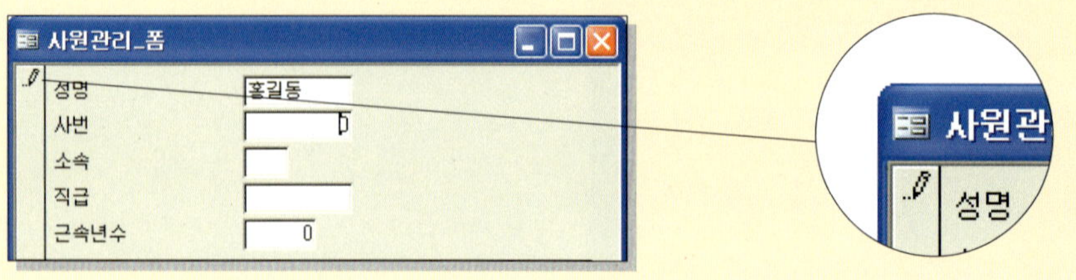

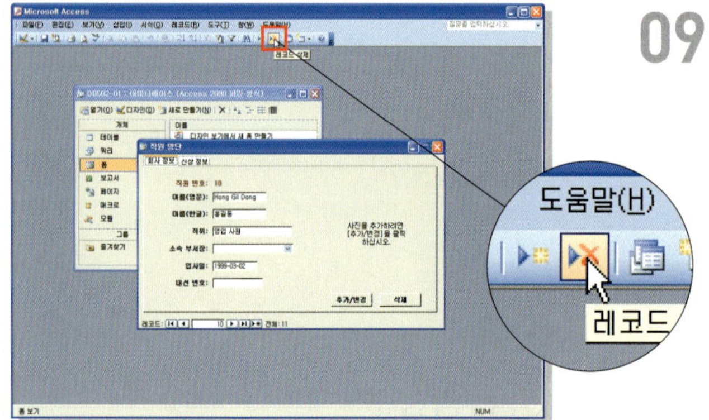

09 레코드를 삭제하기 위해 레코드 관리 도구에서 ▶ 단추를 눌러 다음 레코드로 이동하여 직원번호가 '10'인 레코드를 표시한 다음, ①도구 모음에서 [삭제] 아이콘 ✕ 을 클릭하거나 ② [편집]-[삭제] 메뉴를 선택한다.

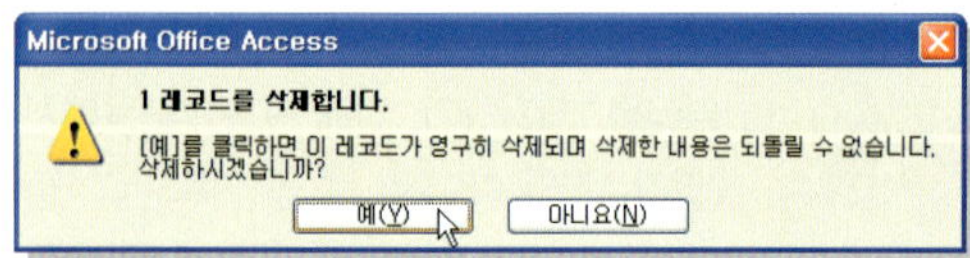

10 레코드 삭제를 확인하는 대화 상자가 표시되면 [예] 단추를 눌러 레코드를 삭제한다. 삭제한 레코드는 다시 되돌릴 수 없다.

 **레코드 선택기**

현재 열려 있는 레코드를 삭제하거나 복사할 때, 레코드를 선택해야 한다. 현재 열려 있는 레코드를 선택하려면 [레코드 선택기] 아이콘 ▶ 을 클릭한다. 레코드 선택기가 폼에 표시되지 않으면 디자인 창으로 변경한 후, 폼의 제목 표시줄을 선택하고 마우스 오른쪽 단추를 눌러 [속성] 메뉴를 선택한다. [형식] 탭을 눌러 [레코드 선택기]의 화살표를 눌러 '예'로 변경한다.

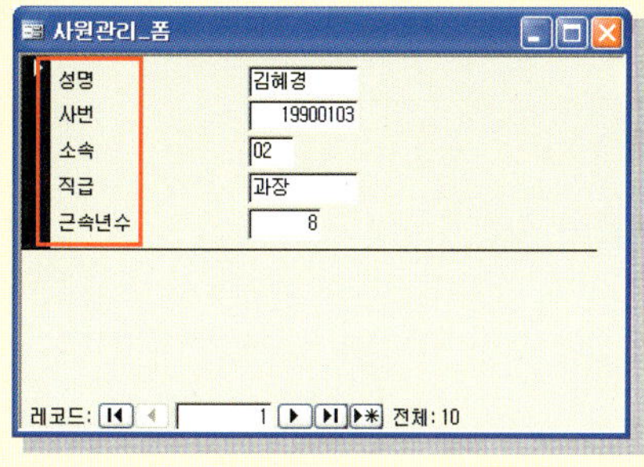
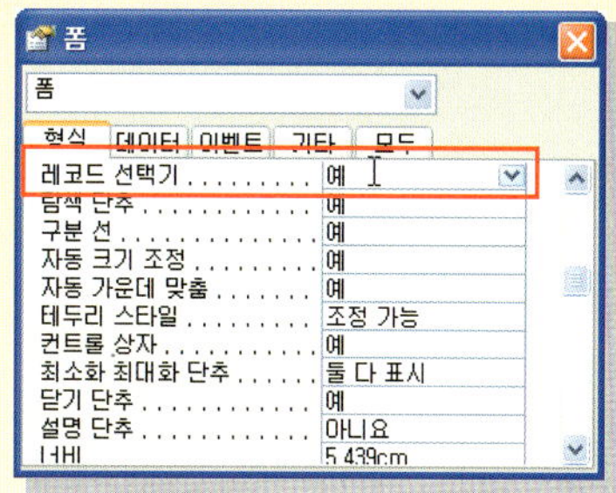

02 컨트롤 추가와 서식 설정

폼은 각종 컨트롤에 의해 데이터를 표시 해준다. 컨트롤에는 데이터 형식에 따라 텍스트 상자, 콤보 상자, 확인란, 옵션 단추 등이 있다. 그리고 폼은 폼 머리글/바닥글, 페이지 머리글/바닥글, 본문 구역으로 나뉘어져 있으며, 테이블의 필드는 일반적으로 본문 구역에 추가한다. 폼 머리글에 레이블 컨트롤을 추가하고 서식을 변경하는 방법에 대해서 알아본다.

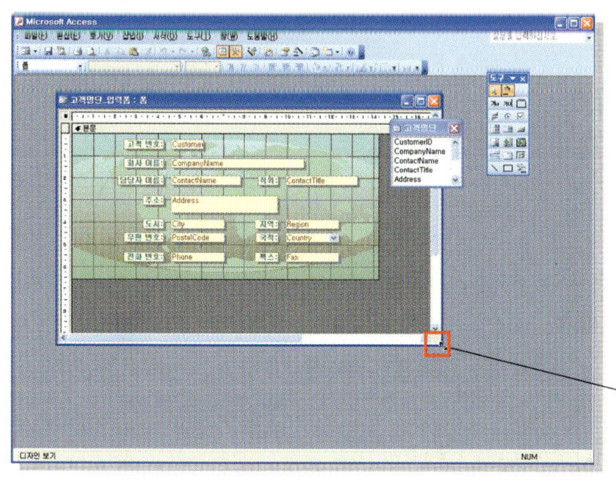

〈시작 예제〉 C:\Database\Chapter05\D0502-02.mdb

01 [폼] 개체의 '고객명단_입력폼'을 선택한 후, 도구 모음에서 [디자인] 아이콘 🗌 디자인(D) 을 클릭하여 디자인 창으로 열어 놓은 후, 작업 창의 크기를 조정하기 위해 창 테두리 오른쪽 하단의 꼭지점에 마우스를 위치한 다음 드래그한다.

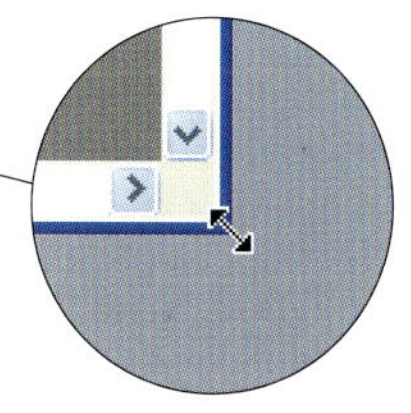

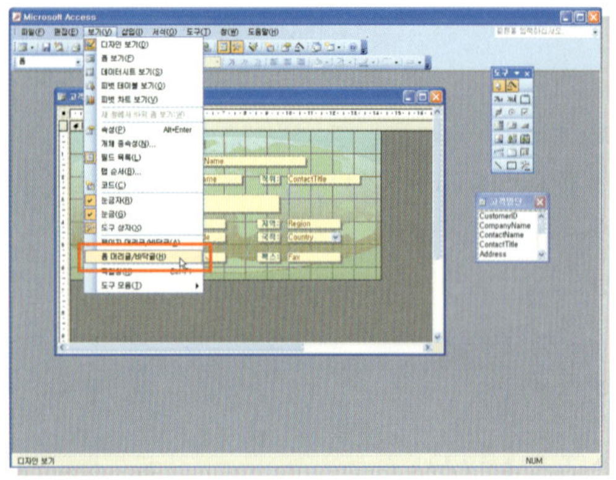

02 현재 폼의 제목을 입력하기 위해 폼 머리글 구역을 추가하려면 ① [보기]-[폼 머리글/바닥글] 메뉴를 선택하거나 ② 마우스 오른쪽 단추를 눌러 [폼 머리글/바닥글] 메뉴를 선택한다.

 ## 폼 머리글과 바닥글

본문 구역은 주로 데이터를 직접 입력하는 역할을 하고 머리글과 바닥글은 폼 작업 영역의 위아래에 일정한 공간을 만들어 폼의 제목이나 오늘의 날짜/시간, 페이지 번호, 레코드 검색 또는 저장, 닫기 단추 등 명령 단추를 삽입할 수 있다. 이 공간을 활용하면 폼을 유용하게 사용할 수 있다.

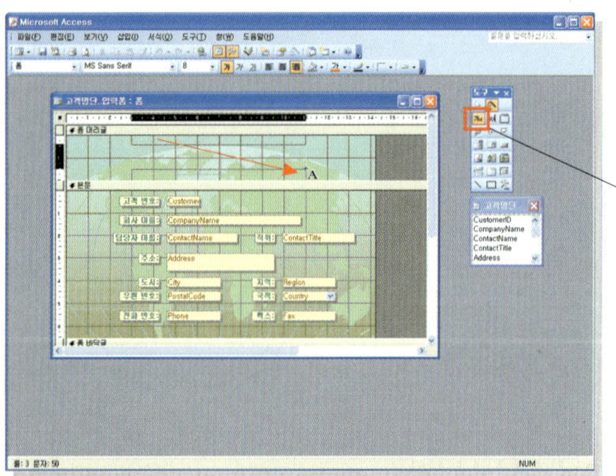

03 도구 상자의 [레이블] 아이콘 **가나** 을 선택한 후, [폼 머리글] 구역에서 드래그하여 적당한 크기로 그려준다.

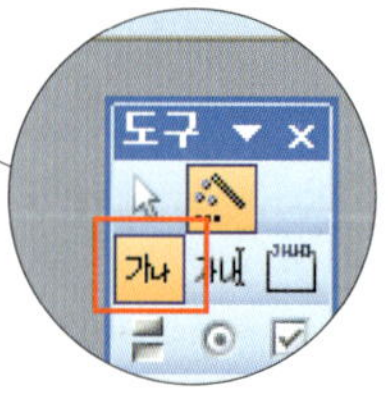

04 레이블 상자에 '고객정보입력'이라고 입력하고 레이블 상자의 테두리를 클릭하여 선택한 후, 도구 모음에서 [글꼴] 아이콘 굴림 의 화살표를 눌러 '휴먼엑스포'를 선택하여 글꼴을 변경한다.

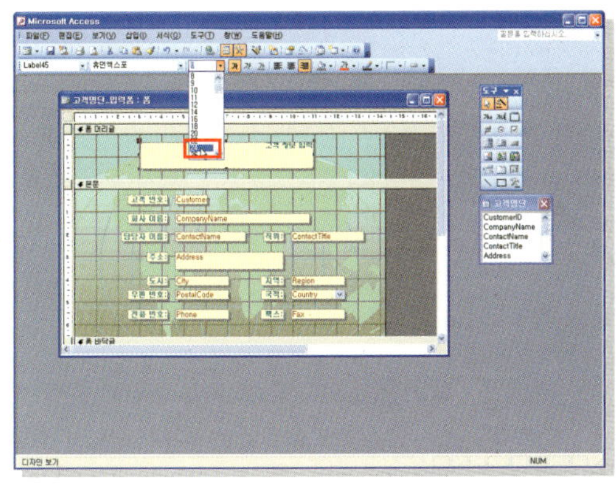

05 레이블 상자를 선택한 상태에서 도구 모음의 [글꼴 크기] 아이콘 의 화살표를 클릭하여 '24'를 선택하여 글 꼴 크기를 변경한다.

 **글꼴 효과**

컨트롤에 입력한 데이터의 글꼴에 대한 효과를 지정하려면 도구 모음에서 [굵게] 아이콘 **가**, [기울임꼴] 아이콘 **가**, [밑줄] 아이콘 **가** 을 이용하여 변경한다.

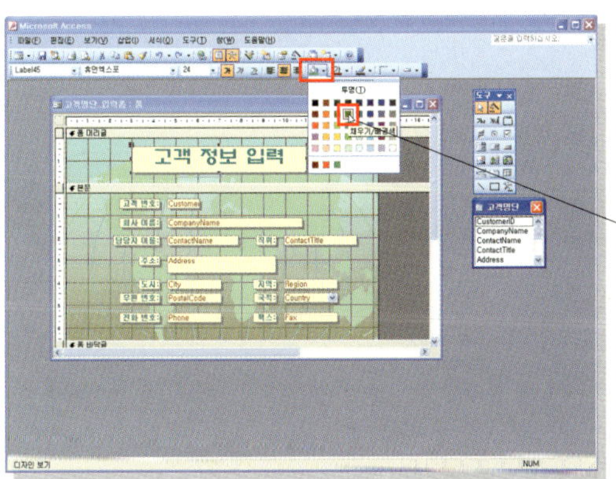

06 도구 모음의 [가운데 맞춤] 아이콘 을 클릭하여 가운데로 글자를 정 렬한 다음, [채우기/배경색] 아이 콘 의 화살표를 눌러 녹색 계열 의 색을 선택한다.

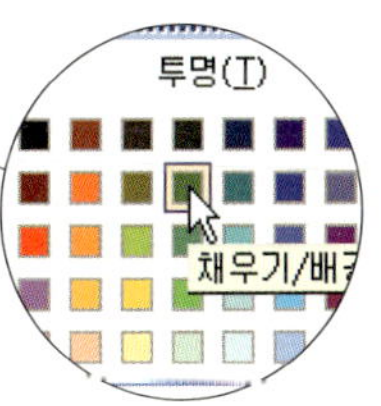

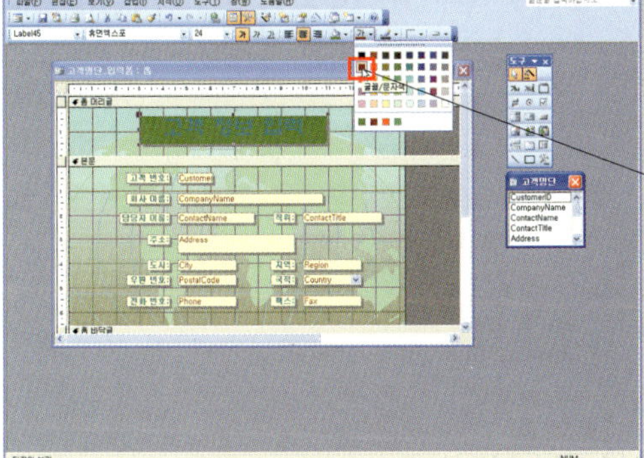

07 레이블 상자의 배경색을 변경한 후 도 구 모음의 [글꼴/문자색] 아이콘 의 화살표를 눌러 빨강 계열의 색을 선택 하여 글자 색을 변경한다.

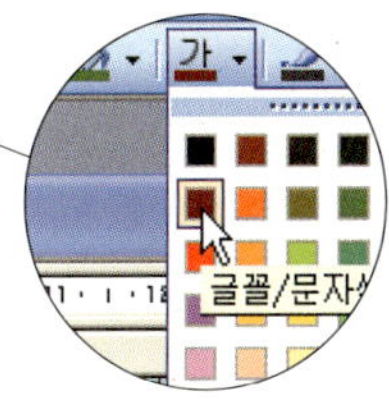

 ## 컨트롤의 테두리와 특수 효과

선택한 컨트롤의 테두리를 변경하려면 도구 모음의 [선/테두리 색] 아이콘 과 [선/테두리 두께] 아이콘
의 화살표를 눌러 색과 두께를 선택한다. 특수 효과는 컨크롤에 적용되는 테두리의 일종으로 액세스에서 미리 만
들어 둔 것을 말하는데, [특수 효과] 아이콘 을 클릭하여 나타난 목록 중에서 마음에 드는 것을 선택한다.

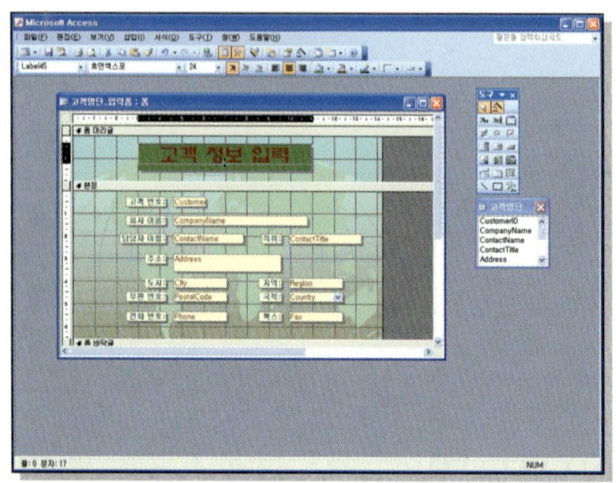

08 레이블의 크기를 변경하기 위해 검정색의 조절점에 마우스를 위치하면 마우스 포인터 모양 이 변경된다. 이 상태에서 드래그하여 크기를 조정한다.

 ## 컨트롤 이동

컨트롤을 이동할 때는 컨트롤을 선택하여 검정색의 조절점이 나타난 상태에서 마우스를 이동하면 마우스 포인터
모양 이 변경된다. 이 상태에서 드래그하여 사용자가 원하는 위치로 이동할 수 있다.
텍스트 상자나 콤보 상자 등의 컨트롤을 폼에 그려주면 항상 이름표에 해당하는 레이블이 자동으로 만들어지는
데, 컨트롤에 딸린 레이블을 함께 이동할 때는 마우스 포인터 모양 으로 된 상태에서 드래그한다. 레이블을
제외하고 컨트롤만 이동하려면 마우스 포인터 모양 이 된 상태에서 드래그한다.

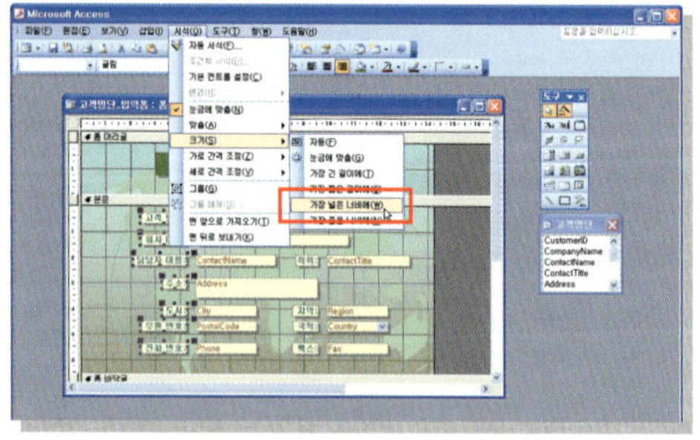

09 본문 구역의 각 컨트롤의 이름에 해당하는 레이블만 〈Shift〉 키를 누르면서 선택한 후, ① [서식]–[크기]–[가장 넓은 너비에] 메뉴를 선택하거나 ② 마우스 오른쪽 단추를 눌러 [크기]–[가장 넓은 너비에] 메뉴를 선택한다.

 **[크기] 메뉴의 하위 메뉴**

- 눈금에 맞춤 : 가까운 눈금에 맞춘다.
- 가장 긴 길이에 : 선택한 컨트롤 중 가장 긴 세로 길이에 맞춘다.
- 가장 짧은 길이에 : 선택한 컨트롤 중 가장 짧은 세로 길이에 맞춘다.
- 가장 넓은 너비에 : 선택한 컨트롤 중 가장 넓은 너비에 맞춘다.
- 가장 좁은 너비에 : 선택한 컨트롤 중 가장 좁은 너비에 맞춘다.

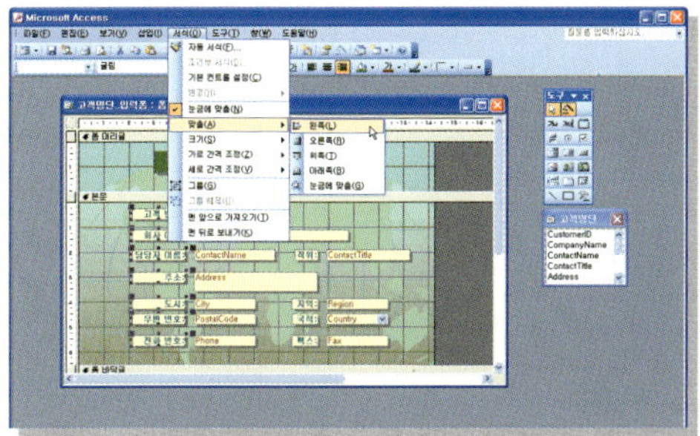

10 레이블을 가장 넓은 너비에 맞춤을 하면 레이블의 위치가 흐트러진다. 계속해서 ① [서식]-[맞춤]-[왼쪽] 메뉴를 선택하거나 ② 마우스 오른쪽 단추를 눌러 [맞춤]-[왼쪽] 메뉴를 선택한다. 폼의 수정을 마친 후, [저장] 아이콘 을 클릭하여 저장한다.

11 선택한 레이블의 크기가 일정해지고 위치도 변경된 것을 확인할 수 있다.

 **구역 크기 조정**

폼 머리글이나 바닥글, 본문 구역의 크기를 조정하려면 [폼 머리글]과 [본문]에 해당하는 제목 표시줄에 마우스를 위치한 다음, 마우스 포인터 모양이 변경되면 드래그하여 크기를 조정한다.

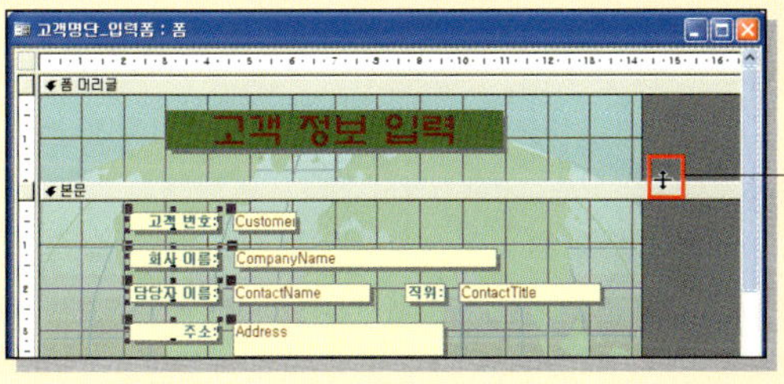

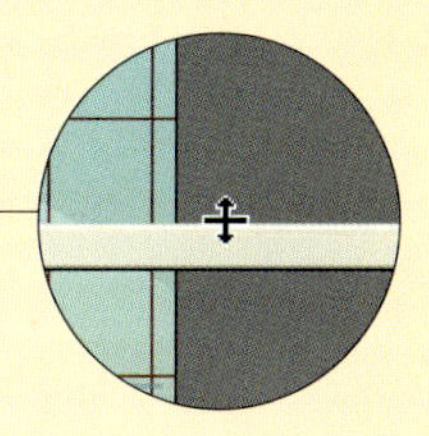

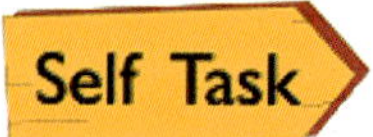

데이터베이스에 데이터를 입력을 담당하는 사람이 신입이라고 하던데 데이터 입력을 좀 더 쉽게 할 수 있도록 폼을 만들어야겠다. 아직 액세스에 대해서 모른다고 하니깐 폼을 만들어 주면 입력은 할 수 있겠지.

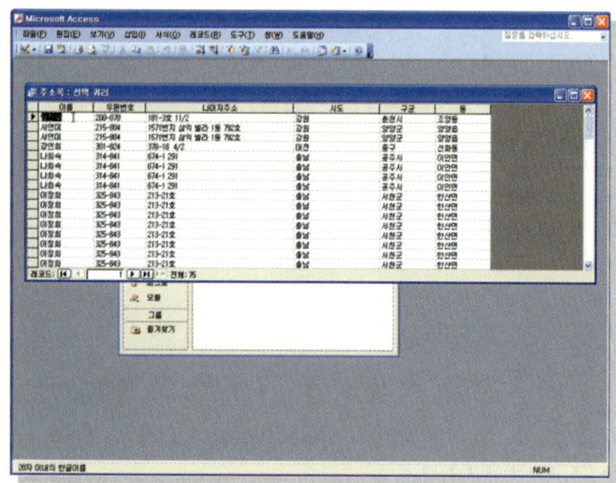

〈시작 예제〉 C:\Database\Chapter05\D05-01-ST.mdb

Task1

'학생신상' 테이블을 원본으로 폼 마법사를 이용하여 모든 필드를 포함하는 '학생정보입력' 이라는 폼을 작성한다 (모양은 맞춤, 스타일은 빗살 무늬)

1. [폼] 개체를 선택한 후, [마법사를 사용하여 새 폼 만들기]를 클릭한다.
2. 첫 번째 단계에서 '학생신상' 테이블을 선택하여 모든 필드를 클릭하여 추가한 후, [다음] 단추를 클릭한다.
3. 두 번째 단계에서 모양을 '맞춤' 으로 선택하고 [다음] 단추를 클릭한다.
4. 세 번째 단계에서 스타일을 '빗살 무늬' 로 선택하고 [다음] 단추를 클릭한다.
5. 네 번째 단계에서 폼의 이름을 '학생정보입력' 이라고 입력하고 [마침] 단추를 클릭하여 결과를 확인한다.

Task2

'학생정보입력' 폼을 이용하여 폼 머리글에 레이블을 추가하여 '학생정보입력폼' 이라는 제목을 추가한다.

1. 폼을 선택한 후, [디자인] 디자인(D) 아이콘을 눌러 디자인 창으로 변경한다.
2. [폼 머리글]과 [본문]의 경계선에 마우스를 위치하여 영역을 확장한다.

3. 도구 상자에서 [레이블] 아이콘 **가나** 을 선택하여 폼 머리글 영역에 적당한 크기로 그린다.
4. '학생정보입력폼' 이라고 입력한다.

Task3

추가한 제목의 글꼴 크기를 '20'으로 변경하고 폼을 저장하고 닫는다.

1. 제목을 입력한 레이블을 선택하여 검정색 조절점이 나타나도록 한다.
2. 도구 모음에서 [글꼴 크기] 아이콘의 화살표를 눌러 '20'을 선택한다.
3. 도구 모음에서 [저장] 아이콘 을 클릭하여 저장한다.
4. [닫기] 아이콘 을 클릭하여 창을 닫는다.

Task4

'학생정보입력' 폼을 폼 보기로 변경하여 휴학중인 학생만 검색해 본다.

1. '학생정보입력' 폼을 선택한 상태에서 도구 모음에서 [열기] 아이콘 을 클릭한다.
2. '학사상태' 필드로 커서를 이동한 후, 화살표를 눌러 '휴학'을 선택한다.
3. 도구 모음에서 [필터 적용] 아이콘 을 클릭한다.
4. 창 하단의 레코드 탐색기에 필터된 결과가 나타난다.

Task5

휴학중인 학생 중에서 '강연희' 학생을 찾아 학과를 '경제학과'로 변경한다.

1. 창 하단의 레코드 탐색기에서 [다음] 단추 를 클릭하여 레코드를 이동한다.
2. '강연희' 레코드를 찾은 다음, '학과' 필드로 커서를 이동한다.
3. 입력된 데이터를 지우고 '경제학과'라고 입력한다.

Task6

휴학중인 학생 중에서 '이정희' 학생을 찾아 레코드를 삭제한다.

1. 검색된 상태에서 창 하단의 레코드 탐색기에서 [다음] 단추 를 클릭하여 레코드를 이동한다.
2. '이정희' 레코드를 찾은 다음, 왼쪽의 레코드 선택기를 클릭하여 선택한다.
3. 〈Delete〉 키를 누른다.
4. 삭제를 확인하는 창이 나타나면 [예] 단추를 눌러 레코드를 삭제한다.

Chapter 06

보고서 출력하기

보고서 출력하기

>>> 보고서는 데이터를 사용자가 원하는 형태로 화면 또는 프린터에 출력해 준다. 보고서는 단순한 출력부터 월말 보고서나 주간 보고서 또는 영업 실적의 결산 보고서 등 다양한 형태로 만들 수 있다. 보고서는 재구성된 정보를 통해 분석 자료를 제공함으로써 사용자가 어떤 사항에 대한 예측을 하거나 판단할 수 있도록 도와준다. 보고서는 폼을 디자인 하는 방법과 비슷하며, 테이블이나 쿼리를 이용하여 보고서를 만들게 되는데, 필요한 데이터를 정보화하기 위해서는 쿼리로 데이터를 분석하여 만든 후, 보고서를 만들어 주는 것이 좋다. 보고서를 작성하는 방법과 보고서를 편집하는 방법, 출력하는 방법에 대해서 알아본다.

보고서 작업과 데이터 내보내기

폼은 화면에 보기 편하게 데이터베이스의 필요한 데이터를 나열하기 위한 것이고, 보고서는 종이에 보기 편하게 데이터를 나열하기 위한 것이다. 보고서를 작성하는 방법과 작성된 보고서를 편집하는 방법에 대해서 알아보고 데이터베이스의 개체를 다른 파일 형식으로 내보내는 방법에 대해서 알아본다.

학습 목표

- 보고서의 개념을 이해할 수 있다.
- 새 보고서를 만드는 방법을 알 수 있다.
- 보고서의 레이아웃을 변경할 수 있다.
- 보고서에 머리글/바닥글을 추가하고 수정할 수 있다.
- 특정한 필드로 그룹화하여 할 수 있다.
- 보고서, 쿼리, 테이블 등을 다른 형식으로 내보낼 수 있다.

01 보고서의 개념

보고서는 종이에 사용자가 필요로 하는 데이터를 출력하는 것으로 테이블이나 쿼리, 폼 등을 원본으로 사용한다. 그러나 보고서는 단순히 데이터를 출력하는 것 뿐만 아니라 정보화된 데이터를 출력하는 것이 바람직하므로 주로 쿼리를 원본으로 사용하고 있다. 보고서는 우편 번호 레이블이나 엽서 등 특수한 형태로 출력할 수 있다. 다음은 테이블을 원본으로 하여 작성된 보고서이다.

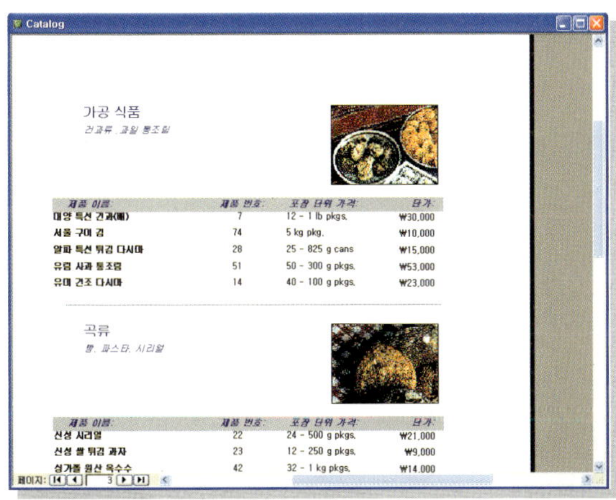

보고서는 폼과 마찬가지로 빈 보고서를 하나 만들고, 그곳에 출력하는 테이블의 필드 또는 쿼리의 필드를 추가한다. 제목이나 기타 레이아웃의 요소들도 필요한 경우 삽입할 수 있다.

폼에서 다루어 본 컨트롤들이기 때문에 쉽게 익힐 수 있다. 보고서는 디자인 창에서 사용자가 직접 만들어 주는 방법과 마법사를 이용하여 만들 수 있다. 또한 여러 가지 다양한 형식으로 보고서를 작성할 수 있도록 자동 보고서를 제공한다. 보고서의 내용과 형태에는 작성 목적에 따라 여러 가지 유형으로 나눌 수 있다. 다음은 보고서의 다양한 종류로, 어떤 형태의 데이터를 출력할 때 사용할지는 사용자가 적절히 선택해야 한다.

1) 자동 보고서

몇 번의 마우스 클릭만으로 간편하게 작성할 수 있는 자동 보고서 기능으로 한 레코드 내의 필드들을 세로로 나열하여, 레코드를 반복해 주는 '칼럼' 형식의 보고서이다.

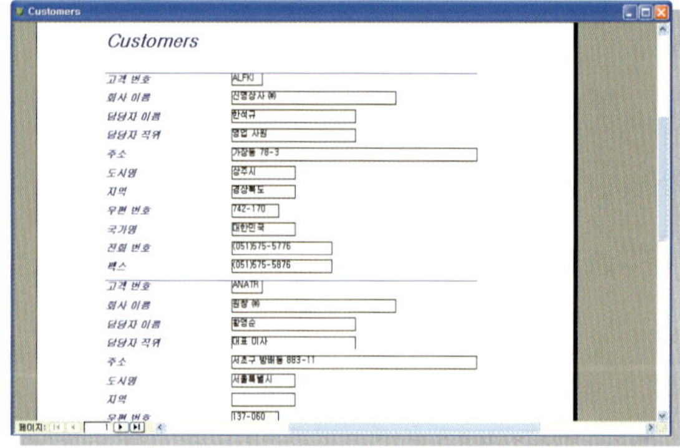

칼럼 형식과는 달리 레코드의 내용을 데이터시트와 같은 표 형식으로 작성할 수 있는 '테이블' 의 형식의 자동 보고서이다. 페이지를 절약하며 되도록 한꺼번에 데이터를 출력할 때 많이 사용한다.

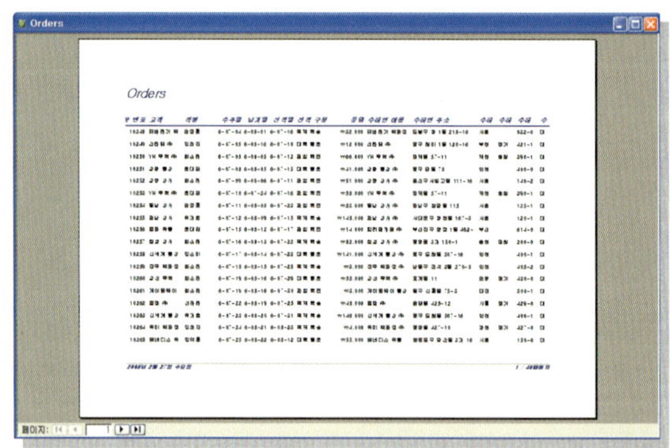

2) 차트 마법사

차트가 포함된 보고서를 작성할 수 있는 마법사로 통계 분석 보고서에 사용할 수 있는 유용
한 기능이다.

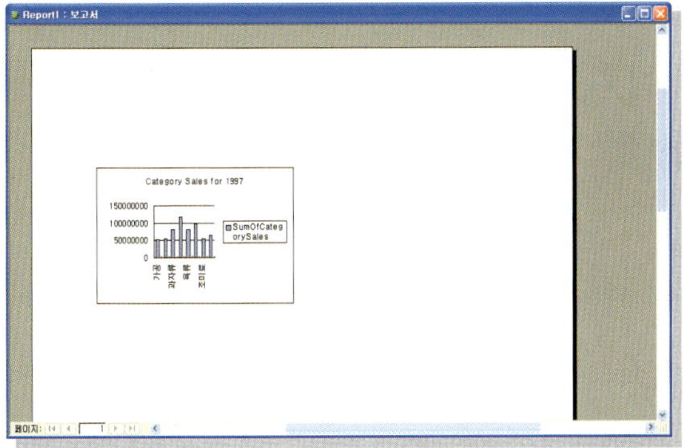

3) 레이블 마법사

레이블은 우편 발송 업무에서 빼놓을 수 없는 보고서이다. 시중에서 판매되고 있는 레이블
용지를 이용하여 워하는 레이블을 출력하여 발송 업무를 편리하게 도와준다.

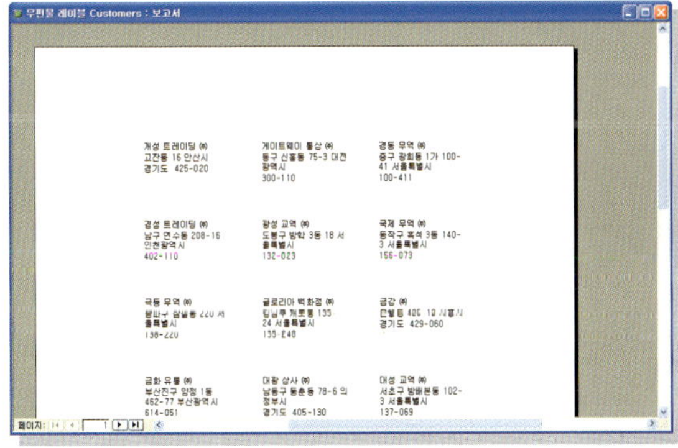

4) 우편 엽서 마법사

우편 엽서 마법사는 우편 엽서에 원하는 데이터를 출력하여 사용할 수 있다. 발송해야 될 우편 엽서가 많은 경우 주소를 레이블 용지에 출력한 다음, 일일이 엽서에 붙이는 것도 힘든 일이므로 빠른 시간에 주소 등을 우편 엽서 용지에 출력하여 많은 사람들에게 보낼 수 있다.

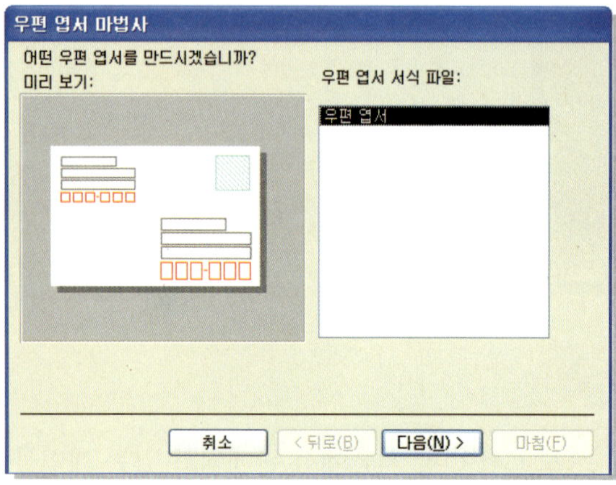

5) 업무 양식 마법사

업무 양식 마법사는 기업 회계의 기반인 세금계산서와 거래명세서 등을 출력하여 사용할 수 있게 해준다.

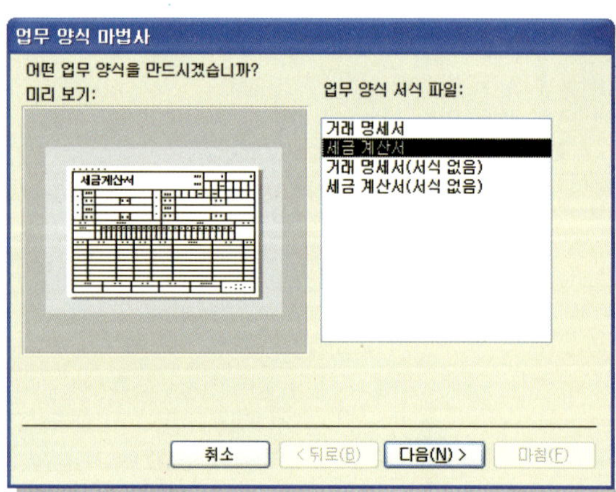

보고서 디자인 창은 보고서 디자인 구역과 보고서 디자인 도구 모음, 도구 상자 및 필드 목록으로 구성되어 있다. 보고서 디자인 구역은 본문, 보고서 머리글/바닥글, 페이지 머리글/바닥글로 구성된다.

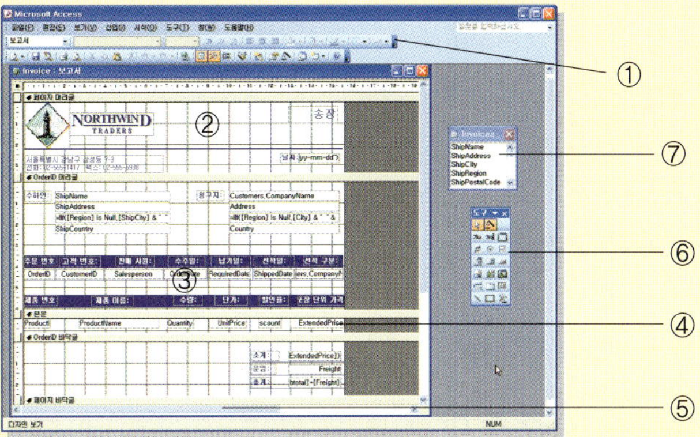

① **보고서 디자인 도구 모음** : 보고서를 디자인하는데 사용되는 도구 모음이다.

② **보고서 머리글** : 전체 보고서의 맨 앞에 표시할 내용을 디자인하는 구역이다. 주로 보고서 제목을 표시하기 위해 사용한다.

③ **페이지 머리글** : 각 페이지마다 맨 앞에 표시될 내용을 디자인한다. 목차의 소제목을 이 구역에 표시하면 전체 보고서가 일목 요연해진다.

④ **본문** : 데이터가 반복되어 표시되며, 인쇄할 용지의 세로 길이에 따라 개수는 달라진다.

⑤ **페이지 바닥글** : 각 페이지마다 맨 뒤쪽에 표시된다. 주로 페이지 번호, 날짜 등 부가정보를 표시하며, 통계 보고서에서는 페이지별 부분 통계를 표시한다.

⑥ **보고서 바닥글** : 전체 보고서의 맨 마지막 페이지의 아래 부분에 표시된다. 통계 보고서에서 총계, 평균 또는 각종 결과를 표시하는데 사용한다. 보고서 머리글과 함께 보고서 전체를 통해 단 한번만 표시된다.

⑦ **도구 상자** : 보고서를 디자인할 때 사용하는 컨트롤 모음이다.

⑧ **필드 목록 상자** : 데이터 원본인 테이블이나 쿼리의 필드 목록이다.

02 보고서 마법사를 이용하여 작성

디자인 창에서 일일이 보고서 레이아웃을 작성하는 것보다 마법사를 사용하면 보다 쉽게 보고서를 작성할 수 있다. 자동 보고서를 이용하면 액세스에서 제공하는 여러 용도의 보고서를 쉽게 만들 수 있다. 보고서 마법사를 이용하여 보고서를 작성하는 방법을 알아본다.

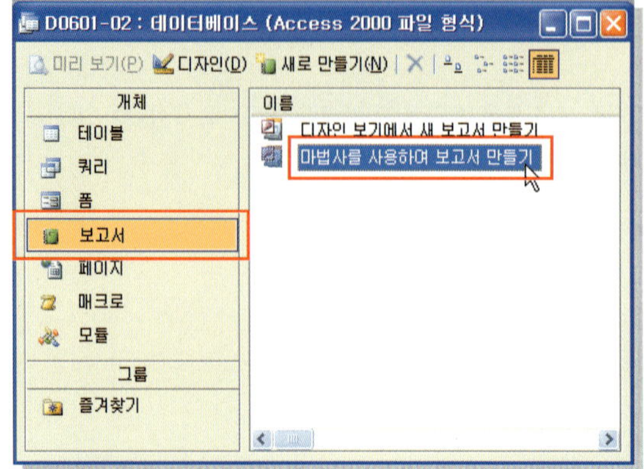

01 [보고서] 개체를 선택한 후, ① [마법사를 사용하여 보고서 만들기]를 선택하거나 ② 도구 모음의 [새로 만들기] 아이콘 새로 만들기(N) 을 클릭하여 [새 보고서] 대화상자에서 '보고서 마법사'를 선택한다.

〈시작 예제〉 C:\Database\chapter06\D0601-02.mdb

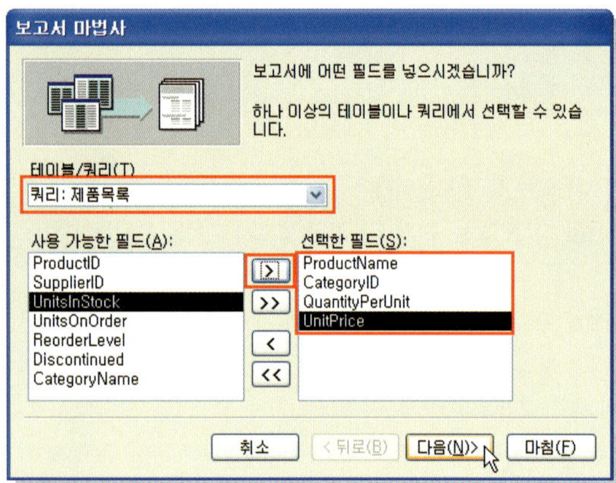

02 [보고서 마법사] 대화 상자가 나타나면 1단계에서는 보고서를 만들 테이블이나 쿼리를 선택한다. [테이블/쿼리]의 화살표를 클릭하여 '쿼리: 제품목록'을 선택하고 [사용 가능한 필드]에서 'ProductName', 'CategoryID', 'QuanlityPerUnit', 'UnitPrice' 필드를 선택하여 ▷ 를 클릭하여 [선택한 필드]로 이동한 후 [다음] 단추를 클릭한다.

 **필드 이동 단추**

필드를 이동할 때 선택한 테이블이나 쿼리의 모든 필드를 한꺼번에 이동할 때는 >> 을 클릭한다. 작성할 보고서에서 필드를 하나씩 제거하려면 < , 한꺼번에 제거하려면 << 를 클릭한다.

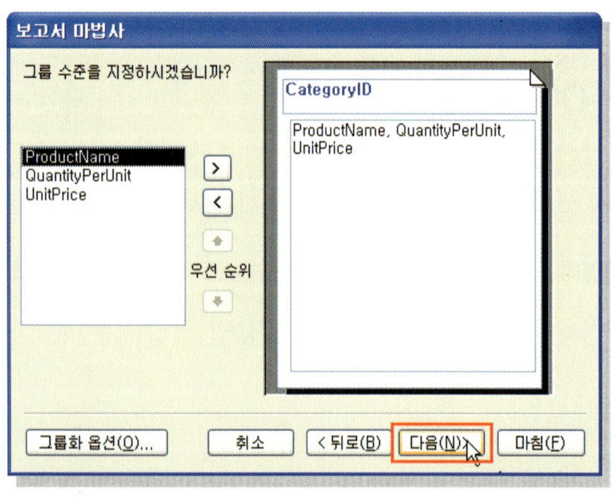

03 2단계에서 그룹 수준을 지정한다. 그룹 수준은 데이터를 계층적으로 분류하는 것으로 선택된 필드를 그대로 둔 채 [다음] 단추를 클릭한다.
디자인 창에서 사용자가 직접 특정한 필드로 그룹으로 설정하여 계층적으로 데이터를 분류할 수 있다.

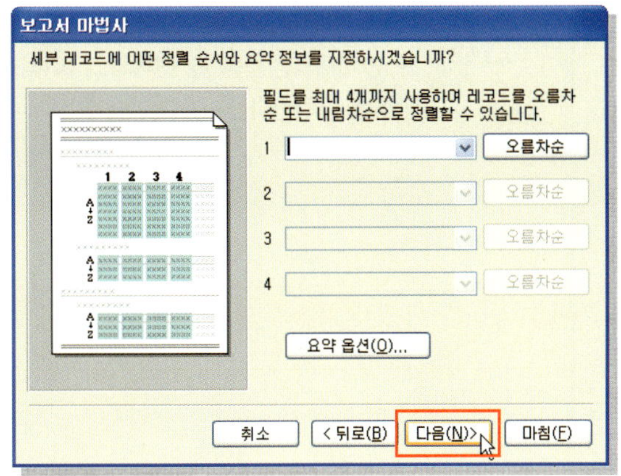

04 3단계에서 출력할 데이터의 순서를 지정하는 단계로 순서를 정할 필드를 선택하면 되는데, 정렬할 필드를 선택하지 않고 [다음] 단추를 클릭한다.

 **요약 옵션**

[요약 옵션] 단추를 클릭하면 [요약 옵션] 대화 상자가 표시되며 2단계에서 그룹으로 설정한 필드의 합계를 구하거나 평균, 최대값 등을 계산할 수 있다. 즉, 그룹별로 특정 필드의 요약된 값을 구할 수 있다.

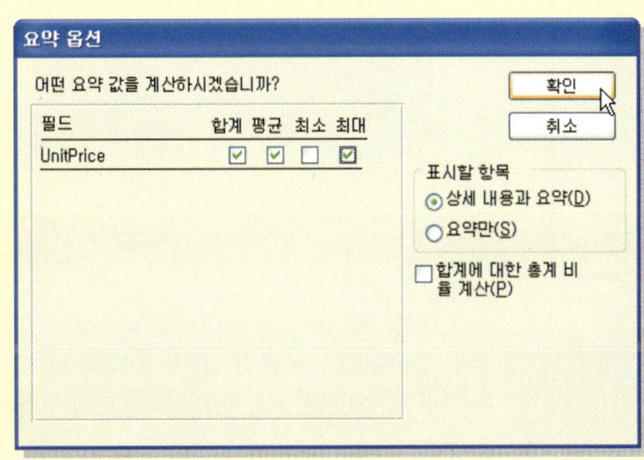

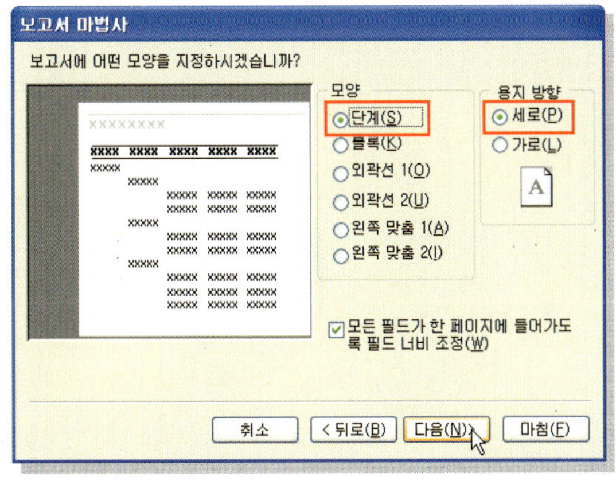

05 4단계에시 보고시의 모앙과 용지 방향을 지정하는 단계로 [모양]은 '단계', [용지 방향]은 '세로'를 선택하고 [다음] 단추를 클릭한다.

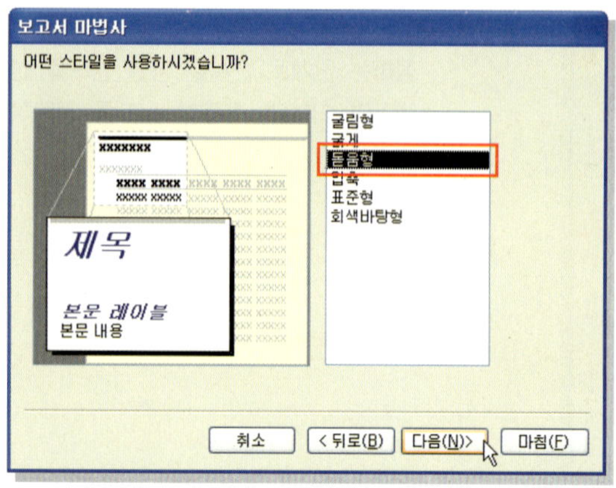

06 5단계에서 보고서의 스타일을 지정하는 단계로 '돋움형'을 선택하고 [다음] 단추를 클릭한다.

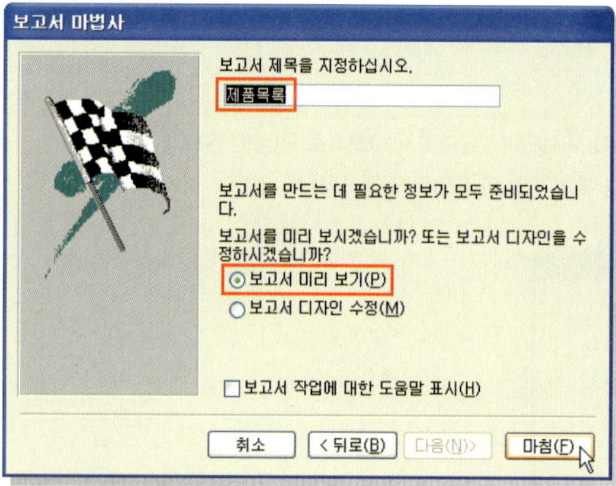

07 마지막 단계에서는 보고서의 제목과 미리 보기 여부를 지정하는 단계로 제목을 '제품목록'으로 입력하고 '보고서 미리 보기'를 선택하고 [마침] 단추를 클릭한다.

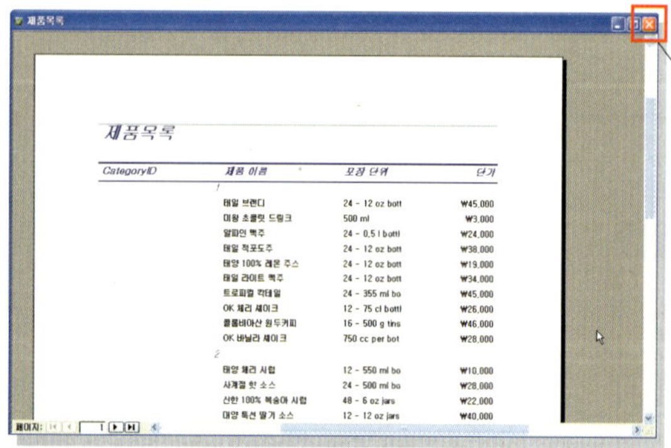

08 다음 그림과 같이 마법사에서 지정한 모양과 스타일로 보고서가 만들어진다. 보고서를 닫으려면 [닫기] 아이콘 을 클릭한다. 이미 저장되어 있으므로 새롭게 저장하지 않아도 된다.

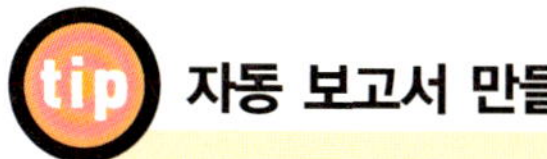 **자동 보고서 만들기**

자동 보고서는 데이터 원본과 보고서 형식만 지정하면 바로 보고서를 만들어지므로 가장 빠르고 간단하게 보고서를 작성할 수 있다. 보고서 작성 후 레이아웃이나 서식은 보기 좋게 변경해 주어야 한다.

자동 보고서를 만들 때는 보고서 개체를 선택한 후, 도구 모음의 [새로 만들기] 아이콘 새로 만들기(N) 을 클릭하면 [새 보고서] 대화 상자가 나타난다. 작성할 보고서의 형식을 선택하고 데이터 원본을 선택한 후 [확인] 단추를 클릭한다.

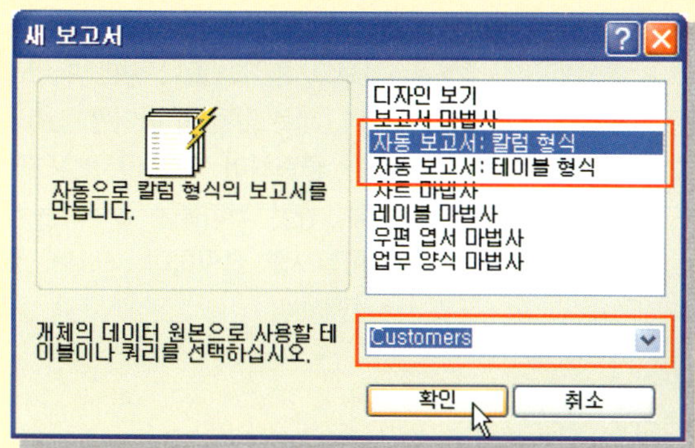

잠시 후에 다음과 같이 자동 보고서의 칼럼 형식으로 만들어진다. 데이터가 레코드 단위로 출력되는 것을 확인할 수 있다. 만들어지는 과정에서 내용이 조금 잘려 보일 수도 있으므로 나중에 디자인 창을 이용하여 수정해 주어야 한다. [닫기] 아이콘 을 클릭하여 보고서 미리 보기 창을 닫으면 만들어진 보고서가 저장되지 않았으므로 저장 여부를 묻는 창이 나타나면 [예] 단추를 눌러 저장한다.

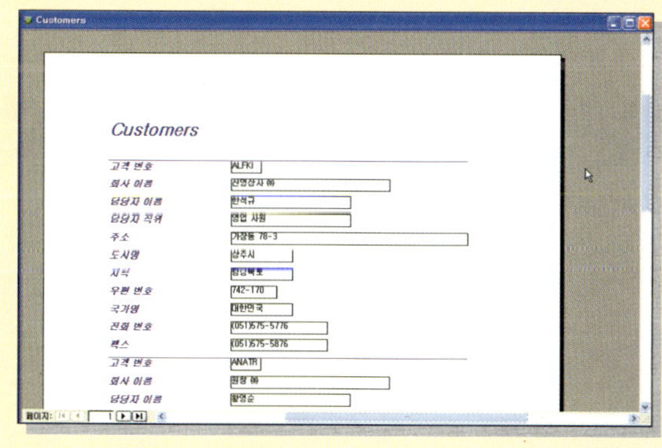

03 디자인 보기를 이용하여 보고서 작성

마법사를 이용하여 보고서를 작성하는 것 보다는 어렵지만 사용자의 개성에 맞게, 전문적인 보고서를 작성할 때 많이 이용한다. 보고서는 폼과 매우 비슷하기 때문에 폼에서 배운 것과 크게 다르지 않으므로 쉽게 익힐 수 있다. 디자인을 이용하여 보고서를 작성하는 방법을 알아본다.

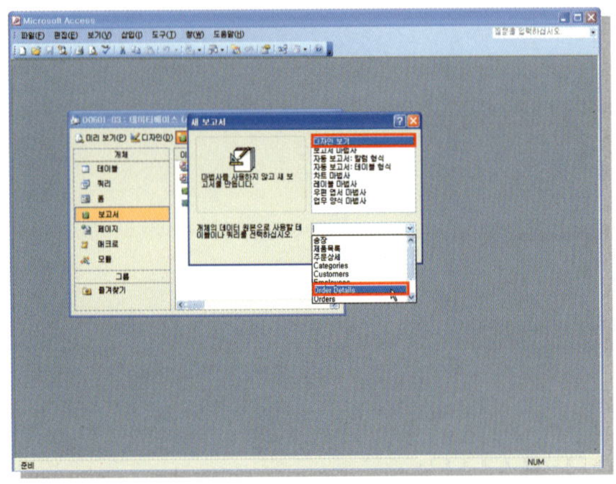

〈시작 예제〉 C:\Database\Chapter06\D0601-03.mdb

01 [보고서] 개체를 선택한 후, 도구 모음의 [새로 만들기] 아이콘 새로 만들기(N) 을 클릭하여 '디자인 보기'를 선택한 후, 원본 테이블을 선택하는 항목에서 화살표를 클릭하여 'Order Detail'을 선택한다.

 **원본 테이블과 쿼리**

보고서의 원본으로는 테이블과 쿼리를 선택할 수 있다. 보통 테이블에는 기본적인 데이터를 입력해 두고, 사용자가 의사 결정이나 데이터를 분석하고 통계 등에 사용하려면 쿼리로 만든다. 특정 조건에 맞는 보고서를 작성하려면 테이블보다는 쿼리를 작성한 후, 쿼리를 원본으로 하여 보고서를 작성해야 한다.

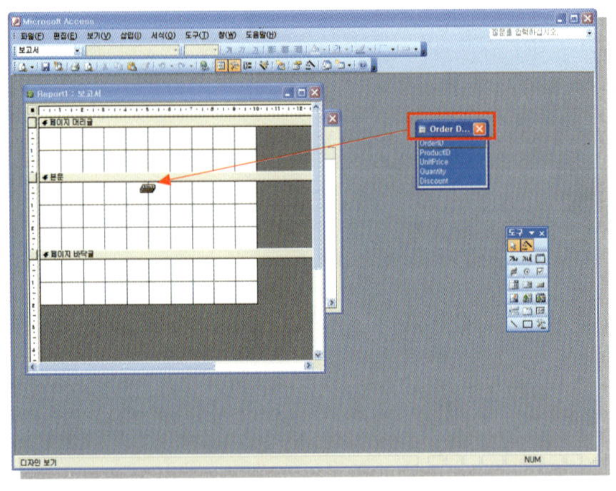

02 보고서 디자인 창이 열리고 선택한 'Order Detail'에 대한 필드 목록 상자와 보고서 도구 모음이 나타난다.
필드 목록 상자의 제목 표시줄을 더블 클릭하여 필드를 모두 선택한 다음, 선택한 필드들을 폼의 본문 구역으로 드래그한다.

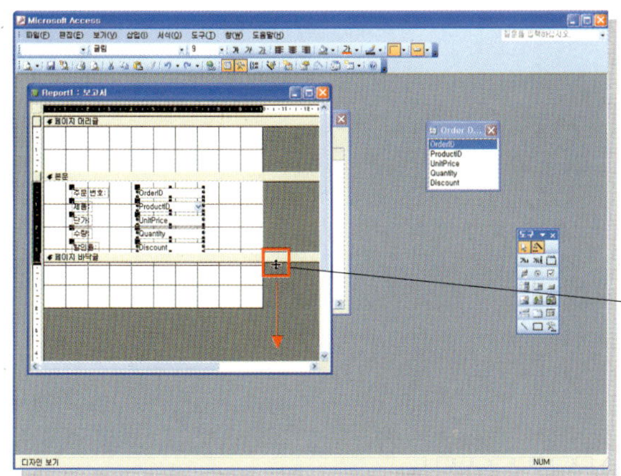

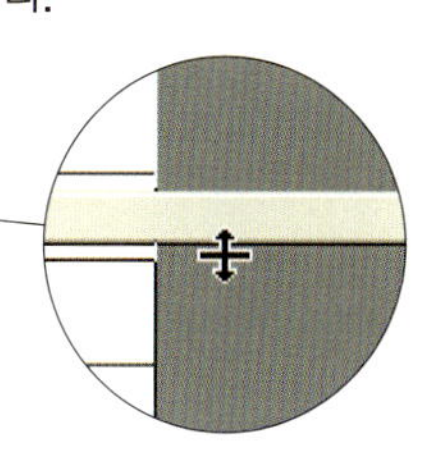

03 본문 구역에 모든 필드가 추가된다. 본문 구역의 크기를 조정하기 위해 '페이지 바닥글' 경계선에 마우스를 위치하여 포인터 모양이 변경된 상태에서 드래그한다.

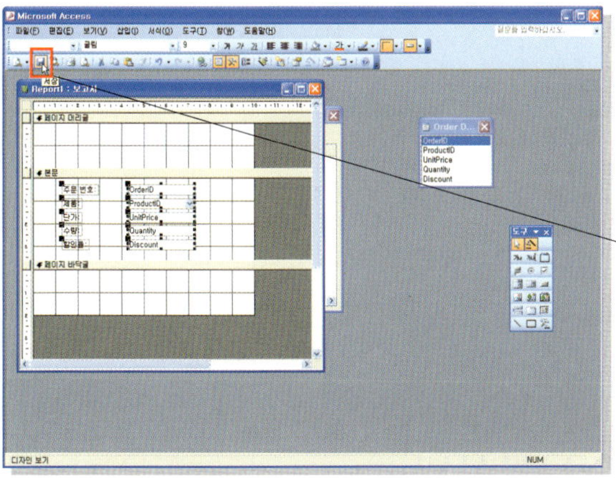

04 본문 구역의 크기를 조정한 다음, 작성한 보고서를 저장하기 위해 도구 모음의 [저장] 아이콘 📙을 클릭한다.

05 [다른 이름으로 저장] 대화 상자가 나타나면 보고서 이름을 '주문상세내역'이라고 입력히고 [확인] 단추를 클릭한다.

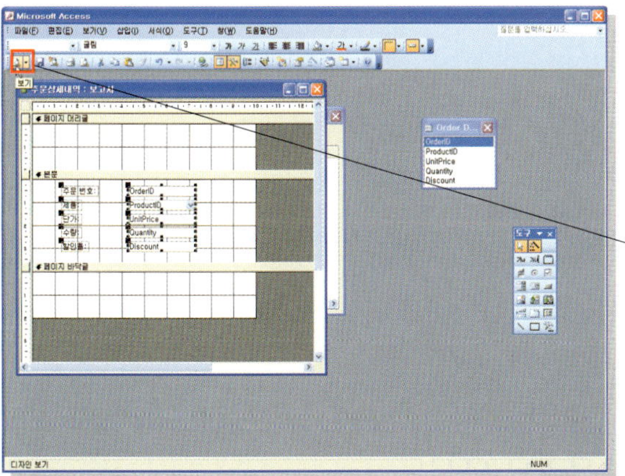

06 보고서를 저장한 다음 출력될 모양을 확인하기 위해 도구 모음의 [보기] 아이콘 📷·을 클릭한다.

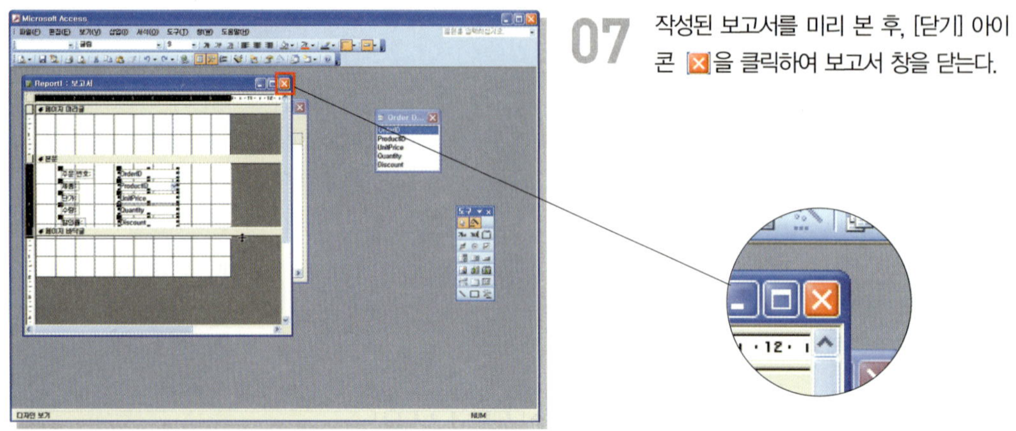

07 작성된 보고서를 미리 본 후, [닫기] 아이콘 █을 클릭하여 보고서 창을 닫는다.

04 보고서의 레이아웃 변경

보고서를 작성할 때 데이터를 잘 표현하는 것도 중요하지만, 깔끔하고 한 눈에 띄는 서식을 설정해 주는 것도 중요한 요소이다. 작성한 보고서의 컨트롤을 다시 배열하여 보고서의 레이아웃을 변경하는 방법을 알아본다.

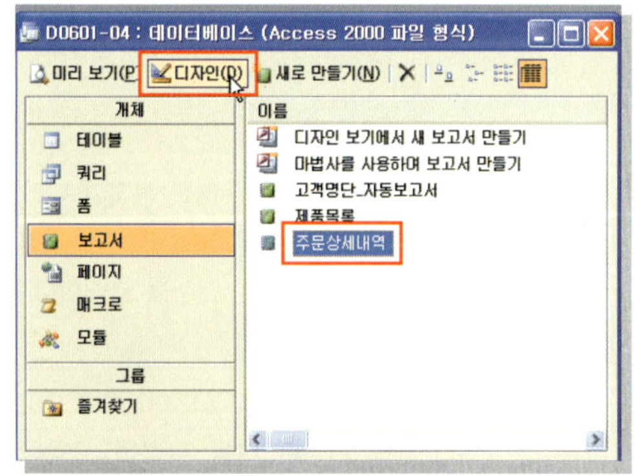

〈시작 예제〉 C:\Database\Chapter06\D0601-04.mdb

01 [보고서] 개체 중에서 '주문상세내역' 보고서를 선택한 후, ① 도구 모음의 [디자인] 아이콘 █디자인(D) 을 클릭하거나 ② 마우스 오른쪽 단추를 눌러 [디자인 보기] 메뉴를 선택한다.

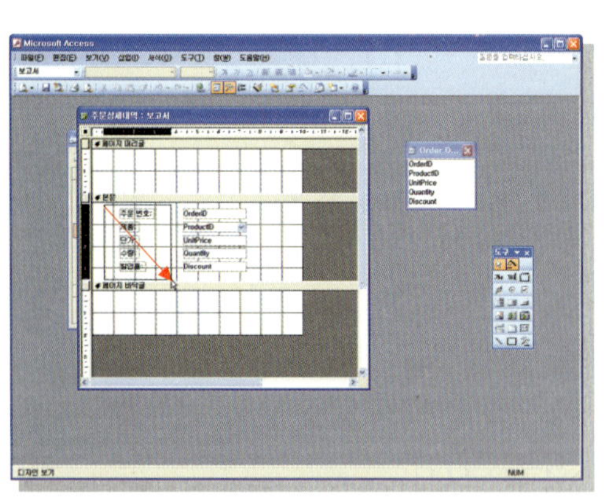

02 본문 구역에 있는 컨트롤의 레이블을 모두 선택하기 위해 마우스로 드래그하여 선택한다.

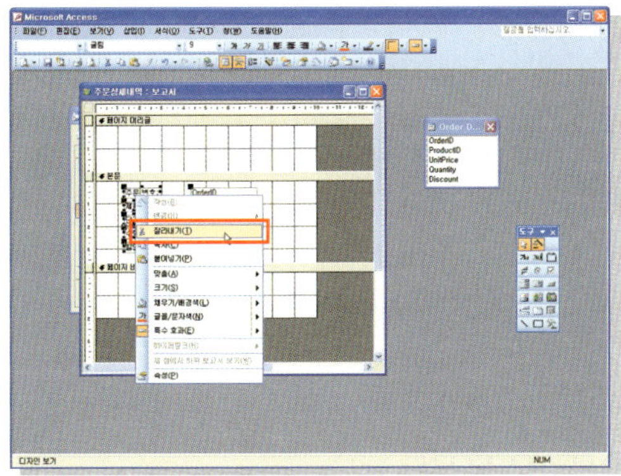

03 레이블을 페이지 머리글 구역으로 이동하기 위해 ① 마우스 오른쪽 단추를 눌러 [잘라내기] 메뉴를 선택하거나 ② 〈Ctrl+X〉를 누른다.

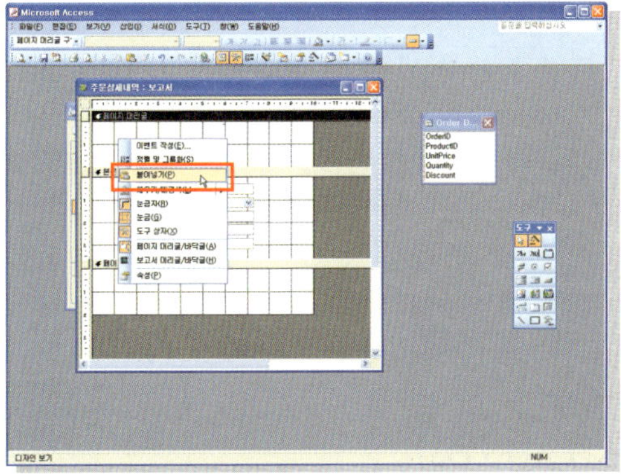

04 페이지 머리글 구역을 선택한 후, ① 마우스 오른쪽 단추를 눌러 [붙여넣기] 메뉴를 선택하거나 ② 〈Ctrl+V〉를 누른다.

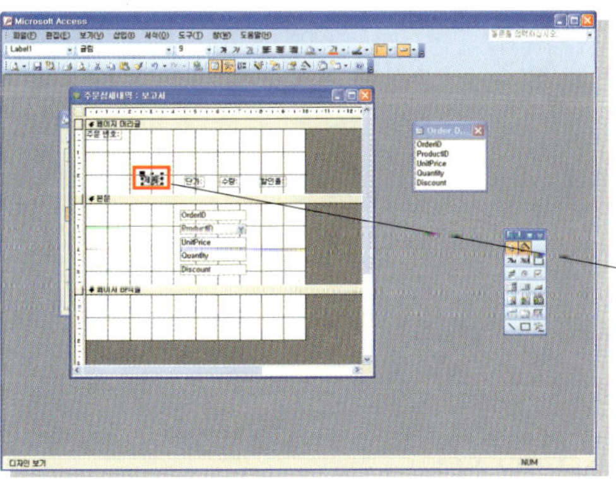

05 페이지 머리글 구역에 있는 레이블을 선택한 후, 마우스를 가져가 ♥ 모양으로 변경되면 드래그하여 가로로 나열한다.

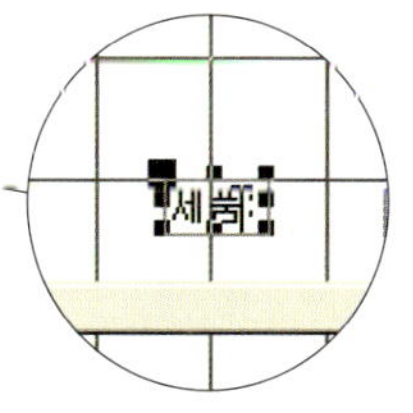

06 본문 구역에 있는 각 컨트롤도 선택하여 레이블과 같이 가로로 나열하여 재배치한다.
본문 구역의 크기를 변경하기 위해 오른쪽 테두리에 마우스를 위치한 다음 마우스 포인터 모양이 ╫ 변경되면 오른쪽으로 드래그한다.

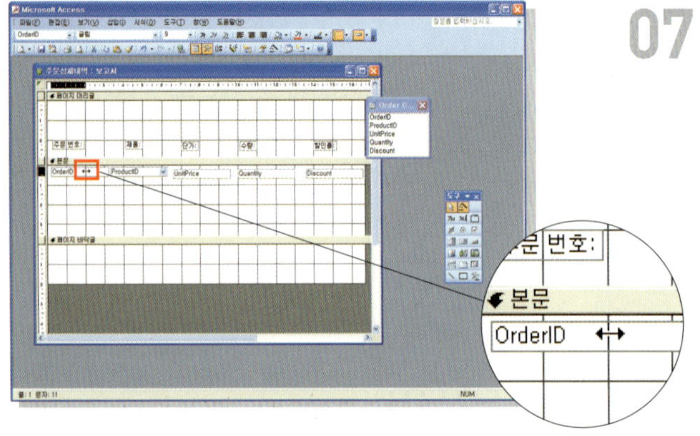

07 계속해서 다른 컨트롤을 선택하여 드래그하여 가로로 배열한다. 컨트롤의 크기를 변경하기 위해 컨트롤을 선택하면 검정색의 조절점이 나타난다. 오른쪽 조절점에 마우스를 위치한 다음 마우스 포인터 모양이 ⬌ 변경되면 드래그하여 크기를 변경한다.

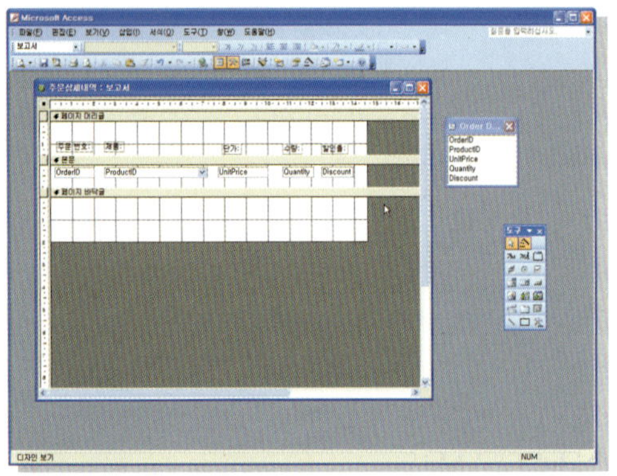

08 다음 그림처럼 각 컨트롤의 크기를 모두 변경한 다음 페이지 머리글과 본문의 바닥글 구역의 크기를 변경한다. 크기를 변경할 때 각 구역의 이름이 있는 회색 경계선에 마우스를 위치하여 마우스 포인터 모양이 ⬍ 변경되면 드래그하여 본문 구역의 영역을 작게 한다.

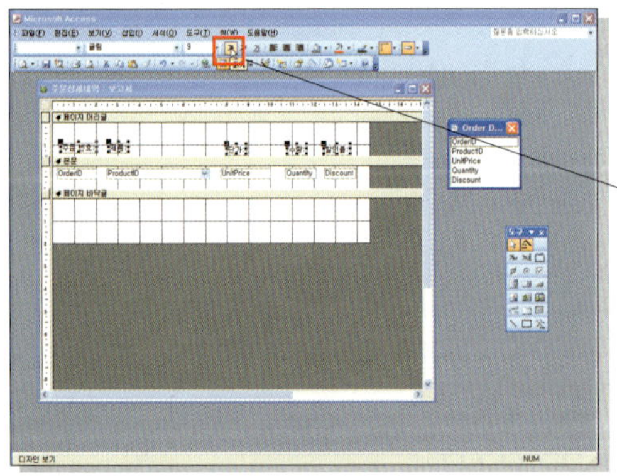

09 페이지 바닥글의 레이블을 모두 선택한 다음 서식(폼/보고서) 도구 모음의 [굵게] 아이콘 가 을 클릭하여 서식을 변경한다.

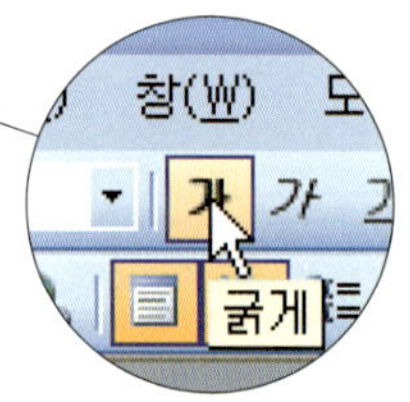

10 레이블에 입력된 콜론(:) 기호도 모두 삭제한다. 레이블의 위치가 들쑥날쑥하기 때문에 위치를 맞추기 위해 ① [서식]–[맞춤]–[위쪽] 메뉴를 선택하거나 ② 마우스 오른쪽 단추를 눌러 [맞춤]–[위쪽] 메뉴를 선택한다.

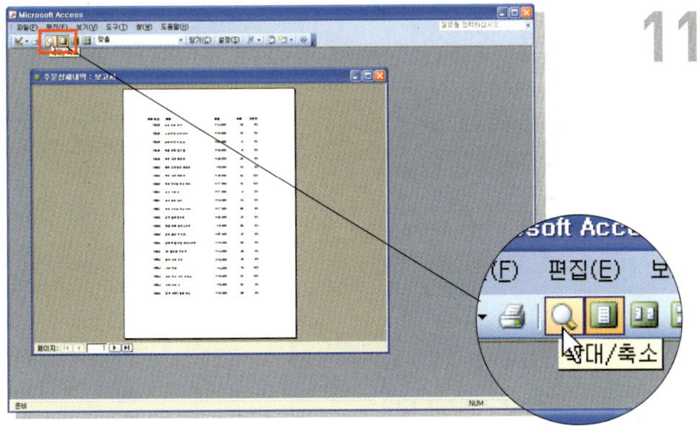

11 수정 작업을 모두 마친 다음 보고서를 저장하기 위해 도구 모음의 [저장] 아이콘 ![]을 클릭한다.

완성된 결과를 확인하기 위해 [보기] 아이콘 ![]을 클릭하여 출력 결과를 미리본다. 인쇄 미리 보기 도구 모음에서 [확대/축소] 아이콘 ![]을 클릭하여 축소한다.

 **페이지 번호 삽입**

보고서를 출력할 때 여러 페이지로 인쇄된다. 이때 각 페이지의 아래쪽에 페이지 번호를 삽입하면 알아보기가 쉬워진다. 보고서에 페이지 번호를 삽입하려면 페이지 바닥글 구역을 선택한 다음 [삽입]–[페이지 번호] 메뉴를 선택한다.

[페이지 번호] 대화 상자가 나타나면 [형식]에서 'N/M 페이지'를 선택하고 [위치]에서 '페이지 아래쪽(바닥글)'을 선택하고 [맞춤]의 화살표를 클릭하여 맞춤 위치를 지정해 준다. 'N/M 페이지'는 전체 페이지 수와 현재 페이지 번호를 표시해 준다. 'N 페이지'는 현재 페이지만 표시해 준다. [첫 페이지에 페이지 번호 표시]는 보고서의 첫 번째 페이지에 번호를 표시하려면 선택하고 표시하지 않으려면 선택 취소한다.

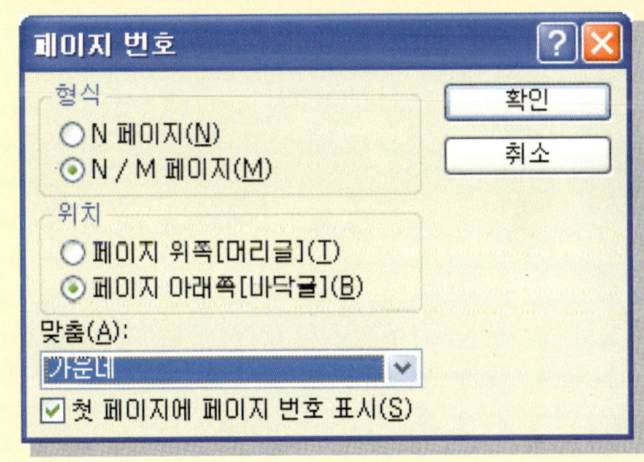

05 보고서의 머리글 및 바닥글 설정

페이지 머리글과 바닥글은 출력시 페이지마다 반복되며, 보고서 머리글/바닥글은 보고서 전체에서 한 번만 표시된다. 보고서 머리글/바닥글을 설정한 다음 보고서의 제목과 안내문구를 삽입하는 방법을 알아본다.

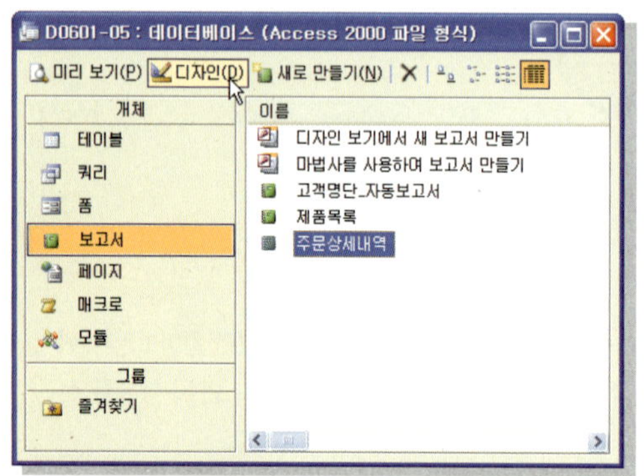

〈시작 예제〉 C:\Database\Chapter06\D0601-05.mdb

01 [보고서] 개체 중에서 '주문상세내역' 보고서를 선택한 후, ① 도구 모음의 [디자인] 아이콘 ![디자인(D)] 을 클릭하거나 ② 마우스 오른쪽 단추를 눌러 [디자인 보기] 메뉴를 선택하여 디자인 창으로 열어 놓는다.

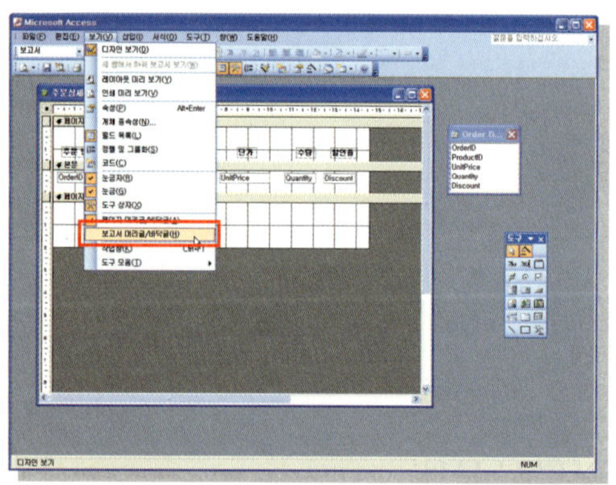

02 보고서 머리글/바닥글을 표시하기 위해 ① [보기]-[보고서 머리글/바닥글] 메뉴를 선택하거나 ② 마우스 오른쪽 단추를 눌러 [보고서 머리글/바닥글] 메뉴를 선택한다.

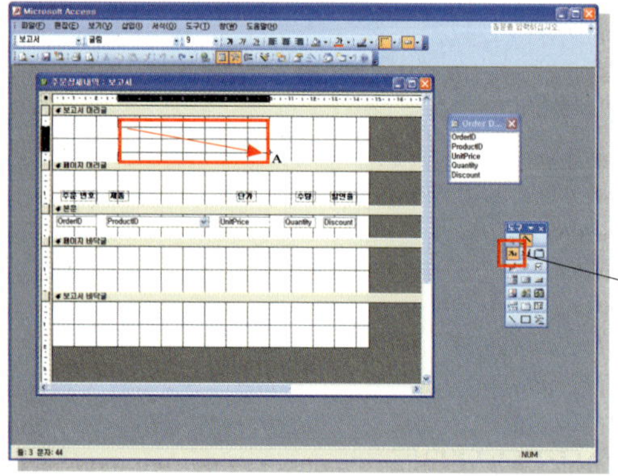

03 보고서 머리글에 보고서의 제목을 입력하기 위해 도구 상자의 [레이블] 아이콘 ![가나] 을 클릭한 후, 드래그하여 적당한 크기로 그려준다.

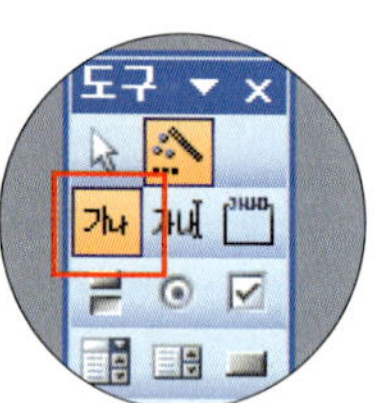

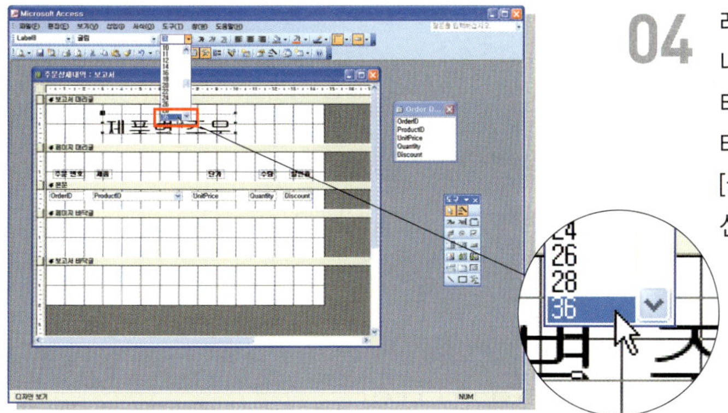

04 레이블에 보고서 제목을 '제품별 주문 내역'이라고 입력한다. 레이블 상자의 테두리를 선택하여 검정색 조절점이 나타난 상태로 변경한 다음 도구 모음의 [글꼴 크기]의 화살표를 눌러 '36'을 선택하여 글꼴 크기를 변경한다.

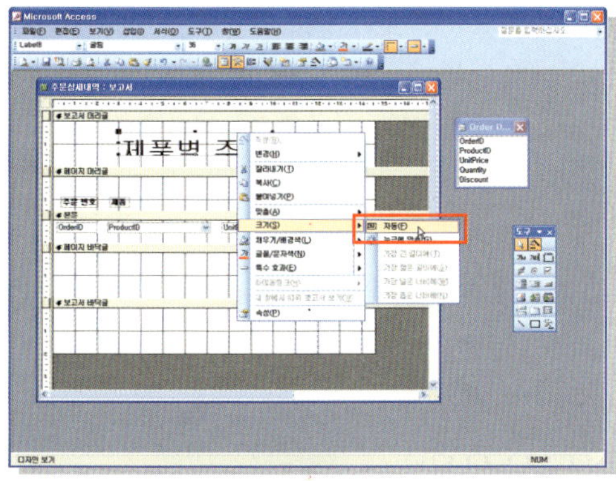

05 제목의 글꼴이 커지면서 내용이 레이블 상자의 너비를 벗어난다. 레이블을 선택하여 ① 마우스 오른쪽 단추를 눌러 [크기]–[자동] 메뉴를 선택하거나 ② [서식]–[크기]–[자동] 메뉴를 선택한다.

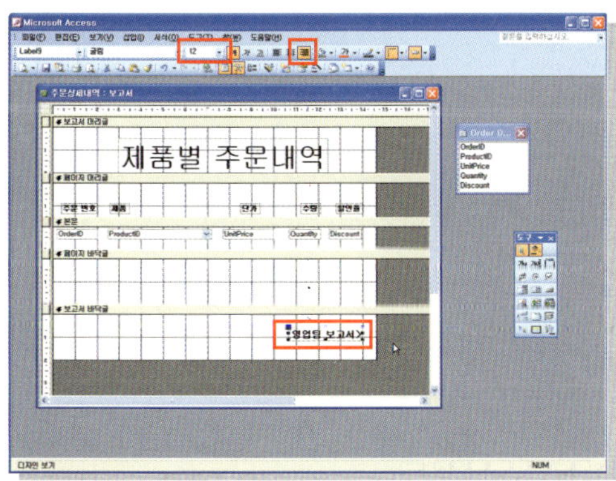

06 내용에 맞추어 레이블 상자의 크기를 조정한 다음, 보고서 바닥글 구역에도 레이블을 적당한 크기로 그려준 다음 〈영업팀 보고서〉라고 입력하고 서식을 변경한다.
[글꼴 크기]의 화살표를 눌러 '12'로 변경하고 [굵게] 아이콘  을 클릭하고 [오른쪽 맞춤] 아이콘 을 눌러 오른쪽으로 맞춤한다.

---

tip 머리글/바닥글 숨김

페이지와 보고서의 머리글과 바닥글을 삽입한 다음 [보기] 메뉴를 이용하여 해당 구역을 숨기면 삽입해 두었던 내용이 모두 삭제된다. 다시 해당 구역을 표시한다고 해도 기존의 내용이 표시되지도 않고 취소를 통해 되살릴 수도 없으므로 주의해야 한다. 해당 구역을 숨기기를 하면 다음과 같은 경고창이 나타난다. [예] 단추를 클릭하면 구역이 숨겨지면서 내용도 삭제된다.

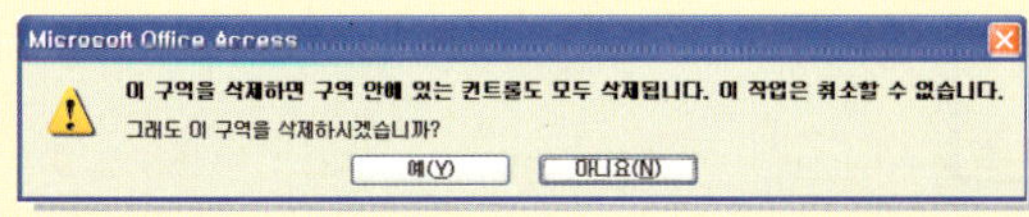

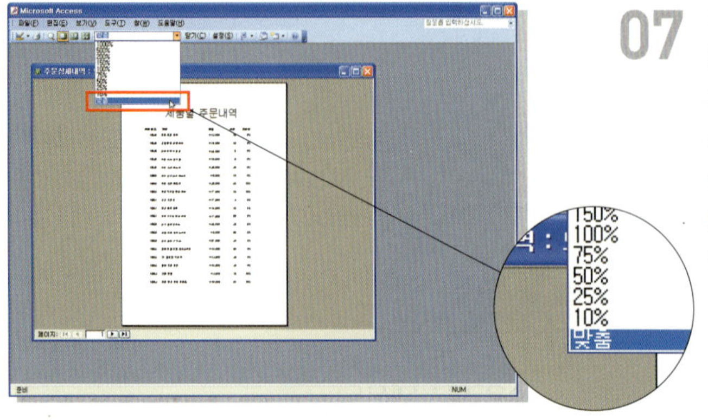

07 수정 작업을 모두 마친 다음 보고서를 저장하기 위해 도구 모음의 [저장] 아이콘 🖫 을 클릭하고, 완성된 결과를 확인하기 위해 [보기] 아이콘 🔍▾ 을 클릭하여 출력 결과를 미리 본 후, 도구 모음의 [확대/축소] 아이콘 100%▾ 의 화살표를 눌러 '맞춤'으로 선택한다.

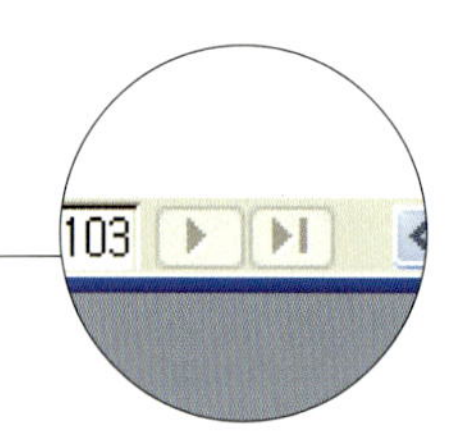

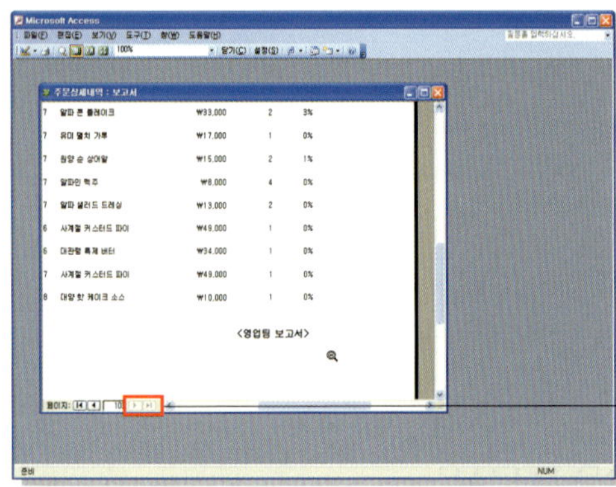

08 미리 보기 창의 하단에 있는 페이지 이동 도구에서 ▶┃를 클릭하여 마지막 페이지로 이동한 후, 보고서 바닥글 부분을 클릭하여 디자인에서 입력한 내용을 확인한다.

06 정렬 및 그룹화

보고서의 정렬 및 그룹화 기능을 이용하면 특정 필드를 그룹화하여 그룹화한 값의 합계나 평균, 최대값 등의 계산을 쉽게 할 수 있으며, 보기 좋은 보고서도 작성할 수 있다. 보고서의 정렬 및 그룹화 기능을 이용하여 사원별로 판매금액의 합계와 최대값을 구하는 방법을 알아본다.

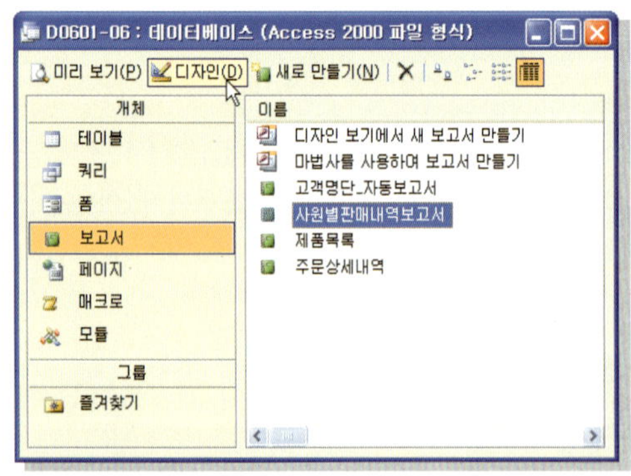

01 [보고서] 개체 중에서 '사원별판매내역보고서' 보고서를 선택한 후, ① 도구 모음의 [디자인] 아이콘 ✍디자인(D) 을 클릭하거나 ② 마우스 오른쪽 단추를 눌러 [디자인 보기] 메뉴를 선택하여 디자인 창으로 열어 놓는다.

〈시작 예제〉 C:\Database\Chapter06\D0601-06.mdb

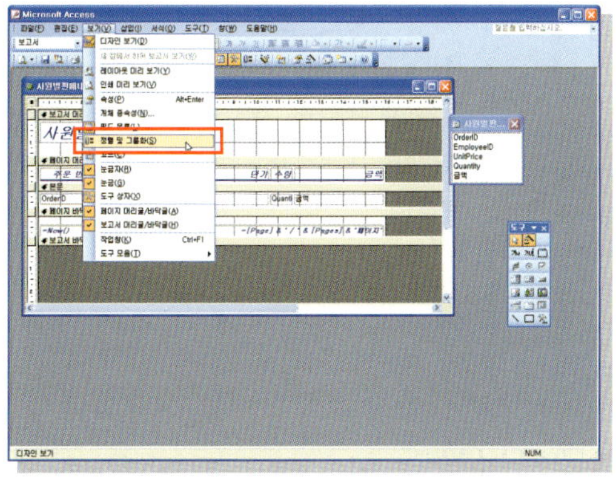

02 특정 필드로 정렬과 그룹을 설정하기 위해 ① [보기]-[정렬 및 그룹화] 메뉴를 선택하거나 ② 마우스 오른쪽 단추를 눌러 [정렬 및 그룹화] 메뉴를 선택한다. 또는 ③ 도구 모음에서 [정렬 및 그룹화] 아이콘 을 클릭한다.

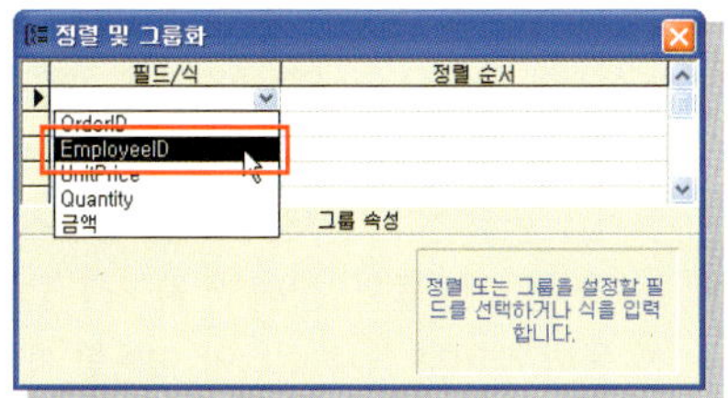

03 [정렬 및 그룹화] 대화 상자가 나타나면 [필드/식]의 화살표를 클릭하여 'EmployeeID'를 선택한다.

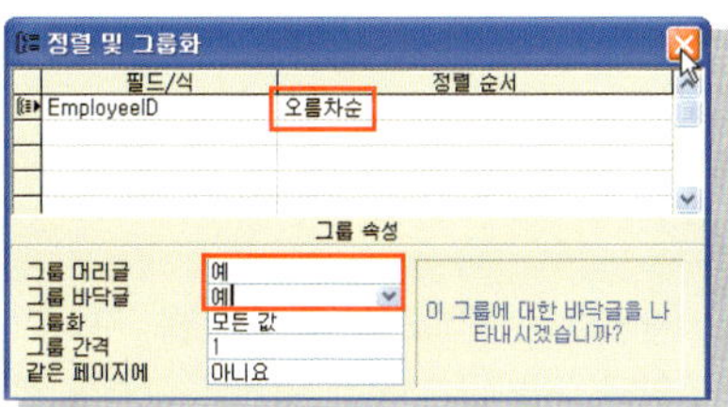

04 [정렬 순서]의 화살표를 클릭하여 '오름차순'으로 설정하고 [그룹 속성]의 [그룹 머리글] 화살표를 눌러 '예'로 변경한다. [그룹 바닥글] 화살표를 눌러 '예'로 변경하여 모두 설정한 다음 [닫기] 아이콘 을 클릭하여 창을 닫는다.

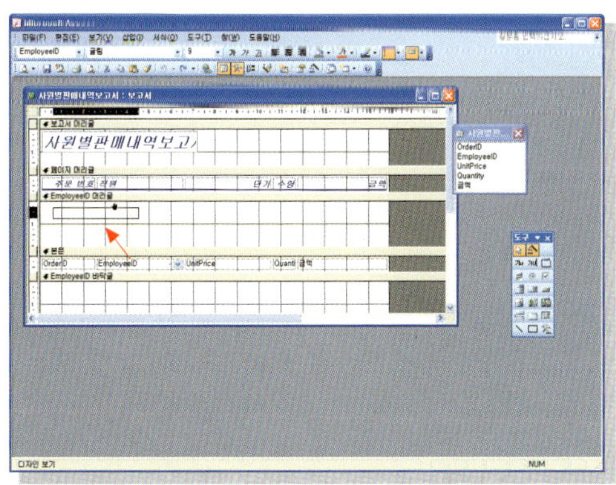

05 선택한 필드의 머리글과 바닥글 구역이 만들어진다.
본문 구역의 'EmployeeID' 필드의 텍스트 상자를 선택하여 [EmployeeID 머리글] 구역으로 드래그하여 이동한다. 사원별로 그룹을 설정해 주기 위함이다.

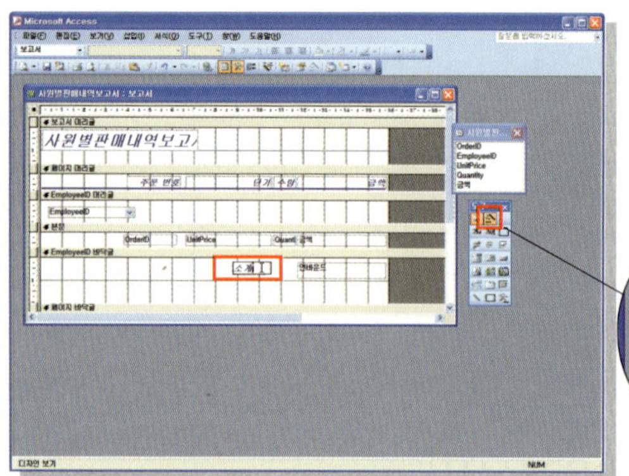

06 도구 상자의 [텍스트 상자] 아이콘 을 선택한 후, [EmployeeID 바닥글] 구역에 적당한 크기로 그려준다. 텍스트 상자의 캡션을 클릭하여 '소계'라고 입력한다.

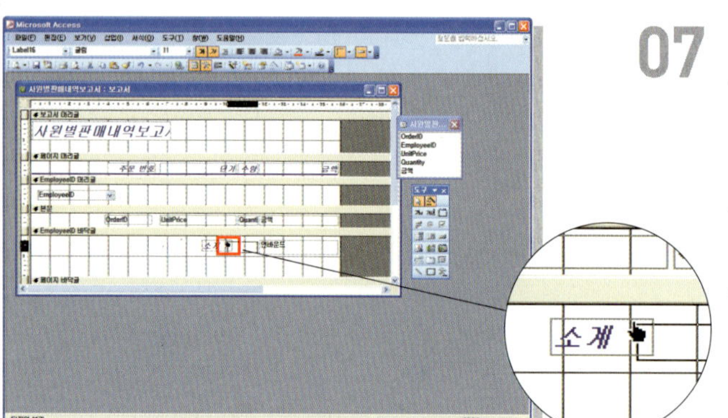

07 '소계' 캡션을 선택한 후, 왼쪽 상단의 조절점에 마우스를 위치한 다음 모양이 변경되면 왼쪽으로 드래그하여 위치를 변경한다. 현재 나타난 마우스 포인터는 컨트롤과 함께 만들어진 캡션 등의 레이블 상자 하나만 이동할 때 사용한다.

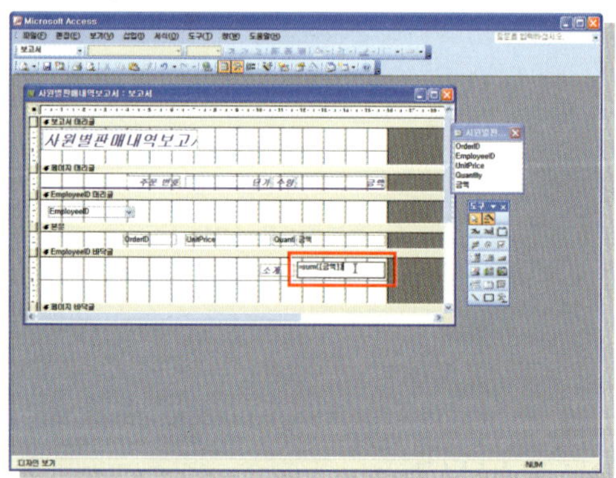

08 사원별로 판매금액의 합계를 구하기 위해 '언바운드'라는 텍스트 상자를 선택하여 '=sum([금액])'이라고 입력한다.

 **함수**

함수는 계산하여 결과 값을 알려 주는 것으로 =sum( ) 함수는 특정 필드의 값들의 합계를 알려준다. 함수를 이용하여 계산을 할 때 계산식이라는 것을 알려 주는 기호인 등호(=)를 입력하고 함수명을 입력한다. 그리고 괄호를 표시하고 괄호안에 계산할 필드 이름을 입력하는데, 필드 이름은 대괄호([ ]) 안에 입력해 주어야 한다. 가령, =sum([판매금액])와 같이 작성하면 된다.

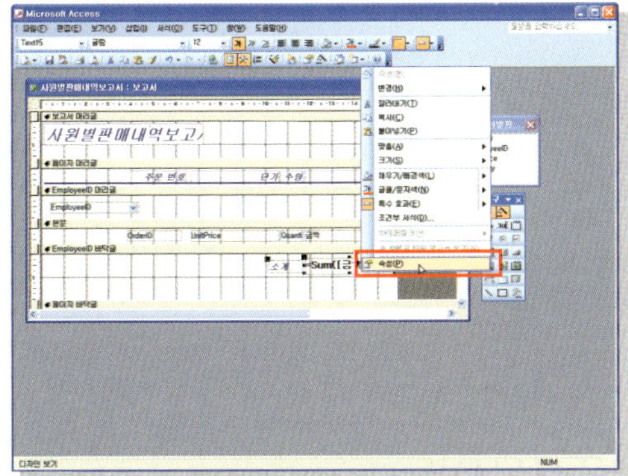

09 금액의 합계를 구한 텍스트 상자의 서식을 변경하기 위해 도구 모음의 [굵게] 아이콘 을 클릭하고 [글꼴 크기]의 화살표를 눌러 '12'로 변경한다.
텍스트 상자를 선택한 상태에서 ① [보기]–[속성] 메뉴를 선택하거나 ② 마우스 오른쪽 단추를 눌러 [속성] 메뉴를 선택한다. 또는 ③ 도구 모음의 [속성] 아이콘 을 클릭한다. ④ 단축키는 〈Alt+Enter〉를 눌러준다.

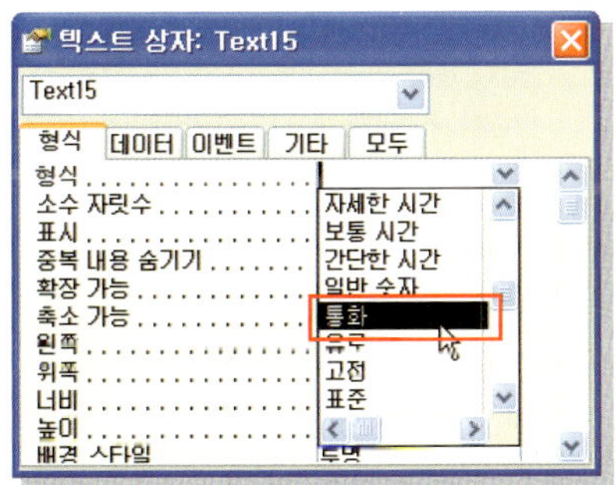

10 선택한 텍스트 상자의 속성을 변경할 수 있는 창이 나타나면 [형식] 탭을 눌러 [형식]의 화살표를 눌러 '통화'를 선택한 후, [닫기] 아이콘 을 클릭하여 창을 닫는다.

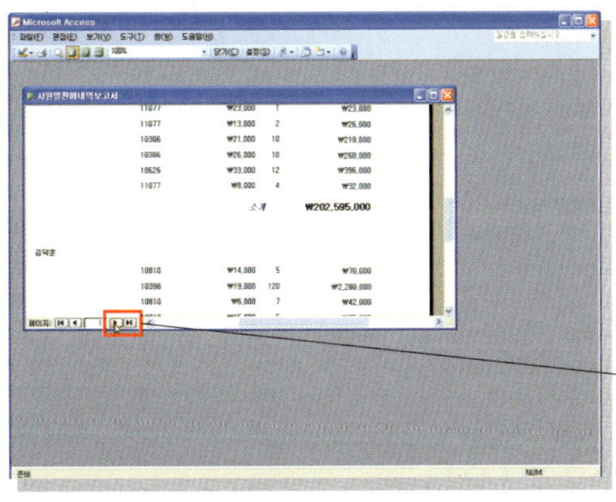

11 완성된 결과를 확인하기 위해 [보기] 아이콘 을 클릭하여 출력 결과를 미리 본 후, 페이지 이동 도구의 를 클릭하여 페이지를 이동한 후, 직원별 금액의 합계를 구한 것을 확인한다.

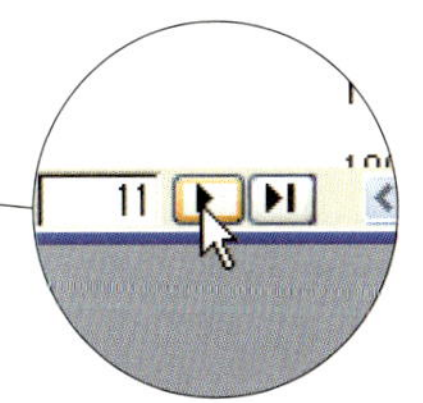

 # 다른 파일 형식으로 데이터 내보내기

데이터를 만든 프로그램에서만 사용하는 것이 아니라 다른 프로그램에서도 이용할 수 있다면 작업 시간과 노력을 단축할 수 있을 것이다. 따라서 액세스에서 만든 데이터를 다른 프로그램에서 사용할 수 있도록 만들 수 있는데, 일반적으로 프로그램의 제약없이 사용하려면 텍스트 파일 형식으로 내보내면 된다. 테이블, 쿼리, 보고서 등을 텍스트 파일 형식이나 엑셀에서 사용할 수 있도록 내보내는 방법을 알아본다.

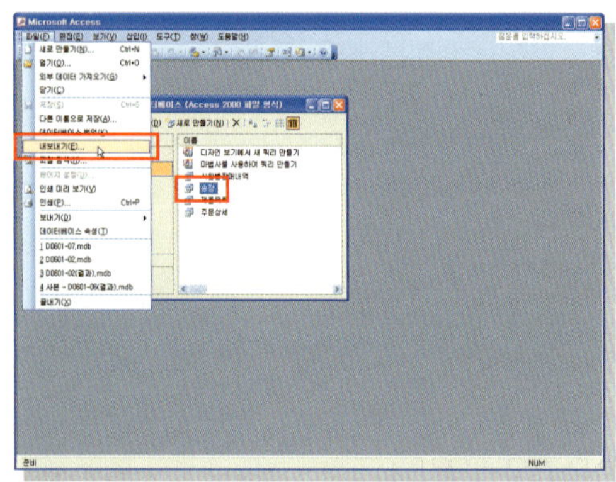

〈시작 예제〉 C:\Database\Chapter06\D0601-07.mdb

01 쿼리를 엑셀 파일로 내보내기
'쿼리' 개체 중에서 스프레드시트 형식으로 내보내기 위해 '송장' 쿼리를 선택한 후, ① [파일]-[내보내기] 메뉴를 선택하거나 ② 마우스 오른쪽 단추를 눌러 [내보내기] 메뉴를 선택한다.

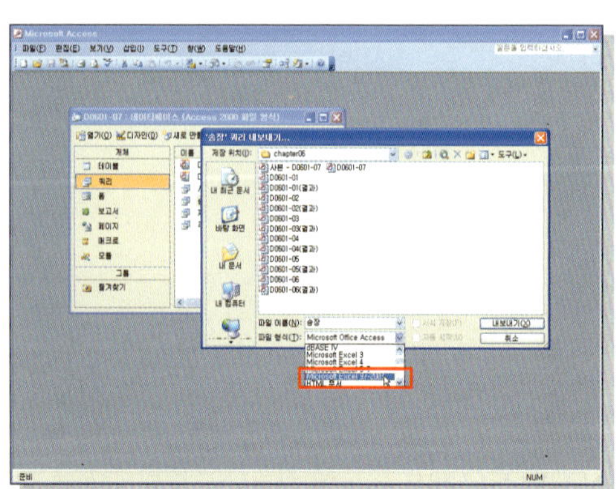

02 [내보내기] 대화 상자가 나타나면 [파일 형식]의 화살표를 클릭하여 'Microsoft Excel 97-2003'을 선택하고 [내보내기] 단추를 클릭한다. 내보내기 과정이 끝난다.
물론 액세스에서는 결과를 확인할 수 없기 때문에 나중에 스프레드시트 프로그램을 이용하여 내보낸 결과 파일을 열어 확인해 본다.

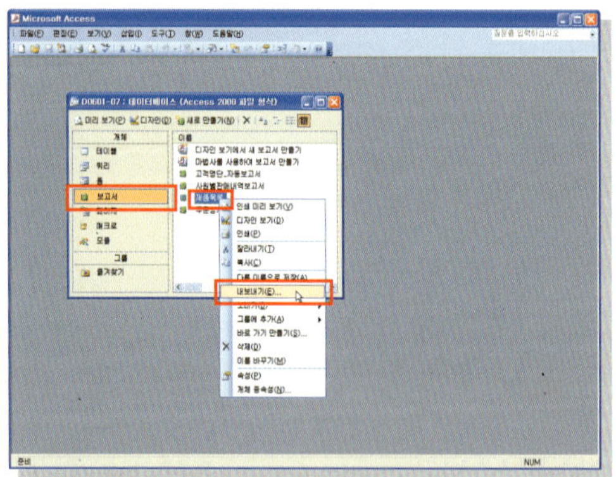

03 보고서를 텍스트 파일로 내보내기
[보고서] 개체 중에서 텍스트 파일로 내보내기 위해 '제품목록' 보고서를 선택하고 마우스 오른쪽 단추를 눌러 [내보내기] 메뉴를 선택한다.

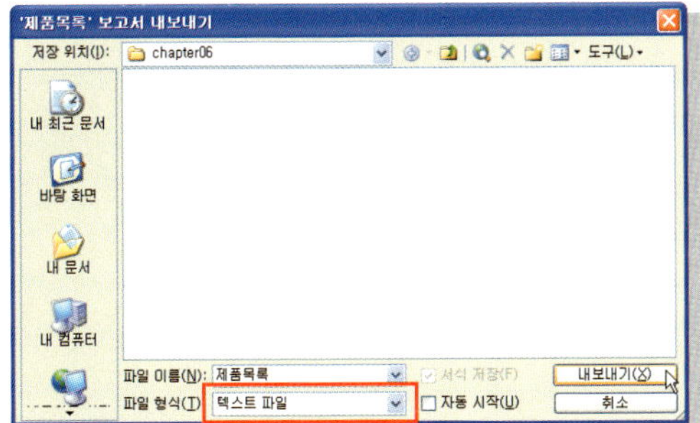

04 [내보내기] 대화 상자에서 [파일 형식]의 화살표를 눌러 '텍스트 파일'로 변경하고 [내보내기] 단추를 클릭한다.

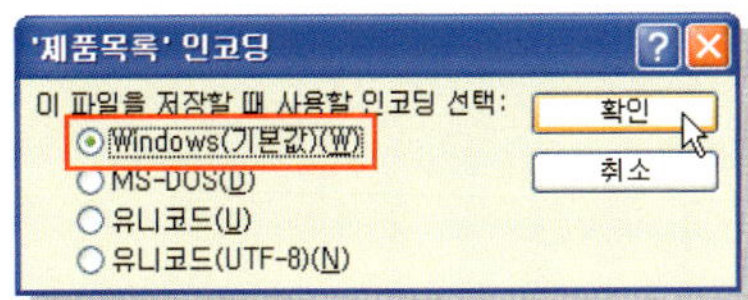

05 [인코딩] 대화 상자가 나타나면 'Windows(기본값)'을 선택하고 [확인] 단추를 클릭한다. 그러면 선택한 보고서가 텍스트 파일로 내보내어진다. 물론 결과는 액세스에서 확인할 수 없으며, 메모장 등의 프로그램을 실행해서 결과를 확인해 본다.

tip 테이블이나 쿼리를 내보내기

테이블이나 쿼리를 선택하여 '내보내기'를 하면 테이블이나 쿼리에서와 같이 정리된 모양으로 나타나는 것이 아니라 연속된 문자열로 나타난다. 그래서 필드의 값을 구분하여 정리된 형태로 텍스트 파일로 내보내기를 해주어야 이 텍스트 파일을 엑셀 등의 외부 프로그램에서 쉽게 사용할 수 있다. 테이블이나 쿼리를 선택하여 '내보내기'를 하면 '텍스트 내보내기 마법사'가 나타난다.

1. 내보낼 테이블이나 쿼리 중에서 '제품목록' 쿼리를 선택한 후, 마우스 오른쪽 단추를 눌러 [내보내기] 메뉴를 신택하면 미법시기 니다난다. 첫 번째 단계에서 연속 된 문자열이 아니라 정리된 형태로 만들어 주기 위해 [구분]을 선택하고 [다음] 단추를 클릭한다.

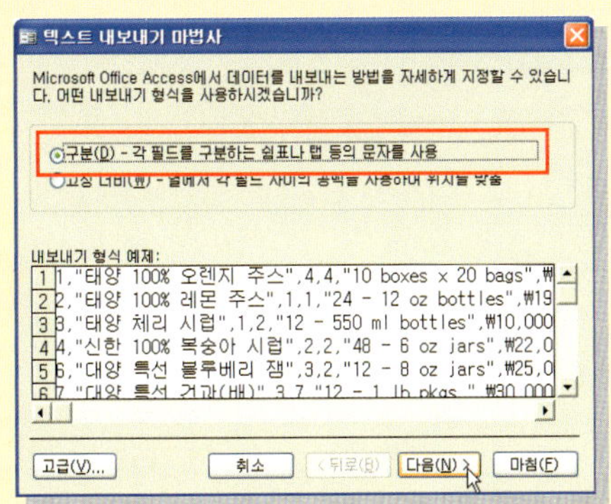

2. 두 번째 단계에서 구분 기호를 [탭]으로 변경하고 [첫 행에 필드 이름이 있음]을 선택하여 필드 명을 포함해 주고 [다음] 단추를 클릭한다. 구분 기호는 사용자가 알아서 선택해 주면 된다.

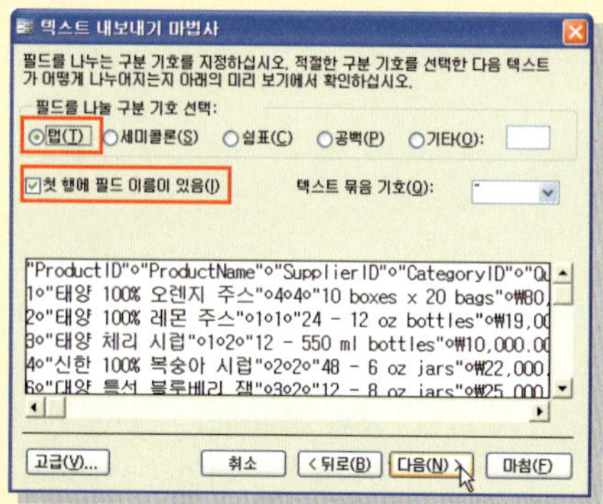

3. 마지막 단계에서 다시 한번 내보낼 파일의 경로와 파일 이름을 확인한 다음 [마침] 단추를 클릭한다.

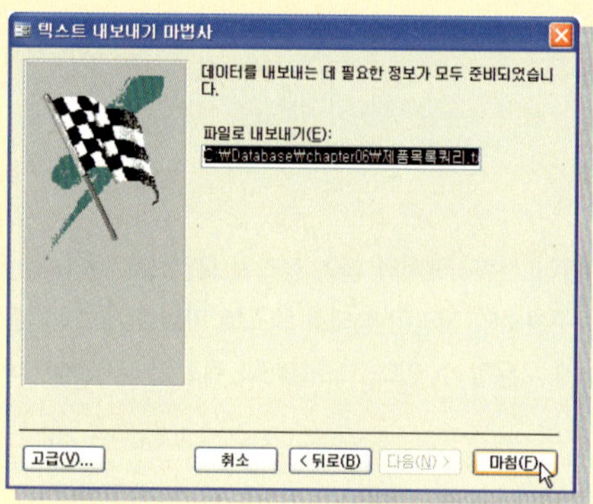

4. 다음과 같은 창이 나타나면 [확인] 단추를 클릭한다.

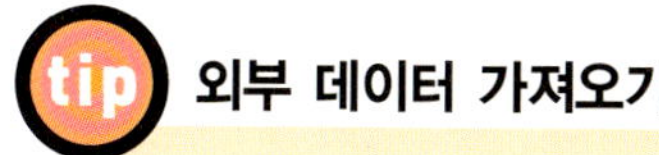 **외부 데이터 가져오기**

액세스에서 만든 테이블, 쿼리, 보고서 등을 외부 프로그램에서 사용할 수 있도록 내보낼 수 있다. 반대로 외부에서 만든 데이터를 액세스로 가져올 수도 있다. 외부 데이터를 가져 올 때는 [파일]–[외부 데이터 가져오기]–[가져오기] 메뉴를 선택하거나 개체를 선택한 후, 마우스 오른쪽 단추를 눌러 [가져오기] 메뉴를 선택한다.

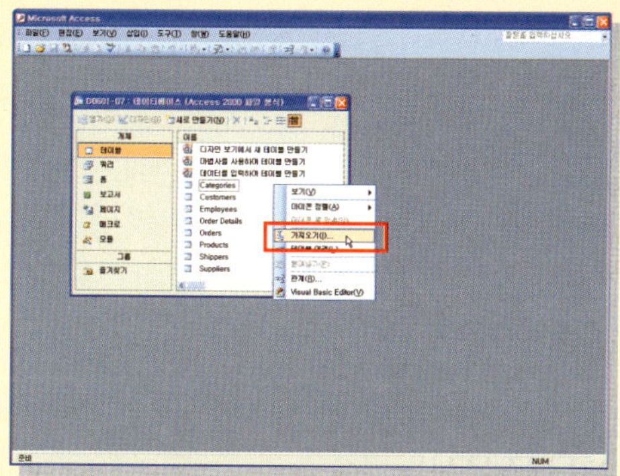

대화 상자가 나타나면 가져올 데이터의 파일 형식을 지정한 후, 가져올 파일을 선택한다. 엑셀로 파일 형식을 변경하면 [스프레드시트 가져오기 마법사]가 실행되는데, 단계별로 지시사항에 따라하면 액세스로 데이터를 가져올 수 있다.

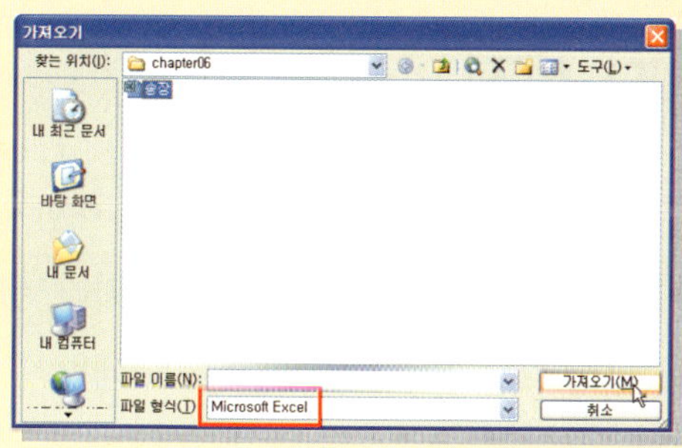

작성한 보고서를 화면에서만 미리 보기를 통해 확인하는 것이 아니라 프린터를 이용해서 종이에 인쇄를 해야 한다. 보고서를 인쇄하기 전에 인쇄할 용지에 대한 설정이나 인쇄 옵션을 설정할 수 있다. 출력될 용지의 방향을 변경하거나 전체 보고서나 사용자가 지정한 보고서만 인쇄할 수 있다. 보고서만 인쇄하는 것이 아니라 테이블이나 쿼리 개체도 인쇄할 수 있다. 테이블, 쿼리, 보고서를 인쇄하는 방법을 알아본다.

학습 목표

- 용지의 방향을 변경하여 테이블이나 쿼리, 보고서를 인쇄할 수 있다.
- 선택한 레코드나 전체 테이블을 인쇄할 수 있다.
- 쿼리의 결과를 인쇄할 수 있다.
- 폼에서 선택한 레코드나 전체 레코드를 인쇄할 수 있다.
- 보고서에서 특정 페이지나 전체 페이지를 인쇄할 수 있다.

01 인쇄 미리 보기 및 페이지 설정

테이블이나 쿼리, 폼, 보고서 등을 작성한 후 인쇄하기 전에 인쇄할 페이지에 대한 옵션을 설정해 주면 사용자가 원하는 대로 인쇄할 수 있다. 일반적으로 테이블이나 쿼리, 폼 자체를 인쇄하기 보다는 보고서를 만들어 인쇄하지만, 필요한 경우 각 개체를 인쇄할 수 있다. 각 개체를 인쇄하기 전에 페이지 설정하는 방법을 알아본다.

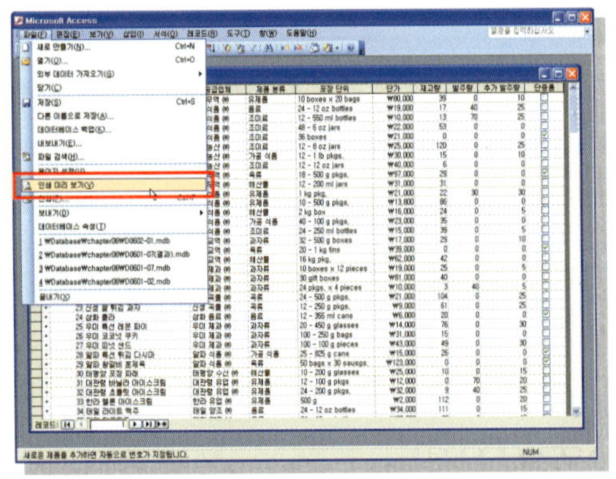

〈시작 예제〉 C:\Database\Chapter06\D0602–01.mdb

01 [테이블] 개체에서 '제품' 테이블을 더블 클릭하여 데이터시트 보기로 열어 놓은 후, 인쇄 결과를 확인하기 위해 ① [파일]–[인쇄 미리 보기] 메뉴를 선택하거나 ② 도구 모음의 [인쇄 미리 보기] 아이콘 을 클릭한다.

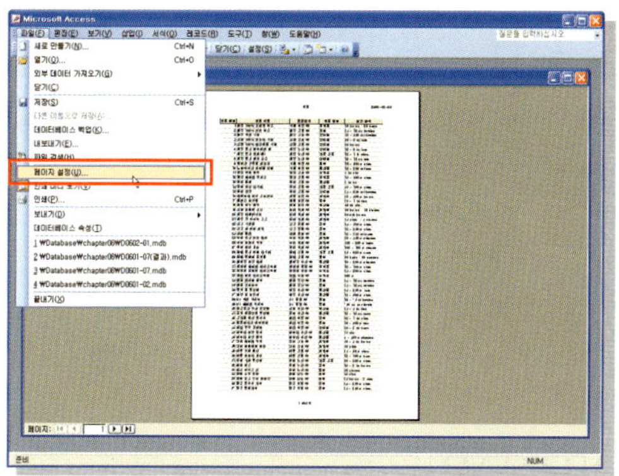

02 인쇄 미리 보기에서 모든 필드가 한 페이지로 출력되지 않으므로, 페이지의 크기와 방향을 변경하기 위해 ① [파일]-[페이지 설정] 메뉴를 선택하거나 ② 도구 모음에서 [설정] 아이콘 설정(S) 을 클릭한다.

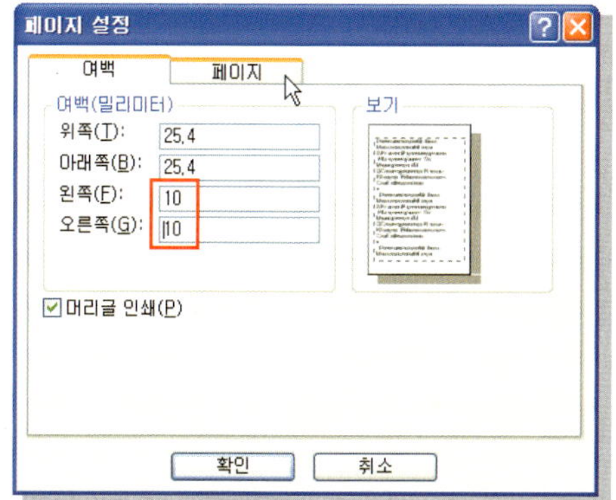

03 페이지의 여백을 설정하기 위해 [페이지 설정] 대화 상자가 나타나면 [여백] 탭을 눌러 [왼쪽]에 '10'이라고 입력하고 [오른쪽]에 '10'이라고 입력한 후, 페이지의 크기와 방향을 변경하기 위해 [페이지] 탭을 클릭한다.

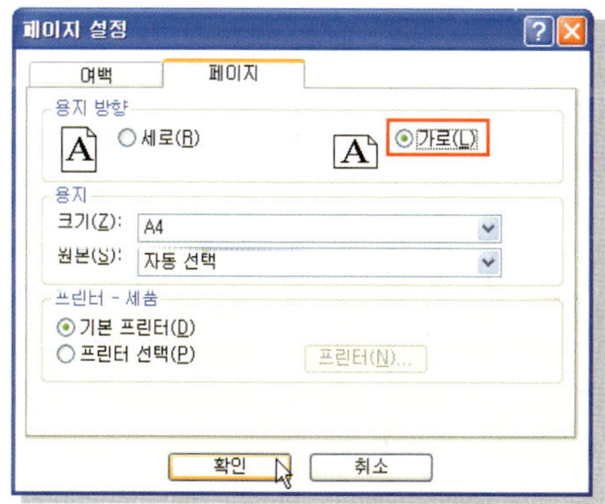

04 용지 크기는 'A4'가 선택된 상태인데, 기본 값을 그대로 둔 채 [용지 방향]에서 '가로'를 선택하고 [확인] 단추를 클릭한다.

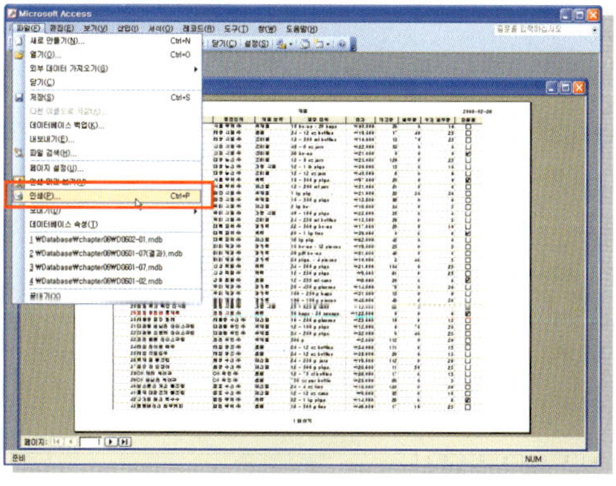

05 페이지의 여백과 방향이 변경된 상태로 나타난다. ① 현재 테이블을 인쇄하려면 [파일]-[인쇄] 메뉴를 선택하거나 ② 도구 모음의 [인쇄] 아이콘 을 클릭한다. 또는 ③ 〈Ctrl+P〉를 눌러준다.

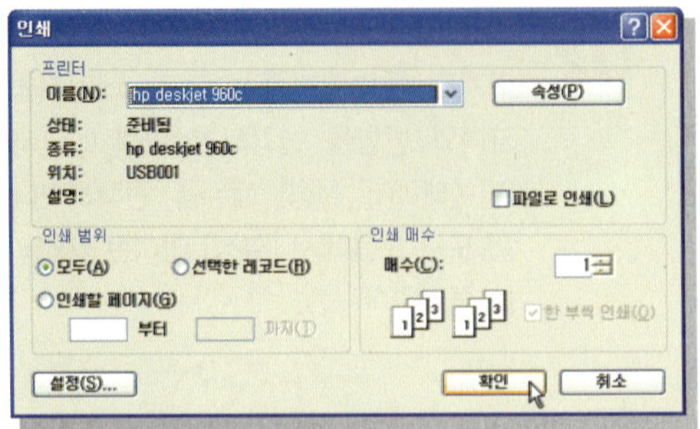

06 [인쇄] 대화 상자가 나타나면 프린터의 종류, 인쇄 범위를 [모두], [인쇄 매수]를 '1'로 설정하고 [확인] 단추를 클릭한다. 쿼리도 이와 같은 방법으로 인쇄를 한다.

02 조건에 맞는 레코드만 인쇄

테이블이나 쿼리, 폼의 전체 레코드를 인쇄할 수 있으며, 조건을 지정하여 조건에 맞는 레코드만 인쇄할 수 있다. 테이블, 쿼리, 폼에서는 사용자가 조건을 지정하여 조건에 맞는 레코드만 표시하는 '필터'라는 기능이 있다. 이 기능을 이용하여 조건에 맞는 레코드만 표시한 다음 인쇄한다. 조건에 맞는 레코드만 인쇄하는 방법을 알아본다.

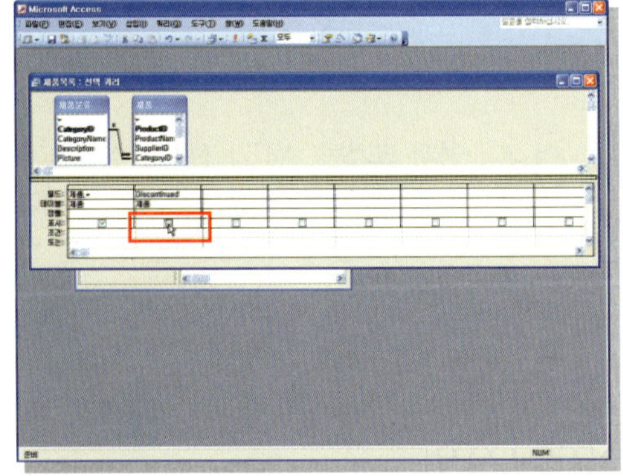

〈시작 예제〉 C:\Database\Chapter06\D0602-02.mdb

01 [쿼리] 개체에서 '제품목록' 쿼리를 선택하여 [디자인] 아이콘 디자인(D) 을 클릭하여 디자인 보기로 열어 놓고 필드 중에서 'Discontinued'라는 필드의 [표시] 행을 클릭하여 선택 취소한다. 쿼리 중에서 인쇄를 하지 않을 필드가 있다면 표시를 해제한다. [저장] 아이콘 을 클릭하여 저장하고 [보기] 아이콘 을 클릭하여 데이터시트 창으로 변경한다.

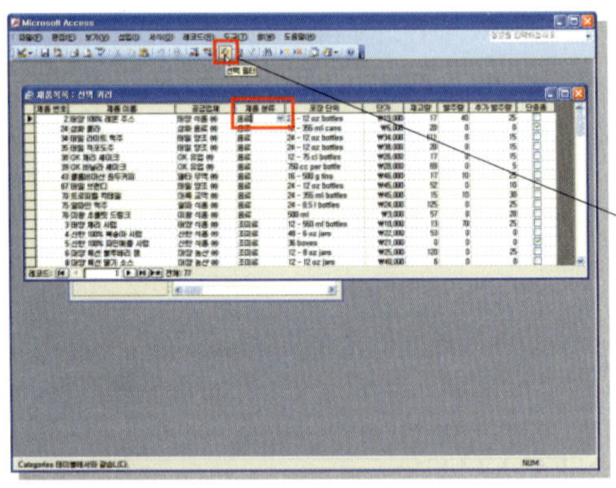

02 데이터시트 창으로 변경된 상태에서 '제품 분류' 필드의 '음료'로 커서를 이동한 후, 도구 모음에서 [선택 필터] 아이콘 을 클릭하여 필터한다.

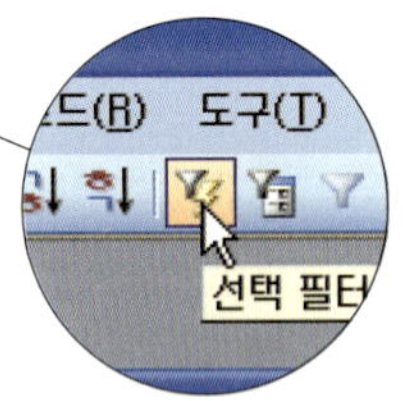

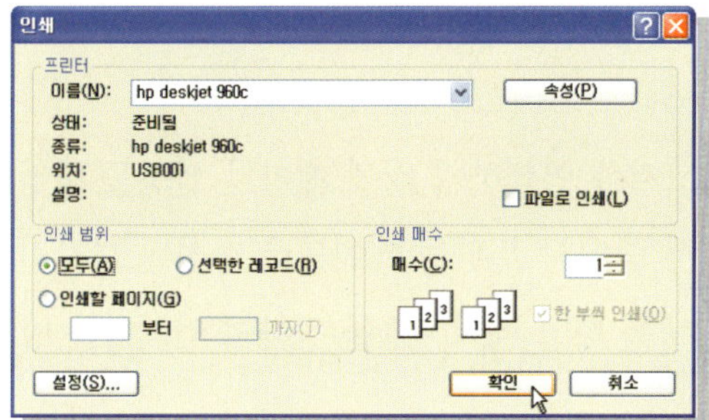

03 조건에 맞는 데이터만 골라 낸 다음 인
쇄하기 위해 [파일]–[인쇄] 메뉴를 선택
하여 나타난 대화 상자에서 옵션을 설
정하고 [확인] 단추를 클릭한다.

 **선택한 레코드만 인쇄**

데이터시트 창에서 인쇄할 레코드만 선택한 후, [파일]–[인쇄] 메뉴를 선택하여 [인쇄] 대화 상자에서 [인쇄 범위]
를 '선택한 레코드'로 선택하고 [확인] 단추를 클릭한다.

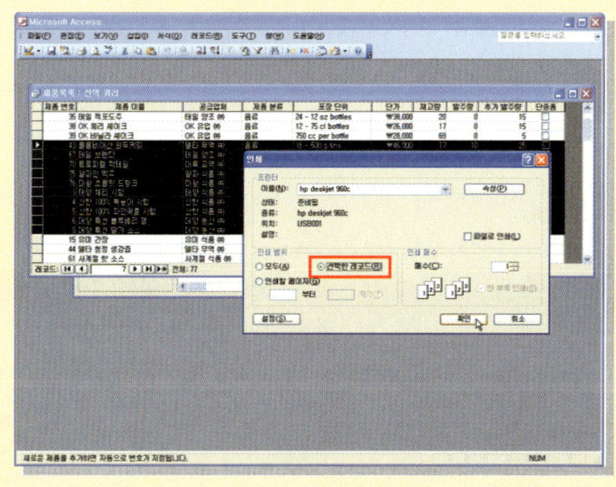

 보고서 인쇄

인쇄의 목적으로 작성된 개체가 보고서인데, 보고서를 인쇄하기 전에 페이지 설정을 변경하고 보고서를 인쇄하는 방법을 알아본다. 보고서 중에서 우편물 레이블로 작성된 보고서를 이용하여 한 페이지에 여러 개의 열로 인쇄하도록 하고 페이지수를 정하여 인쇄하는 방법을 알아본다.

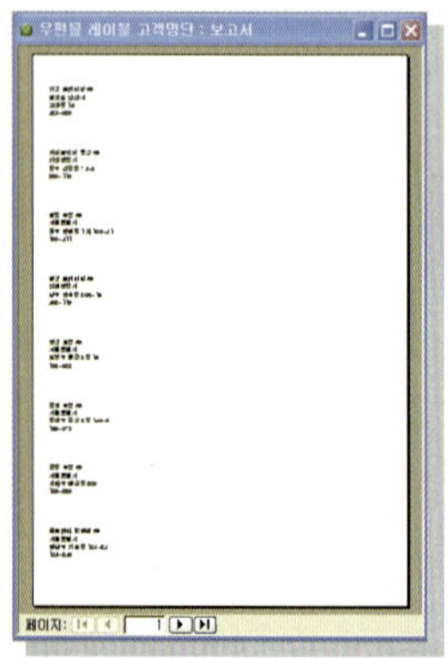

〈시작 예제〉 C:\Database\Chapter06\D0602-03.mdb

01 [보고서] 개체에서 '우편물 레이블 고객 명단' 보고서를 선택하여 [인쇄 미리 보기] 아이콘  을 클릭한다.

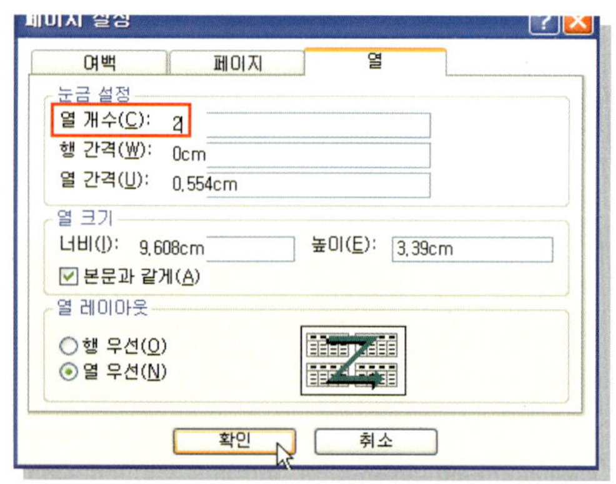

02 도구 모음에서 [설정] 아이콘 설정(S) 을 클릭하여 [페이지 설정] 대화 상자를 표시한 다음 [열] 탭을 눌러 '열 개수'를 '2'라고 입력하고 [확인] 단추를 클릭한다.

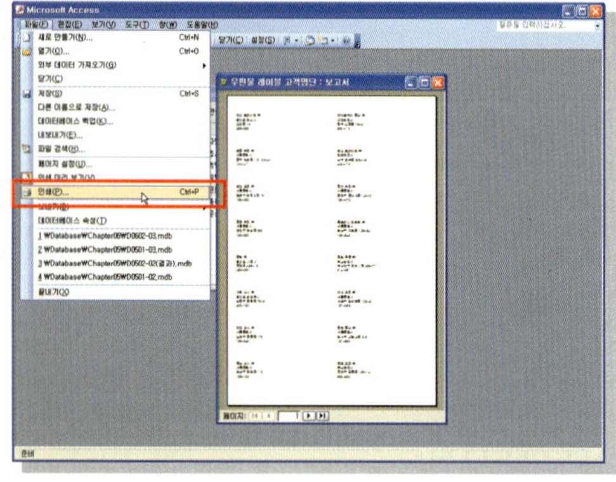

03 2개의 열로 한 페이지에 인쇄되도록 설정하고 [파일]-[인쇄] 메뉴를 선택한다.

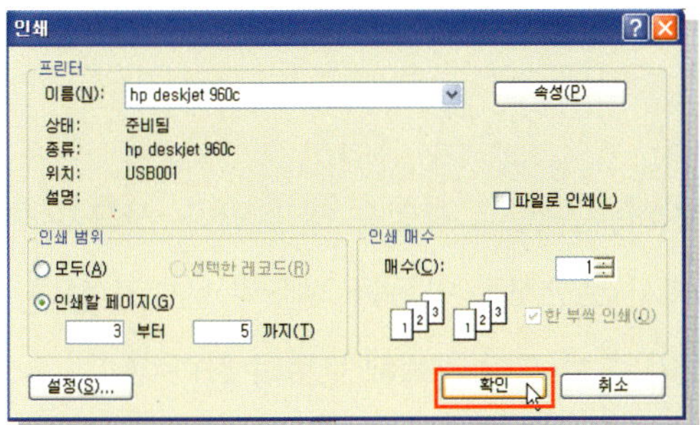

04 3페이지부터 5페이지까지 특정 페이지만 설정하여 인쇄하려면 [인쇄 범위]에서 [인쇄할 페이지]에 '3', '5' 페이지를 입력하고 [확인] 단추를 클릭한다.

 **도구 모음의 [인쇄] 아이콘**

인쇄 미리 보기 창의 도구 모음에서 제공하는 [인쇄] 아이콘 을 클릭하면 인쇄에 관련된 옵션을 지정하는 단계 없이 즉시 인쇄된다. 빠르게 인쇄하려면 도구 모음의 [인쇄] 아이콘을 눌러 인쇄하고 프린터나 인쇄 범위, 인쇄 매수 등을 설정하려면 [파일]–[인쇄] 메뉴를 이용한다.

입력한 데이터를 조건에 맞추어 여러 형태의 데이터를 만드는 작업을 해 보았다. 상급자에게 보고서를 작성해서 제출해야 되는데, 액세스에서 보고서를 만들어 제출해 보도록 한다. 작성된 보고서를 그대로 인쇄하는 것이 아니라 보기 좋게 꾸며 인쇄해 보도록 한다.

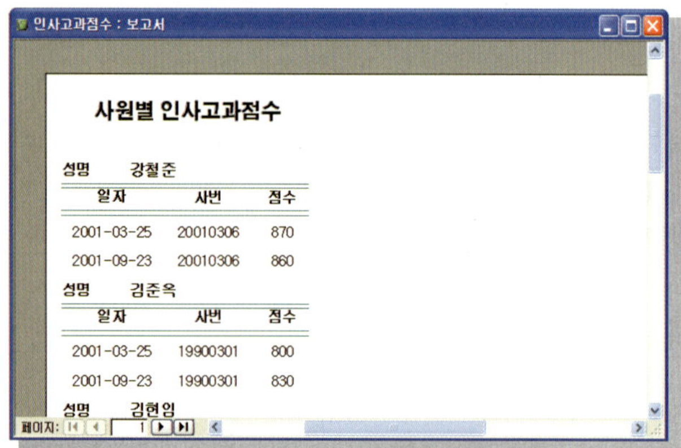

〈시작 예제〉 C:\Database\Chapter06\D06-01-ST.mdb

Task1

'인사고과점수' 보고서를 이용하여 페이지 머리글에 보고서의 제목을 '사원별 인사고과점수'라고 입력한다.

1. '보고서' 개체를 선택한 후, '인사고과점수' 보고서를 선택하여 [디자인] 아이콘 ⬛디자인(D) 을 클릭한다.
2. 도구 상자의 [레이블] 아이콘 개네 을 클릭하여 페이지 머리글 구역에 적당한 크기로 그려준다.
3. 삽입한 레이블에 '사원별 인사고과점수' 라고 입력한다.

Task2

보고서의 제목 서식을 글꼴은 'HY견고딕'으로, 글꼴 크기는 '16'으로 변경하고 입력한 내용에 맞추어 레이블의 크기도 변경한다.

1. 레이블을 선택하여 도구 모음에서 [글꼴]의 화살표를 눌러 'HY견고딕'으로 변경한다.
2. 도구 모음의 [글꼴 크기]의 화살표를 눌러 '16'으로 변경한다.
3. 레이블을 선택한 상태에서 마우스 오른쪽 단추를 눌러 [크기]-[자동] 메뉴를 선택한다.

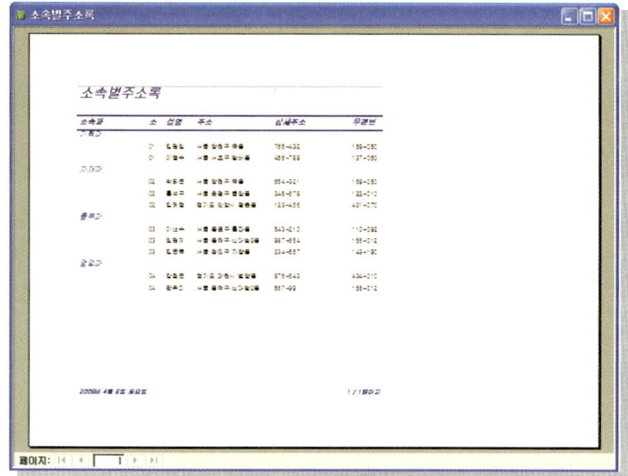

〈시작 예제〉 C:\Database\Chapter06\D06-02-ST.mdb

Task3

보고서 마법사를 이용하여 '사원관리', '소속코드' 테이블을 원본으로 소속별로 그룹 설정하여 '소속과, 소속, 성명, 주소, 상세주소, 우편번호' 필드를 이용하여 보고서를 작성한다.(모양은 '단계', 스타일은 '돋움형', 보고서 제목은 '소속별주소록')

1. [보고서] 개체를 선택한 후 [마법사를 사용하여 보고서 만들기]를 선택한다.
2. 원본 테이블을 '사원관리'를 선택하여 '소속' 필드를 선택하고 '소속코드' 테이블을 이용하여 '소속과'를 선택한다. 다시 '사원관리' 테이블을 선택하여 '성명, 주소, 상세주소, 우편번호' 필드를 선택한다. 보고서에 표시 할 필드를 선택한 후 [다음] 단추를 클릭한다.
3. 기준으로 지정할 테이블을 '사원관리' 테이블을 선택하고 [다음] 단추를 클릭한다.
4. 그룹으로 지정할 필드를 '소속과'로 선택하여 추가한 후 [다음] 단추를 클릭한다.
5. 정렬할 필드를 선택하는 단계에서는 필드를 선택하지 않고 [다음] 단추를 클릭한다.
6. 보고서의 모양은 '단계'를 선택하고 [다음] 단추를 클릭한다.
7. 보고서의 스타일은 '돋움형'으로 선택하고 [다음] 단추를 클릭한다.
8. 보고서의 제목을 '소속별주소록'이라고 입력하고 [마침] 단추를 클릭한다.

Task4

'소속별주소록' 보고서를 페이지 방향을 '가로'로 변경하여 2부씩 인쇄한다.

1. [파일]-[페이지 설정] 메뉴를 이용하여 [페이지] 탭을 눌러 용지 방향을 '가로'로 변경한다.
2. [파일]-[인쇄] 메뉴를 선택하여 [인쇄 매수]를 '2'라고 입력하고 [확인] 단추를 눌러 인쇄한다.

'급여관리' 테이블을 '급여관리' 텍스트 파일로 '내 문서' 폴더에 내보내기를 한다. 단, 구분 기호는 쉼표를 이용하고 첫 행에 필드 이름이 있다는 조건을 지정한다.

1. '테이블' 개체에서 '급여관리' 테이블을 선택한 후, 마우스 오른쪽 단추를 눌러 [내보내기] 메뉴를 선택한다.
2. 마법사 창이 나타나면 1단계에서 [파일 형식]을 '텍스트 파일'로 변경하고 파일 이름과 경로를 지정한 후 [내보내기] 단추를 클릭한다.
3. 2단계에서 [구분]을 선택하고 [다음] 단추를 클릭한다.
4. 3단계에서 구분 기호를 [쉼표]로 선택하고 [첫 행에 필드 이름이 있음]을 선택하고 [다음] 단추를 클릭한다.
5. 4단계에서 파일 이름과 경로 등을 확인하고 [마침] 단추를 클릭한다.

모 듈 5
모의고사

Module_5 데이터베이스

Quiz01. 학교에서 학생의 정보와 개인 성적을 관리하기 위해 사용하는 것은 무엇입니까?
① 운영체제　　　　　　　② 인터넷
③ 데이터베이스　　　　　④ 프레젠테이션

Quiz02. 데이터베이스를 만들기 위한 프로그램은 무엇입니까?
① MS 워드　　　　　　　② 인터넷 익스플로러
③ MS 엑셀　　　　　　　④ MS 액세스

Quiz03. 'C:\Database\모의고사\Work01.mdb' 데이터베이스 파일을 열기하시오.

Quiz04. 디자인 보기를 이용하여 새 테이블을 만들어 다음 필드를 추가하시오.

필드명	데이터 형식	필드 속성
상품번호	일련번호	
상품명	텍스트	크기 : 20
단가	통화	통화 형식

Quiz05. '상품번호' 필드를 기본 키로 변경하시오.

Quiz06. '상품목록' 테이블로 저장한 후, 데이터시트 보기로 변경하시오.

Quiz07. '상품목록' 테이블에 다음 데이터를 추가하시오.

상품번호	상품명	단가
1	PTP-TV	1,253,600
2	냉장고	893,000
3	LCD-TV	1,525,000

Quiz08. 현재 열려 있는 'Work01.mdb' 데이터베이스 파일을 닫으시오.

Quiz09. '자산관리' 서식 파일을 이용하여 모든 테이블을 포함하고 '빗살무늬', '돋움형'으로 보고서 스타일을 지정하고 '자산관리'라는 제목을 정하고 데이터베이스의 이름은 'Work02.mdb'로 저장하시오.

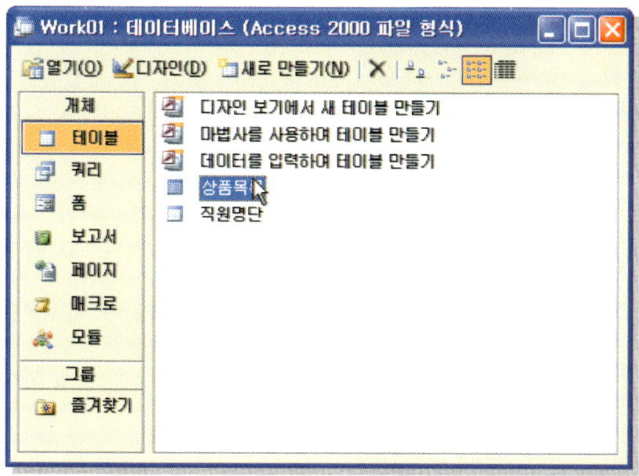

Quiz10. Work02.mdb 파일을 닫으시오.

Quiz11. 'C:\Database\모의고사\Work03.mdb' 데이터베이스 파일을 열기하시오.

Quiz12. '회원관리' 테이블의 '회원번호' 필드에 기본키를 설정하고, 테이블을 저장한 후 닫으시오.

Quiz13. '회원관리' 테이블의 '회원번호' 필드와 '회비관리' 테이블의 '회원번호' 필드를 연결하여 일대다 관계를 하면서 참조 무결성을 유지한 후, 설정한 관계를 저장하시오.

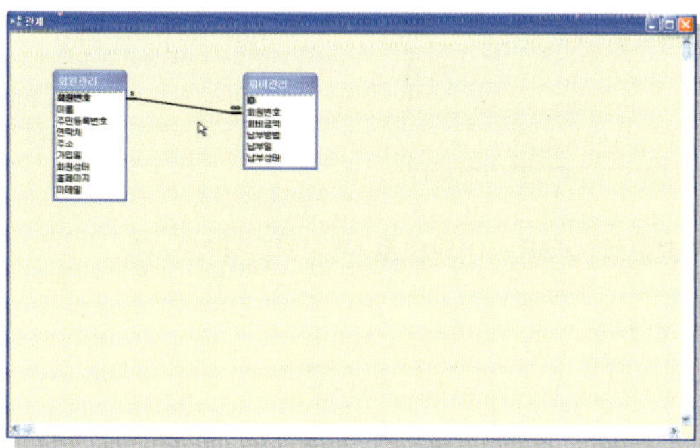

Quiz14. '회원관리', '회비관리' 테이블을 이용하여, 회원들이 납부 상태를 알 수 있도록 다음 그림처럼 쿼리를 작성하고 '회비납부현황' 이라는 이름으로 저장하시오.(마법사를 이용할 것)

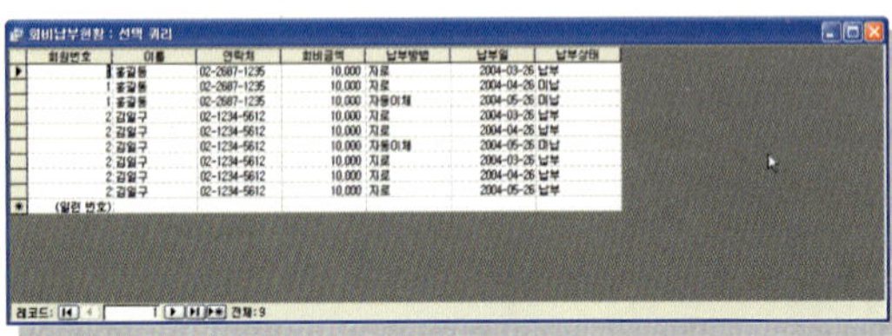

Quiz15. '회비납부현황' 쿼리를 이용하여 회비를 미납한 사람의 명단을 알 수 있는 '미납회원명단' 이라는 쿼리를 작성하시오.

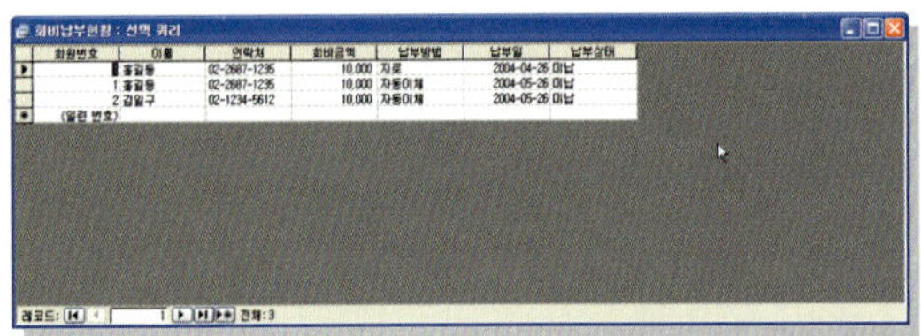

Quiz16. '회원명단' 테이블을 이용하여 컬럼 형식의 자동 폼을 작성하시오.

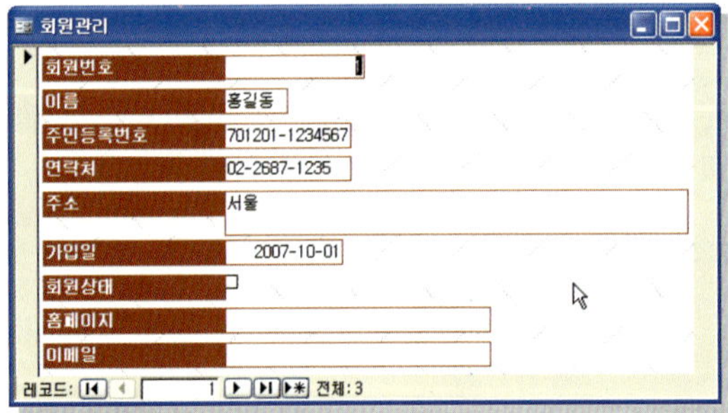

Quiz17. Quiz16에서 작성한 폼을 '회원정보폼' 이라는 이름으로 저장하고 닫으시오.

Quiz18. '회원정보폼'의 폼머리글 구역에 '회원정보 입력 및 조회'라는 제목을 입력하시오.

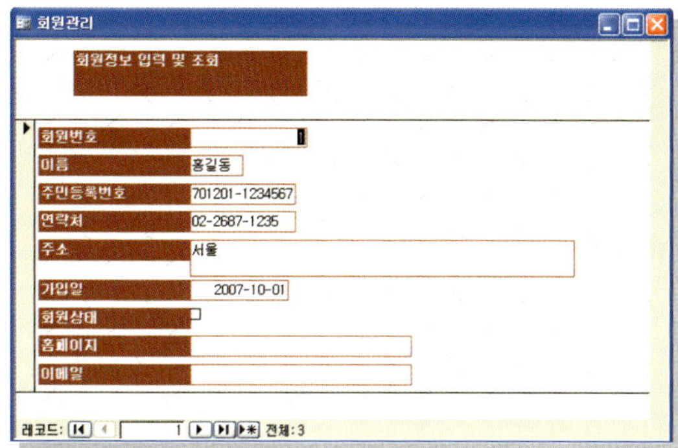

Quiz19. '회원정보 입력 및 조회' 폼의 제목 서식을 변경하시오.(글꼴크기 14, 특수효과:그림자)

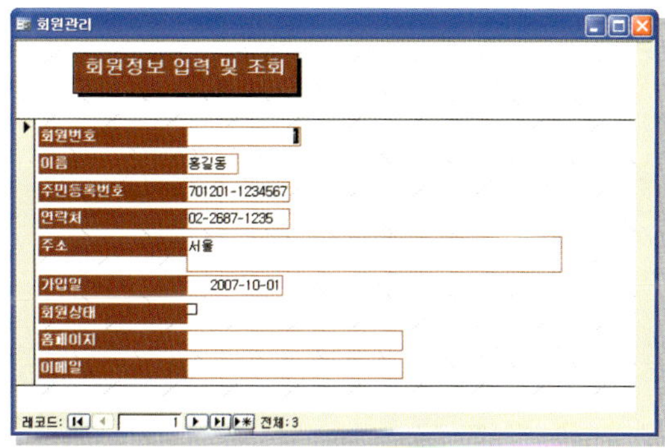

Quiz20. '회원정보폼'에 다음 데이터를 추가 입력하시오.

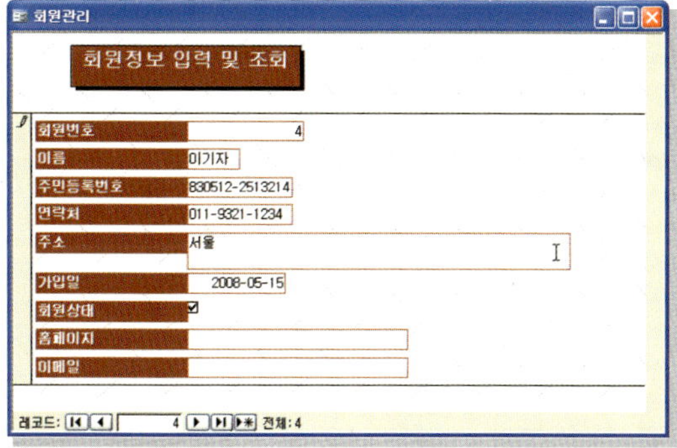

Quiz21. '경비내역.xls' 파일을 '경비관리' 테이블로 가져오시오.

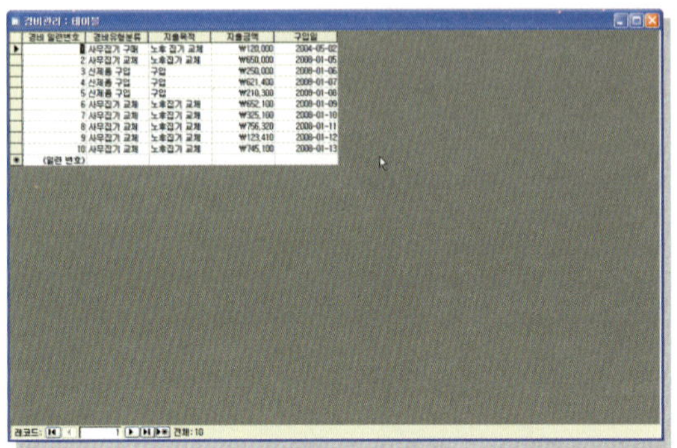

Quiz22. 보고서 마법사를 이용하여 '경비관리' 테이블을 가지고 '경비유형분류' 필드를 그룹으로 지정하고 '일련번호' 필드를 오름차순으로 정렬하여 '경비관리' 보고서를 작성하시오.(단계 모양, 가로 방향, 돋움형 보고서 스타일)

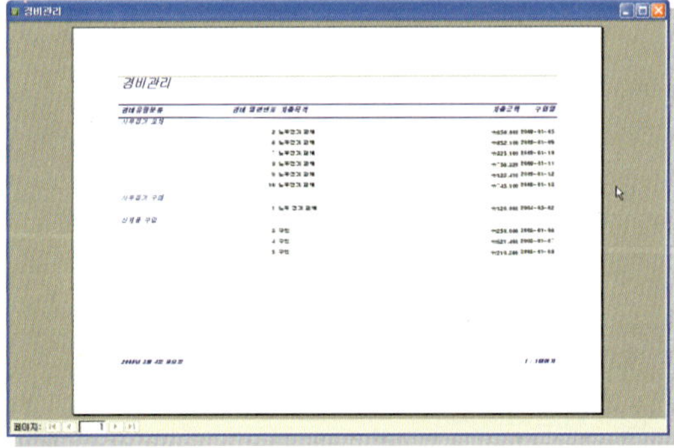

Quiz23. '지출금액' 필드가 다른 필드와 겹쳐 잘린 부분이 있으므로 '지출금액' 필드의 크기를 변경하시오.

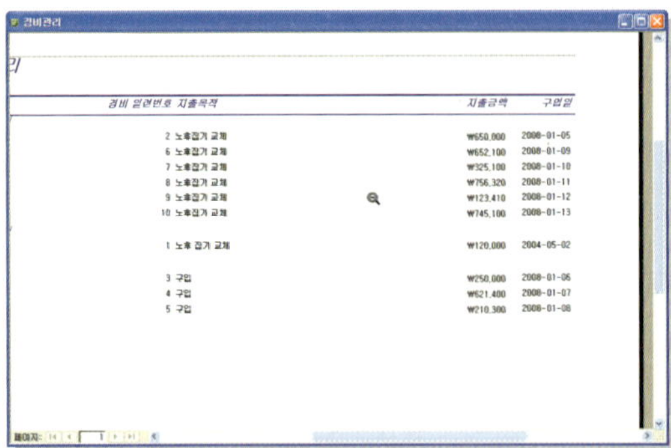

Quiz01. 'C:\Database\모의고사\Work04.mdb' 데이터베이스 파일을 열기하시오.

Quiz02. '월별매출액' 테이블의 '매출월' 필드를 '매출액' 필드의 앞으로 순서를 변경하시오.

Quiz03. '월별매출액' 테이블의 '매출년도' 필드를 기본 키로 설정하시오.

Quiz04. '월별매출액' 테이블에 다음 데이터를 입력하시오.

Quiz05. '도서코드' 테이블의 '물품코드' 필드와 '도서판매내역' 테이블의 '물품코드' 필드를 일대
다 관계로 설정한 후, 참조무결성을 유지하고 관계를 저장하시오.

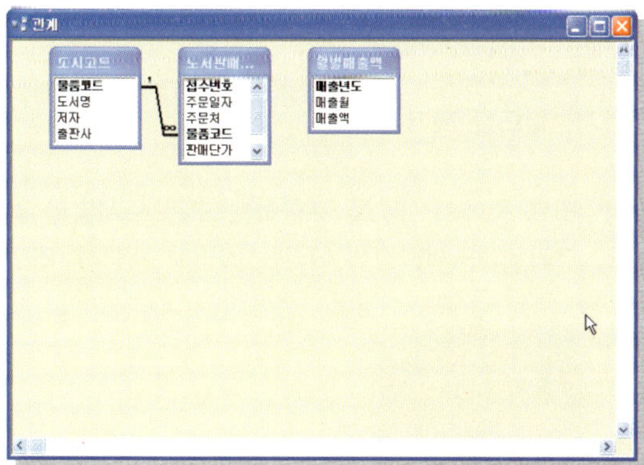

Quiz06. '도서판매내역' 테이블에서 'T서적' 주문처인 레코드만 검색하시오.

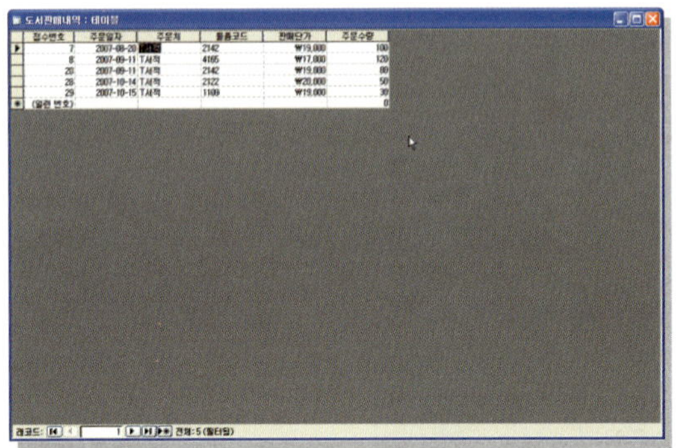

Quiz07. 검색된 결과를 취소하여 원래 데이터를 다시 표시하시오.

Quiz08. '판매내역총괄' 쿼리에서 '판매금액'을 구하는 필드를 추가하시오.(판매단가 * 주문수량)

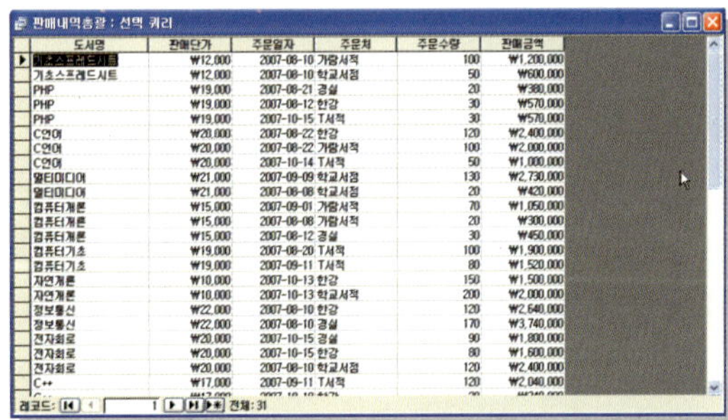

Quiz09. '판매내역총괄' 쿼리에서 '주문일자' 필드를 제거하시오.

Quiz10. '판매내역총괄' 쿼리에서 '도서명' 필드 중에서 '컴'을 포함하는 모든 도서명을 검색하는 조건을 설정하고 쿼리를 실행하시오. 그리고 '도서별검색'이라는 쿼리로 저장하시오.

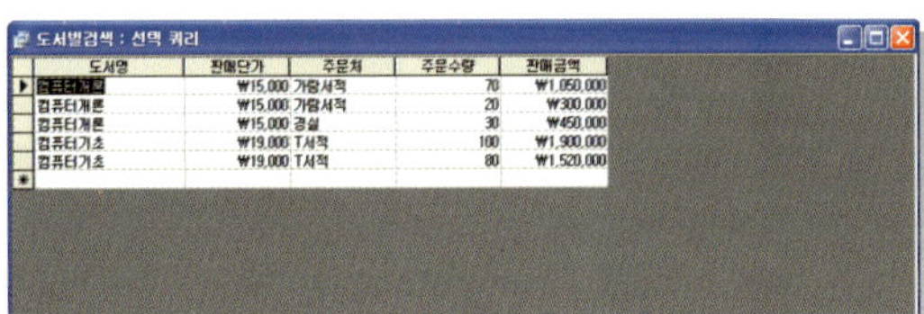

Quiz11. '도서코드' 테이블의 '도서명' 필드를 '도서판매내역' 테이블에서 '판매단가', '주문수량' 필드
를 이용하여 판매단가와 주문수량의 합계를 구하는 요약쿼리를 작성하시오.

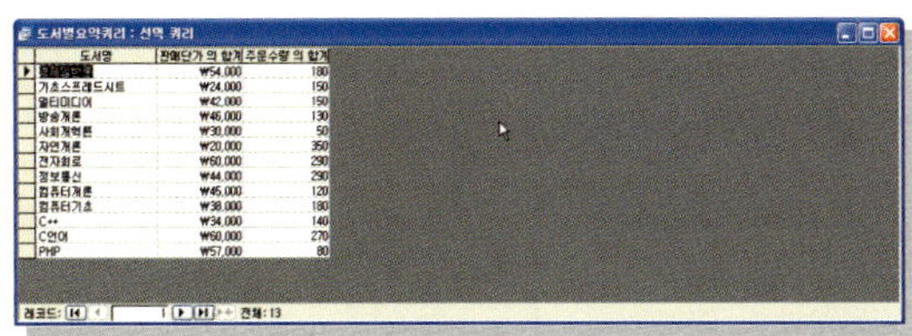

Quiz12. Quiz11에서 작성한 쿼리를 '도서별요약쿼리'라는 이름으로 저장하시오.

Quiz13. '도서별요약쿼리'를 이용하여 '도서명' 필드를 내림차순으로 정렬하시오.

Quiz14. '도서판매내역' 테이블을 이용하여 테이블 형식의 자동 폼을 만드시오.

Quiz15. '도서 판매내역' 폼에 다음 데이터를 추가하시오.

접수번호	주문일자	주문처	물품코드	판매단가	주문수량
47	2007-12-01	학교서점	5147	18,000	50

Quiz16. '접수번호' 필드의 '27' 번을 삭제하시오.

Quiz17. 폼을 다음 그림처럼 컨트롤의 크기와 위치를 임의로 변경한 후, '도서판매내역 입력폼'이라고 저장하시오.

Quiz18. '도서별요약쿼리'를 텍스트 형식(도서별요약쿼리.txt)으로 'C:\Database\모의고사\' 폴더로 내보내기 하시오. 단, 첫 행에 열 머리글 있음으로 설정하고 구분기호는 쉼표(,)로 지정할 것.

Quiz19. '판매내역총괄' 쿼리를 이용해서 도서명별로 그룹을 지정하여 다음 그림과 같은 보고서를 작성하시오. 단, 모양은 단계, 용지방향은 가로, 스타일은 돋움형으로 지정할 것.

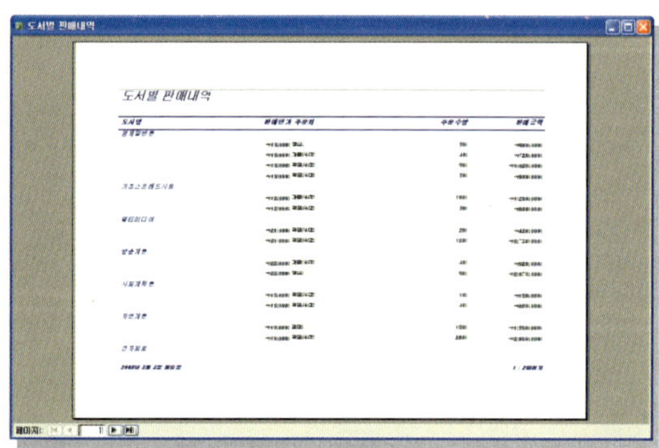

Quiz20. 그룹별로 지정한 필드를 기준으로 바닥글을 표시하여 판매금액의 합계를 구하시오. 글꼴의 크기는 12, 굵게 표시하시오. 그리고 보고서를 한 부만 인쇄하시오.

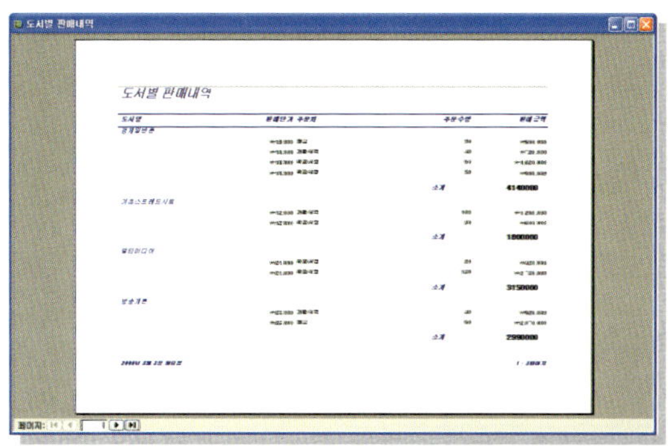

모의고사 3회

Quiz01. 'C:\Database\모의고사\Work05.mdb' 데이터베이스 파일을 열기하시오.

Quiz02. '우편번호.xls' 파일을 '우편번호' 테이블로 가져오시오.(기본키는 설정하지 말것)

Quiz03. 가져온 '우편번호' 테이블에서 '우편번호' 필드의 크기를 '7'로 수정하시오.

Quiz04. '학생신상' 테이블의 '학번' 필드를 기본 키로 수정하시오.

Quiz05. 다음과 같이 세 개의 테이블을 관계 설정한 후, 설정한 관계를 저장하시오.

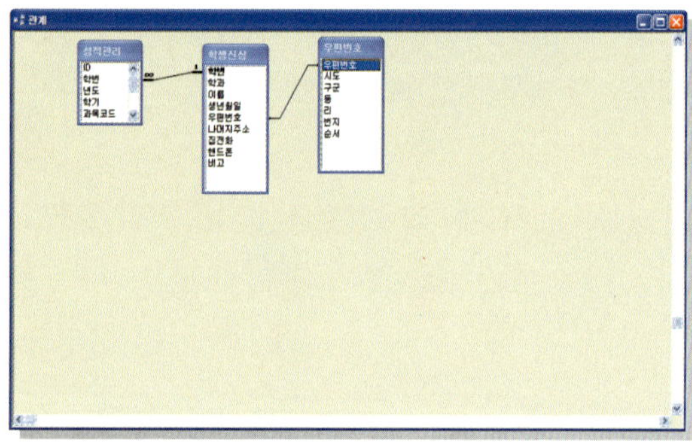

Quiz06. '학생신상' 테이블과 '성적관리' 테이블을 이용하여 '학생성적' 쿼리를 작성하시오.(디자인 보기를 이용할 것)

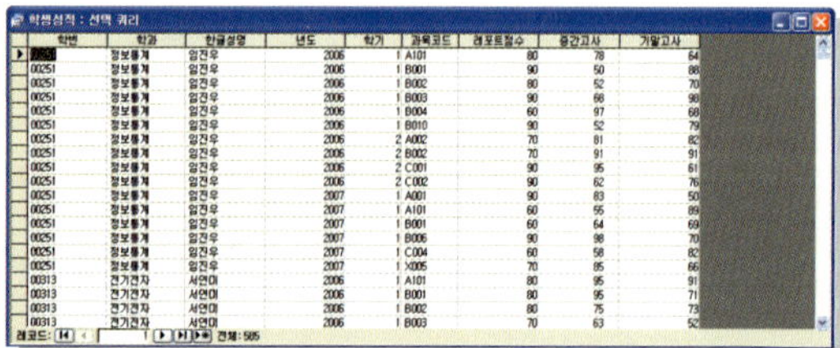

Quiz07. Quiz06을 푼 다음 '학과', '이름' 필드를 쿼리에서 표시되지 않도록 설정하시오.

Quiz08. Quiz07을 푼 다음 '출석점수' 필드를 '과목코드'와 '레포트점수' 필드 사이에 추가하시오.

Quiz09. Quiz08을 푼 다음, '성적'이라는 계산 필드를 추가한 후 실행하시오.
(성적 = 출석점수 * 0.2+레포트점수 * 0.2+중간고사 * 0.3+기말고사 * 0.3)

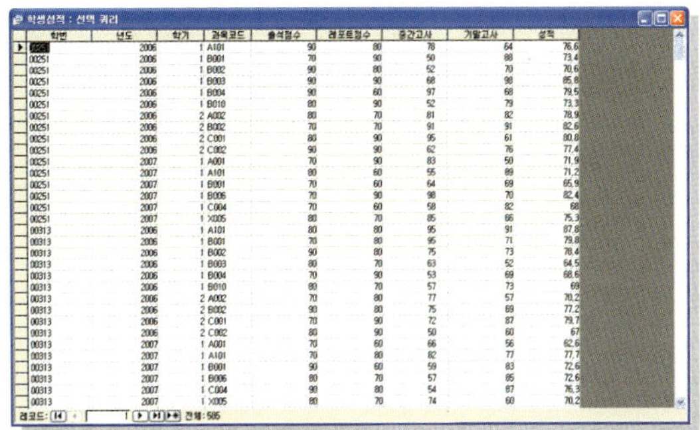

Quiz10. Quiz09을 푼 다음, 2007년도 1학기 성적만 나타나도록 조건을 지정한 후 실행하시오.

Quiz11. Quiz10을 푼 다음, '2007년도 1학기 성적'이라는 이름으로 쿼리를 저장하시오.

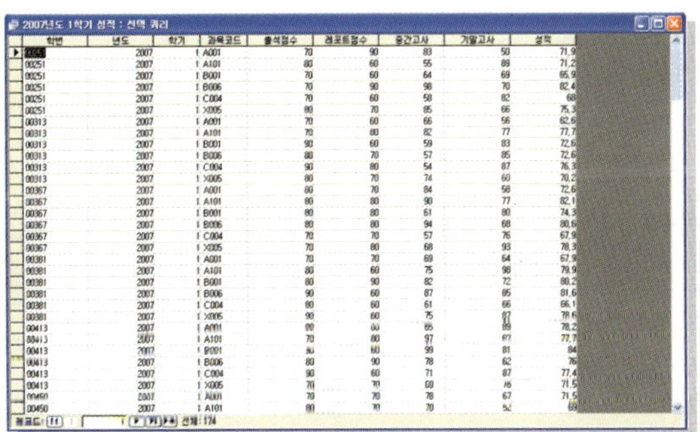

Quiz12. '2007년도 1학기 성적' 쿼리를 HTML 형식으로 내보내기 하시오.
(C:\Database\모의고사\ 폴더 내로 보낼 것)

Quiz13. '학생신상' 테이블을 이용하여 맞춤 모양의 '학생신상입력'이라는 폼을 작성하시오.
(마법사의 새 폼 만들기를 이용할 것, 스타일은 세계지도를 선택)

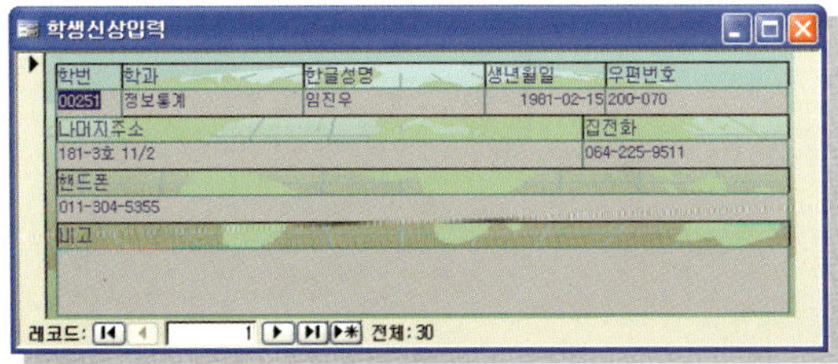

Quiz14. Quiz13을 푼 다음 '학과' 필드 중에서 '전' 자를 포함하는 학과를 필터한 상태에서 3번째 레코드로 이동하시오.

Quiz15. Quiz14을 푼 다음 폼 머리글 영역에 폼 제목을 '학생신상 입력폼' 이라고 입력하고, 제목의 글꼴을 돋움, 크기를 24, 굵게, 가운데 맞춤으로 변경하고 저장하시오.

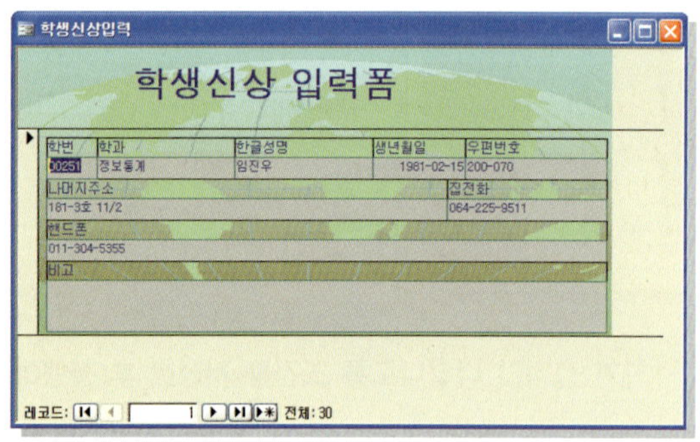

Quiz16. '학생신상입력' 폼에 다음 데이터를 입력하시오.

학번	학과	한글성명	생년월일	우편번호	나머지주소	집	핸드폰	비고
99981	컴퓨터	양희승	1980-05-15	500-812	123-6	654-1234	011-3214-8521	

Quiz17. '학생신상입력' 폼에서 한글이름이 '김광진' 데이터를 찾아서, '정보통계' 과의 '김광진'을 '이수진' 으로 수정하시오.

Quiz18. '2007년 1학기 성적' 쿼리를 이용해서 테이블 형식의 자동 보고서를 작성하시오.

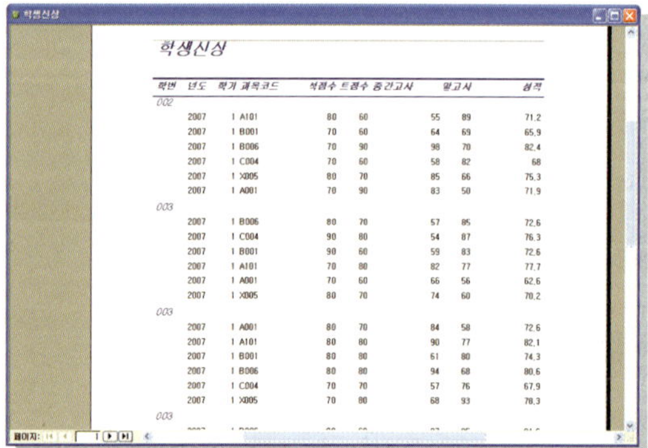

Quiz19. Quiz18을 푼 다음 보고서의 영역을 눈금자의 24에 맞추어 크기를 변경하시오.

Quiz20. '성적' 컨트롤을 임의로 오르쪽으로 이동한 후, '출석, 레포트, 중간, 기말' 점수가 입력된 컨트롤의 크기는 가장 너비가 넓은 컨트롤을 기준에 맞게 조정한 후, 각 컨트롤의 간격도 넓게 조정하시오.

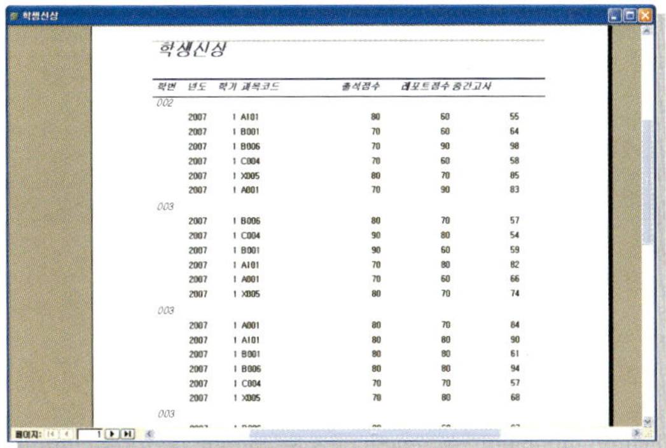

Quiz21. Quiz20을 푼 다음 인쇄하기 전에 용지 방향을 가로로 변경하고, 각 필드의 제목을 구분하는 선이 그려져 있는데, 선의 길이를 조정하여 제목과 본문을 구분할 수 있게 변경하시오.

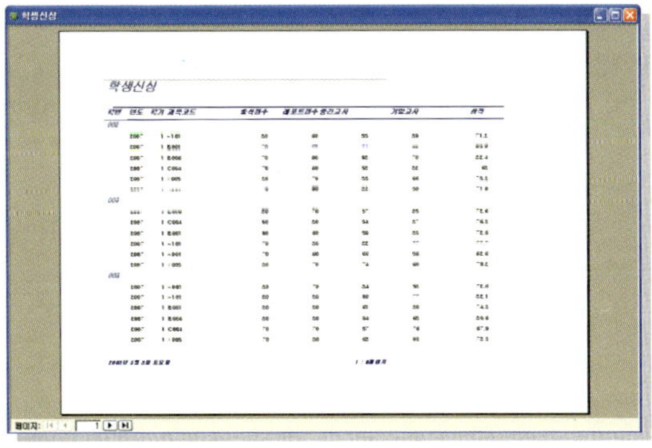

Quiz22. 여러 페이지 중에서 1부터 3페이지까지만 인쇄하고 '2007년 1학기성적' 이라는 이름으로 저장하시오.

모의고사 1회 풀이

Quiz01 ③ 데이터베이스는 데이터를 관리하기 위해 사용한다.

Quiz02 ② 데이터베이스를 만드는 프로그램 중에는 '액세스' 가 대표적이다.

Quiz03 1. [시작]-[프로그램]-[모든 프로그램]-[Microsoft Office]-[Microsoft Office Access 2003] 메뉴를 선택하거나 또는 바탕 화면의 [Microsoft Office Access 2003] 아이콘을 더블 클릭한다.

2. [파일]-[열기] 메뉴를 선택한다.

3. [열기] 대화 상자가 나타나면 찾는 위치를 'C:\Database\모의고사' 로 변경한다.

4. 'work01.mdb' 파일을 선택한 후, [열기] 단추를 클릭한다. [보안 경고] 창이 나타나면 [열기] 단추를 클릭한다.

Quiz04 1. '테이블' 개체를 선택한 다음 '디자인 보기에서 새 테이블 만들기' 를 더블 클릭한다.

2. 필드 이름과 데이터 형식, 크기 등을 입력한다.

Quiz05 1. '상품번호' 필드로 커서를 이동한다.

2. 도구 모음에서 [기본 키] 아이콘을 클릭한다.

Quiz06 1. 디자인 창의 도구 모음에서 [보기] 아이콘을 클릭하여 데이터시트 창으로 변경한다.

2. [다른 이름으로 저장] 대화 상자가 표시되면 '상품목록' 이라고 입력하고 [확인] 단추를 클릭한다.

Quiz07 1. 각 필드에 데이터를 입력한다.

2. 데이터 입력을 마친 후, 도구 모음의 [저장] 아이콘을 클릭한다.

Quiz08 1. [파일]-[닫기] 메뉴를 선택한다.

Quiz09 1. [파일]-[새로 만들기] 메뉴를 선택한다.

2. 오른쪽의 [새 파일] 작업창에서 '서식 파일' 의 '내 컴퓨터' 를 클릭한다.

3. [서식 파일] 대화 상자에서 [데이터베이스] 탭을 클릭한다.

4. '자산 관리' 를 선택하고 [확인] 단추를 클릭한다.

5. [새 데이터베이스 파일] 대화 상자가 나타나면 파일 이름을 'Work02' 라고 입력하고 [만들기] 단추를 클릭한다.

6. 1단계에서 데이터베이스 저장 항목이 나타나면 내용만 읽어 보고 [다음] 단추를 클릭한다.

7. 2단계는 테이블마다 사용할 필드를 추가하는 단계로 기본 값을 그대로 둔 채 [다음] 단추를 클릭한다.

8. 3단계의 화면 스타일을 '빗살 무늬' 로 선택하고 [다음] 단추를 클릭한다.

9. 4단계의 보고서 스타일을 '돋움형' 으로 선택하고 [다음] 단추를 클릭한다.

10. 데이터베이스 제목에 '자산관리' 를 입력하고 [다음] 단추를 클릭한다.

11. 단계를 모두 마친 다음 [마침] 단추를 클릭한다.

Quiz10 1. 스위치보드 창이 나타나면 [데이터베이스를 끝냅니다]를 클릭한다.

2. 마법사에 의해 만들어진 데이터베이스를 닫는다.

Quiz11 1. [파일]-[열기] 메뉴를 선택한다.

2. [열기] 대화 상자가 나타나면 찾는 위치를 'C:\Database\모의고사' 로 변경한다.

3. 'work03.mdb' 파일을 선택한 후, [열기] 단추를 클릭한다. [보안 경고] 창이 나타나면 [열기] 단추를 클릭한다.

Quiz12 1. 테이블 개체에서 '회원관리' 테이블을 선택하여 도구 모음의 [디자인] 아이콘을 클릭한다.

2. '회원번호' 필드로 커서를 이동한다.

3. 도구 모음에서 [기본 키] 아이콘을 클릭한다.

4. [저장] 아이콘을 눌러 수정한 결과를 저장한다.

5. [닫기] 아이콘을 눌러 테이블 디자인 창을 닫는다.

Quiz13
1. 도구 모음의 [관계] 아이콘을 클릭하여 [관계] 창을 표시한다.
2. 표시된 테이블에서 '회원관리' 테이블의 '회원번호' 필드를 선택하여 '회비관리' 테이블의 '회원번호' 필드에 겹쳐 놓는다.
3. [관계 편집] 대화 상자가 나타난다.
4. [항상 참조 무결성 유지] 항목을 선택하여 체크 표시한다.
5. [만들기] 단추를 클릭한다.
6. [닫기] 아이콘을 클릭하여 설정한 관계를 저장하고 닫는다.

Quiz14
1. 쿼리 개체에서 '마법사를 사용하여 쿼리 만들기'를 클릭한다.
2. 마법사 창이 나타나면 '회원관리' 테이블에서 '회원번호', '이름', '연락처'를 선택한다.
3. '회비관리' 테이블에서 '회비금액', '납부방법', '납부일', '납부상태'를 선택한다.
4. [다음] 단추를 클릭한다.
5. 상세 쿼리나 요약 쿼리를 선택하는 단계에서 '상세'를 선택하고 [다음] 단추를 클릭한다.
6. 쿼리의 제목을 '회부납부현황'이라고 입력하고 [마침] 단추를 클릭한다.

Quiz15
1. 작성한 쿼리를 선택한 후, 도구 모음에서 [디자인] 아이콘을 클릭한다.
2. '납부상태' 필드의 '조건' 행으로 커서를 이동한다.
3. '미납'이라고 입력한다.
4. 도구 모음의 [보기] 아이콘을 클릭한다.
5. 결과를 확인한 다음 [파일]-[다른 이름으로 저장] 메뉴를 선택한다.
6. [다른 이름으로 저장] 대화 상자가 표시되면 '미납회원명단'이라고 입력한다.

Quiz16
1. 폼 개체를 선택한 후, 도구 모음에서 [새로 만들기] 아이콘을 클릭한다.
2. [새 폼] 대화 상자가 나타나면 '자동 폼 : 컬럼 형식'을 선택한다.
3. 대화 상자의 하단의 원본 테이블이나 쿼리를 선택하는 화살표를 클릭하여 '회원관리' 테이블을 선택하고 [확인] 단추를 클릭한다.

Quiz17
1. 폼이 작성된 상태에서 [닫기] 아이콘을 클릭한다.
2. 서상 여부를 묻는 창이 나타나면 [예] 단추를 클릭한다.
3. [다른 이름으로 저장] 대화 상자가 나타나면 '회원정보폼'이라고 입력한다.
4. [확인] 단추를 클릭한다.

Quiz18
1. '회원 정보 폼'을 선택한 후 도구 모음에 [디자인] 아이콘을 클릭한다.
2. '폼 머리글'과 '본문' 경계선에 마우스를 위치한다.
3. 마우스 포인터 모양이 변경되면 아래쪽으로 드래그하여 '폼 머리글' 구역의 영역을 표시한다.
4. 도구 상자의 [레이블] 아이콘을 클릭한다.
5. '폼 머리글' 구역에 마우스를 위치한 다음 드래그하여 적당한 크기로 그려준다.
6. 레이블에 '회원정보 입력과 조회'라고 입력한다.

Quiz19
1. 레이블을 선택하여 조절점을 표시한 상태에서 도구 모음의 [글꼴 크기]의 화살표를 눌러 '14'를 선택한다.
2. 계속해서 도구 모음 [특수 효과 : 기본]의 화살표를 클릭한다.
3. '특수 효과 : 그림자'를 선택한다.

Quiz20

회원번호	이름	주민등록번호	연락처	주소	가입일	회원상태	홈페이지	이메일
4	이기자	830512-2513214	011-9321-1234	서울	2008-05-15	체크		

Quiz21 1. [파일]-[외부 데이터 가져오기]-[가져오기] 메뉴를 선택한다.

2. [가져오기] 대화 상자가 나타나면 'C:\Database\모의고사' 폴더로 변경하고, [파일형식]의 화살표를 눌러 'Microsoft Excel(*.xls)'를 선택한다.

3. 가져올 '경비내역.xls' 파일을 선택하고 [가져오기] 단추를 클릭한다.

4. [스프레드시트 가져오기 마법사] 창이 나타난다.

5. '워크시트 표시'를 선택하고 [다음] 단추를 클릭한다.

6. [첫 행에 열 머리글이 있음]을 선택하고 [다음] 단추를 클릭한다.

7. '기존 테이블'을 선택하고 화살표를 눌러 '경비 관리' 테이블을 선택하고 [다음] 단추를 클릭한다.

8. [마침] 단추를 클릭한다.

Quiz22 1. 보고서 개체를 선택하고 '마법사를 사용하여 보고서 만들기'를 선택한다.

2. '경비 관리' 테이블을 선택하고 모든 필드를 선택한 후, [다음] 단추를 클릭한다.

3. 그룹 수준을 지정하는 단계에서 '경비유형분류' 필드를 선택하고 [다음] 단추를 클릭한다.

4. 정렬 순서를 정하는 단계에서 '일련번호' 필드를 선택하고 [다음] 단추를 클릭한다.

5. 보고서의 모양은 '단계'를 선택하고 용지 방향은 '가로'를 선택하고 [다음] 단추를 클릭한다.

6. 보고서 스타일은 '돋움형'으로 선택하고 [다음] 단추를 클릭한다.

7. 보고서의 제목을 '경비관리'라고 입력하고 [마침] 단추를 클릭한다.

Quiz23 1. 도구 모음의 [보기] 아이콘을 클릭한다.

2. 디자인 창으로 변경되면 '지출금액' 컨트롤을 선택한다.

3. 조절점이 나타나면 조절점에 마우스를 위치하여 크기를 변경한다.

모의고사 2회 풀이

Quiz01　1. [파일]-[열기] 메뉴를 선택한다.

　　　　2. [열기] 대화 상자가 나타나면 찾는 위치를 'C:\Database\모의고사'로 변경한다.

　　　　3. 'work04.mdb' 파일을 선택한 후, [열기] 단추를 클릭하고, [보기 경고] 창이 나타나면 [열기] 단추를 클릭한다.

Quiz02　1. 테이블 개체에서 '월별매출액' 테이블을 선택한다.

　　　　2. 도구 모음에서 [디자인] 아이콘을 클릭한다.

　　　　3. '매출월' 필드 이름의 왼쪽을 클릭하여 필드를 선택한다.

　　　　4. 마우스로 드래그하여 '매출액' 필드 앞쪽으로 이동한다.

Quiz03　1. '매출년도' 필드로 커서를 이동한다.

　　　　2. 도구 모음에서 [기본 키] 아이콘을 클릭한다.

Quiz04　1. 도구 모음에서 [보기] 아이콘을 클릭한다.

　　　　2. 테이블 저장을 묻는 창이 표시되면 [예] 단추를 클릭한다.

　　　　3. 데이터 시트로 변경되면 다음 데이터를 입력한다.

매출년도	매출월	매출액
2006	01	25,600,000
2007	02	2,510,000

Quiz05　1. 도구 모음의 [관계] 아이콘을 클릭하여 [관계] 창을 표시한다.

　　　　2. 표시된 테이블에서 '도서코드' 테이블의 '물품코드' 필드를 선택하여 '도서판매내역' 테이블의 '풀품코드' 필드에 겹쳐놓는다.

　　　　3. [관계 편집] 대화 상자가 나타난다.

　　　　4. [항상 참조 무결성 유지] 항목을 선택하여 체크 표시한다.

　　　　5. [만들기] 단추를 클릭한다.

　　　　6. [닫기] 아이콘을 클릭하여 설정한 관계를 저장하고 닫는다.

Quiz06　1. '도서판매내역' 테이블을 선택하고 도구 모음에서 [열기] 아이콘을 클릭하여, 데이터 시트 보기 상태로 변경한다.

　　　　2. '주문처' 필드의 'T서적'이 입력된 필드로 커서를 이동한다.

　　　　3. 도구 모음에서 [선택 필터] 아이콘을 클릭한다.

Quiz07　1. 검색된 결과를 확인하고 도구 모음에서 [필터 제거] 아이콘을 클릭한다.

Quiz08　1. 쿼리 개체에서 '판매내역총괄' 쿼리를 선택한다.

　　　　2. 도구 모음에서 [디자인] 아이콘을 클릭한다.

　　　　3. 디자인 창이 나타나면 제일 오른쪽 열의 '필드' 행을 클릭한다.

　　　　4. '판매금액 : [판매단가] * [주문수량]'이라고 입력하고 〈Enter〉 키를 누른다.

Quiz09　1. '주문일자' 필드의 머리글로 마우스를 이동한다.

　　　　2. 마우스 포인터 모양이 변경되면 클릭하여 열 전체를 선택한다.

　　　　3. 〈Delete〉 키를 눌러 열을 삭제한다.

Quiz10　1. '도서명' 필드의 '조건' 행으로 커서를 이동한다.

　　　　2. '*컴*'이라고 입력하고 〈Enter〉 키를 누른다.

　　　　3. 조건을 지정한 다음 도구 모음에서 [실행] 아이콘을 클릭한다.

4. [파일]–[다른 이름으로 저장] 메뉴를 선택한다.

5. [다른 이름으로 저장] 대화 상자가 표시되면 '도서별검색' 이라고 입력한다.

Quiz11

1. 쿼리 개체에서 '마법사를 사용하여 쿼리 만들기' 를 더블 클릭한다.

2. 원본 테이블을 선택하는 단계에서 '도서코드' 테이블의 '도서명' 필드를 선택한다.

3. '도서판매내역' 테이블로 변경하고 '판매단가', '주문수량' 필드를 선택하고 [다음] 단추를 클릭한다.

4. '요약' 을 선택하고 [요약 옵션] 단추를 클릭한다.

5. [요약 옵션] 대화 상자가 나타나면 '판매단가' 와 '주문수량' 에 대한 합계를 구하기 위해 '합계' 를 체크표시하고 [확인] 단추를 클릭한 후, [다음] 단추를 클릭한다.

6. 쿼리의 제목을 그대로 둔 채 [마침] 단추를 클릭한다.

Quiz12

1. [파일]–[다른 이름으로 저장] 메뉴를 선택한다.

2. [다른 이름으로 저장] 대화 상자가 표시되면 '도서별요약쿼리' 라고 입력한다.

Quiz13

1. 데이터시트 보기 형식으로 변경한다.

2. '도서명' 필드로 커서를 이동한 후, 도구 모음에서 [내림차순 정렬] 아이콘을 클릭한다.

3. 정렬된 순서를 확인한다.

Quiz14

1. 폼 개체를 선택한 후, 도구 모음에서 [새로 만들기] 아이콘을 클릭한다.

2. [새 폼] 대화 상자가 나타나면 '자동 폼 : 테이블 형식' 을 선택한다.

3. 대화 상자의 하단의 원본 테이블이나 쿼리를 선택하는 화살표를 클릭하여 '도서판매역' 테이블을 선택하고 [확인] 단추를 클릭한다.

Quiz15

1. 폼의 하단에 있는 레코드 탐색기의 [새 레코드] 아이콘을 클릭한다.

2. 각 필드에 다음 데이터를 입력한다.

접수번호	주문일자	주문처	물품코드	판매단가	주문수량
47	2007-12-01	학교서점	5147	18,00	50

Quiz16

1. '접수번호' 가 '27' 번 레코드로 커서를 이동한다.

2. 레코드 선택기를 클릭하여 레코드를 선택한다.

3. 〈Delete〉 키를 눌러 선택한 레코드를 삭제한다.

4. 레코드 삭제 여부를 묻는 창이 나타나면 [예] 단추를 클릭한다.

Quiz17

1. 도구 모음의 [보기] 아이콘을 클릭한다.

2. 디자인 창으로 변경되면 '본문' 구역의 오른쪽 경계선에 마우스를 위치한다.

3. 마우스 포인터 모양이 변경되면 오른쪽으로 드래그하여 영역의 크기를 조정한다.

4. 각 컨트롤을 선택하면 조절점이 나타나는데 조절점에 마우스를 위치하여 크기와 위치를 변경한다.

5. 도구 모음에서 [저장] 아이콘을 클릭한다.

6. [다른 이름으로 저장] 대화 상자에서 '도서판매내역 입력폼' 이라고 입력하고 [확인] 단추를 클릭한다.

Quiz18

1. 쿼리 개체에서 '도서별요약쿼리' 를 선택한다.

2. 마우스 오른쪽 단추를 눌러 [내보내기] 메뉴를 선택한다.

3. 대화 상자가 나타나면 [파일 형식]의 화살표를 클릭하여 '텍스트 파일' 로 변경한다.

4. [내보내기] 단추를 클릭한다.

5. 마법사 창이 나타나면 '구분' 을 선택하고 [다음] 단추를 클릭한다.

6. 두 번째 단계에서 구분기호를 '쉼표' 를 선택하고 [다음] 단추를 클릭한다.

7. 마지막 단계에서 [마침] 단추를 클릭한다.

Quiz19 1. 보고서 개체를 선택하고 [마법사를 사용하여 보고서 만들기]를 더블 클릭한다.

2. 원본 테이블이나 쿼리에서 '판매내역총괄'을 선택한다.

3. '도서명', '판매단가', '주문처', '주문수량', '판매금액' 필드를 선택하고 [다음] 단추를 클릭한다.

4. 데이터를 표시하는 단계에서 기준을 '기준-도서코드'를 선택하고 [다음] 단추를 클릭한다.

5. 그룹 수준을 지정하는 단계에서는 '도서명'으로 된 것을 확인하고 [다음] 단추를 클릭한다.

6. 정렬 순서는 기본 값으로 선택하고 [다음] 단추를 클릭한다.

7. 보고서의 모양은 '단계'로 선택하고 용지 방향은 '가로'를 선택하고 [다음] 단추를 클릭한다.

8. 보고서 스타일은 '돋움형'으로 선택하고 [다음] 단추를 클릭한다.

9. 보고서 제목을 '도서별 판매내역'을 선택하고 [마침] 단추를 클릭한다.

Quiz20 1. 도구 모음에 [보기] 아이콘을 클릭하여 디자인 보기로 변경한다.

2. [보기]–[정렬 및 그룹화] 메뉴를 선택한다.

3. [정렬 및 그룹화] 대화 상자가 나타나면 '그룹 속성'의 '그룹 바닥글'의 화살표를 눌러 '예'로 선택하고, [닫기]를 클릭한다.

4. 도구 상자의 [텍스트 상자] 아이콘을 클릭한다.

5. '도서명 바닥글' 구역에 마우스를 위치하여 드래드하여 적당한 크기로 그린다.

6. 레이블에는 '소계'라고 입력한다.

7. 텍스트 상자에서 '=sum([판매금액])'을 입력한다.

8. 텍스트 상자를 선택하여 조절점이 나타난 상태에서 도구 모음의 [글꼴 크기] 아이콘을 눌러 '12'로 변경한다.

9. 도구 모음의 [굵게] 아이콘을 눌러 굵게 변경한다.

10. [파일]–[인쇄] 메뉴를 선택한다.

11. '인쇄 매수'에서 '1'을 선택하고 [확인] 단추를 클릭하여 인쇄한다.

모의고사 3회 풀이

Quiz01　1. [파일]-[열기] 메뉴를 선택한다.

2. [열기] 대화 상자가 나타나면 찾는 위치를 'C:\Database\모의고사'로 변경한다.

3. 'work05.mdb' 파일을 선택한 후, [열기] 단추를 클릭한다. [보안 경고] 창이 표시되면 [열기] 단추를 클릭한다.

Quiz02　1. '테이블' 개체를 선택한 후, 오른쪽 영역에서 마우스 오른쪽 단추를 눌러 [가져오기] 메뉴를 선택한다.

2. [가져오기] 대화 상자가 나타나면 '파일 형식'의 화살표를 눌러 'Microsoft Excel'을 선택한다.

3. 파일이 저장된 'C:\Database\모의고사'로 변경한다.

4. '우편번호.xls' 파일을 선택하고 [가져오기] 단추를 클릭한다.

5. 첫 번째 단계의 마법사 창이 나타나면 기본 값을 그대로 둔 채 [다음] 단추를 클릭한다.

6. 두 번째 단계에서 [첫 행에 열 머리글 있음]을 선택하고 [다음] 단추를 클릭한다.

7. 세 번째 단계에서 [새 테이블]을 선택하고 [다음] 단추를 클릭한다.

8. 인덱스를 설정하는 창이 나타나면 그대로 둔 채 [다음] 단추를 클릭한다.

9. 기본키를 설정하는 단계에서는 [기본 키 없음]을 선택하고 [다음] 단추를 클릭한다.

10. 테이블의 제목인 '우편번호'를 확인하고 [마침] 단추를 클릭한다.

11. 테이블을 가져왔다는 창이 나타나면 [확인] 단추를 클릭한다.

Quiz03　1. 가져온 '우편번호' 테이블을 선택한 후, 도구 모음에서 [디자인] 아이콘을 클릭한다.

2. 디자인 창에서 '우편번호' 필드를 선택하고 하단의 [필드 속성]에서 [필드 크기]를 '7'로 입력한다.

3. 도구 모음의 [저장] 아이콘을 눌러 변경한 테이블을 저장한다.

4. 데이터의 일부가 손실되었다는 창이 나타나면 [예] 단추를 클릭한다.

5. [닫기] 아이콘을 눌러 테이블을 닫는다.

Quiz04　1. 테이블 개체에서 '학생신상' 테이블을 선택한 후, 도구 모음에서 [디자인] 아이콘을 클릭한다.

2. '학번' 필드에 커서를 위치한 다음 마우스 오른쪽 단추를 눌러 [기본 키] 메뉴를 선택한다.

3. 디자인을 변경한 테이블을 저장하기 위해 [저장] 아이콘을 클릭한다.

4. [닫기] 아이콘을 클릭하여 테이블을 닫는다.

Quiz05　1. [도구]-[관계] 메뉴를 선택한다.

2. [관계] 창에 세 개의 테이블이 나타난 상태로 열린다.

3. '성적관리' 테이블의 '학번' 필드를 선택하여 드래그하여 '학생신상' 테이블의 '학번' 필드에 겹친다.

4. [관계 편집] 대화 상자가 나타나면 '항상 참조 무결성 유지'을 선택하고 [만들기] 단추를 클릭한다.

5. '학생신상' 테이블의 '우편번호' 필드를 '우편번호' 테이블의 '우편번호' 필드로 드래그하여 겹친다.

6. [관계 편집] 대화 상자가 나타나면 [항상 참조 무결성 유지]를 선택하지 않은 상태에서 [만들기] 단추를 클릭한다.

7. [닫기] 아이콘을 클릭하여 [관계] 창을 닫는다. 저장을 묻는 창이 표시되면 [예] 단추를 클릭한다.

Quiz06　1. 쿼리 개체서 '디자인 보기에서 새 쿼리 만들기'를 선택한다.

2. 쿼리 디자인 창으로 변경됨과 동시에 [테이블 표시] 창이 나타나면 '학생신상' 테이블과 '성적관리' 테이블을 선택하여 [추가] 단추를 클릭한다.

3. 더 이상 추가할 테이블을 없다면 [테이블 표시] 창의 [닫기] 단추를 클릭한다.

4. '학생신상' 테이블에서 '학번', '학과', '이름' 필드를 아래쪽으로 드래그하여 추가한다.

5. '성적관리' 테이블에서 '년도', '학기', '과목코드', '레포트점수', '중간고사', '기말고사' 필드를 아래쪽으로 드래그하여 추가한다.

6. 도구 모음에서 [저장] 아이콘을 클릭하여 [다른 이름으로 저장] 대화 상자가 나타나면 '학생성적'이라고
입력하여 쿼리를 저장한다.

Quiz07　1. '학과' 필드의 [표시] 행의 체크 표시를 클릭하여 취소한다.

2. '이름' 필드의 [표시] 행의 체크 표시를 클릭하여 취소한다.

Quiz08　1. 위쪽의 테이블 표시 창에서 '성적관리' 테이블의 '출석점수' 필드를 선택하여 '과목코드'와 '레포트점수'
필드 사이로 드래그한다.

Quiz09　1. 아래쪽의 필드 창의 제일 오른쪽에 빈 열을 선택한 후, 도구 모음에서 [작성] 아이콘을 클릭한다.

2. [식 작성기] 대화 상자가 나타나면 입력하는 상자에 '성적 : ([출석점수] * 0.2+[레포트점수] * 0.2+[중간
고사] * 0.3+[기말고사] * 0.3)'라고 입력한다.

3. [식 작성기] 대화 상자에서 [확인] 단추를 클릭한다.

4. 도구 모음의 [실행] 아이콘을 클릭한다.

Quiz10　1. 실행한 쿼리를 확인한 다음 도구 모음에서 [보기] 아이콘을 클릭하여 디자인 보기 창으로 변경한다.

2. '년도' 필드의 [조건] 행에 '2007'이라고 입력하고 '학기' 필드의 [조건] 행에 '1'이라고 입력한다.

3. 도구 모음의 [실행] 아이콘을 클릭한다.

Quiz11　1. [파일]-[다른 이름으로 저장] 메뉴를 선택한다.

2. [다른 이름으로 저장] 대화 상자가 나타나면 '2007년도 1학기 성적'이라고 입력한다.

3. [확인] 단추를 클릭하고, [닫기] 아이콘을 클릭한다.

Quiz12　1. '2007년도 1학기 성적' 쿼리를 선택한 후, 마우스 오른쪽 단추를 눌러 [내보내기] 메뉴를 선택한다.

2. 대화 상자가 나타나면 [파일 형식]의 화살표를 눌러 'HTML 문서'로 변경한다.

3. 파일 이름은 그대로 둔 채 [내보내기] 단추를 클릭한다.

Quiz13　1. 폼 개체에서 '마법사를 사용하여 새 폼 만들기'를 더블 클릭한다.

2. 첫 단계에서 원본 테이블을 '학생신상' 테이블을 선택한다.

3. '사용 가능한 필드' 창의 필드를 모두 '선택한 필드' 창으로 이동되도록 선택하고 [다음] 단추를 클릭
한다.

4. 폼의 모양을 지정하는 단계에서 '맞춤'으로 선택하고 [다음] 단추를 클릭한다.

5. 폼의 스타일을 지정하는 단계에서 '세계지도'를 선택하고 [다음] 단추를 클릭한다.

6. 제목을 지정하는 단계에서 '학생신상입력'이라고 입력한다.

7. [마침] 단추를 클릭한다.

Quiz14　1. 폼 보기 창에서 '학과' 필드에 커서를 위치한다.

2. 마우스 오른쪽 단추를 눌러 [필터 조건] 메뉴를 눌러 '*전*'을 입력하고 〈Enter〉 키를 누른다.

3. 폼 보기의 하단에 있는 레코드 탐색기에서 ▶ 아이콘을 세 번 클릭하여 이동한다.

Quiz15　1. 현재 폼을 선택한 상태에서 도구 모음의 [보기] 아이콘을 클릭하여 디자인 창으로 변경한다.

2. '폼 머리글'과 본문 구역의 경계선에 마우스를 위치한 다음 드래그하여 '폼 머리글' 구역의 영역을 확장
한다.

3. 도구 상자의 [레이블] 아이콘을 선택한 후, '폼 머리글' 구역에 적당한 크기로 그려준다.

4. 그려진 레이블 상자에 '학생신상 입력폼'이라고 입력한다.

5. 제목을 입력한 레이블을 선택한 후, 서식 도구 모음의 [글꼴]의 화살표를 눌러 '돋움'으로 변경한다.

6 [글꼴 크기]의 화살표를 눌러 '24'로 변경한다.

7. [굵게] 아이콘을 클릭하고 [가운데 맞춤] 아이콘을 클릭한다.

8. 도구 모음의 [저장] 아이콘을 눌러 저장한다.

Quiz16　1. 폼 보기 상태에서 레코드 탐색기의 ▶* 아이콘을 눌러 새 레코드를 입력하는 상태로 변경한다.

2. 각 필드에 다음 데이터를 입력한다.

학번	99981
학과	컴퓨터
한글성명	양희승
생년월일	1980-05-15
우편번호	500-812
나머지주소	123-6
집전화	654-1234
핸드폰	011-3214-8521
비고	

Quiz17   1. 폼 보기 상태에서 '한글성명' 필드로 커서를 이동한다.

2. 검색할 이름을 '김광진'이라고 입력한 후, 도구 모음에서 [선택 필터] 아이콘을 클릭한다.

3. 3개의 레코드가 검색된다. 레코드 탐색기에서 ▶ 아이콘을 클릭하여 변경한 데이터를 찾는다. 데이터를 찾아서 이름을 '이수진'이라고 입력하고 〈Enter〉 키를 누른다.

4. 도구 모음에서 [필터 제거] 아이콘을 눌러 필터를 취소한다.

Quiz18   1. 보고서 개체를 선택한 후, 도구 모음의 [새로 만들기] 아이콘을 클릭한다.

2. [새 보고서] 대화 상자가 나타나면 '자동 보고서:테이블 형식'을 선택한다.

3. 원본 테이블의 화살표를 눌러 '2007년도 1학기 성적'을 선택하고 [확인] 단추를 클릭한다.

Quiz19   1. 도구 모음의 [보기] 아이콘을 눌러 디자인 보기 창으로 변경한다.

2. 모눈종이 영역의 오른쪽 테두리에 마우스를 위치한 다음 가로 눈금자의 '24' 위치까지 드래그한다.

Quiz20   1. '페이지 머리글' 영역에 있는 컨트롤과 '본문' 영역에 있는 컨트롤을 〈Shift〉 키를 누르면서 '성적' 컨트롤을 선택한다.

2. 오른쪽으로 드래그하여 이동한다.

3. 〈Shift〉 키를 누르면서 '출석, 레포트, 중간, 기말' 컨트롤을 선택한다.

4. [서식]-[크기]-[가장 넓은 너비에] 메뉴를 선택한다.

5. 계속해서 [서식]-[가로 간격 조정]-[넓게] 메뉴를 선택한다.

Quiz21   1. [파일]-[페이지 설정] 메뉴를 선택한다.

2. [페이지 설정] 대화 상자의 [페이지] 탭을 눌러 [용지 방향]을 '가로'로 선택한다.

3. [확인] 단추를 클릭한다.

4. 디자인 보기 상태에서 '페이지 머리글' 영역을 선택한다.

5. 레이블 컨트롤 위와 아래쪽에 있는 선을 〈shift〉 키를 누르면서 선택한다.

6. 왼쪽과 오른쪽에 조절점이 나타나면 오른쪽 점에 마우스를 위치한 다음 오른쪽으로 드래그한다.

7. 선의 길이를 조정한다.

Quiz22   1. [파일]-[인쇄] 메뉴를 선택한다.

2. [인쇄] 대화 상자가 나타나면 [인쇄할 범위]의 '인쇄할 페이지'에서 '1~3'을 입력하고 [확인] 단추를 클릭한다.

3. 도구 모음에서 [저장] 아이콘을 클릭한다.

4. [다른 이름으로 저장] 대화 상자가 나타나며 '2007년 1학기 성적'이라고 입력하고 [확인] 단추를 클릭한다.

ECDL 협회 (The European Computer Driving Licence Foundation Ltd.)
Third Floor, Portview House
Thorncastle Street
Dublin 4
Ireland

Tel: + 353 1 630 6000
Fax: + 353 1 630 6001

E-mail: info@ecdl.com
URL: www.ecdl.com
ECDL / ICDL 실라버스(Syllabus Version) 버전 5.0은 ECDL 협회 웹 사이트
(www.ecdl.com)에 공표되어 있는 버전입니다.

경고문

ECDL 협회는 본 발행물을 준비하는데 있어 모든 주의를 기울였으나 발행자로서 본 실라버스에 포함된 정보의
완벽성에 대해 어떠한 보증도 하지 않을 뿐 아니라, 오류, 누락, 부정확함 및 정보나 지침 또는 자문에 의해
발생하는 어떠한 종류의 손실이나 손해에 대해서도 책임이나 의무를 지지 않습니다. 본 실라버스는 허가 및 승인
없이는 전부 또는 일부를 복사할 수 없습니다. ECDL 협회는 언제든 사전통지 없이 재량에 따라 내용을 변경할 수
있습니다.

다음은 모듈 5, 데이터베이스 사용에 대한 요약으로서, 이 모듈에 포함된 이론 및 실습기반 테스트를 위한 기준이다.

모듈의 목표

모듈 5 데이터베이스 사용은 수험생에게 데이터베이스의 개념을 이해하고 데이터베이스를 사용하는 능력을 입증할 것을 요구한다. 수험생은 다음을 할 수 있어야 한다.

- 데이터베이스가 정의와 이것이 어떻게 구성되고 작동하는지를 이해한다.
- 간단한 데이터베이스를 생성하고 다양한 모드로 데이터베이스 내용을 검색한다.
- 테이블을 생성하고 필드와 속성을 수정하여 테이블에 데이터를 입력하고 편집한다.
- 테이블이나 양식을 정렬하고 필터링하여 질의를 생성, 수정 및 실행하여 데이터베이스에서 특정 정보를 불러온다.
- 폼이 무엇인지를 이해하고 폼을 생성하여 레코드와 레코드 안의 데이터를 입력, 수정 및 삭제한다.
- 정기 보고서를 작성하여 배포를 위한 출력을 준비한다.

범주	지식 영역	참조번호	지식 항목
5.1 데이터베이스 이해	5.1.1 주요 개념	5.1.1.1	데이터베이스가 무엇인지 이해한다.
		5.1.1.2	데이터와 정보의 차이점을 이해한다.
		5.1.1.3	테이블, 레코드 및 필드의 관점에서 데이터베이스의 구성 및 운용 방식을 이해한다.
		5.1.1.4	항공권 예약시스템, 정부 기록, 은행계좌기록, 병원 환자 내역과 같은 대규모 데이터베이스의 일반적인 용도를 숙지한다.
	5.1.2 데이터베이스 구성	5.1.2.1	데이터베이스의 각 테이블은 단일 대상 형식에 관련된 데이터를 포함해야 한다는 점을 이해한다.
		5.1.2.2	테이블의 각 필드는 하나의 데이터 요소만을 포함해야 한다는 점을 이해한다.
		5.1.2.3	필드 내용은 텍스트, 숫자, 날짜/시간, 예/아니오와 같은 적절한 필드 형식에 관련된다는 점을 이해한다.
		5.1.2.4	필드들이 필드 크기, 서식, 기본값과 같은 필드 속성과 연관된다는 점을 이해한다.

범주	지식 영역	참조번호	지식 항목
		5.1.2.5	기본 키가 무엇인지 이해한다.
		5.1.2.6	색인이 무엇인지 이해한다. 색인이 어떻게 빠른 데이터 접근을 허용하는지 이해한다.
	5.1.3 관계	5.1.3.1	데이터베이스에서 관계 테이블의 주된 목적이 데이터의 중복을 최소화하기 위한 것임을 이해한다.
		5.1.3.2	관계는 하나의 테이블에 있는 고유한 필드를 다른 테이블에 있는 필드와 쌍을 이루도록 함으로써 구성된다는 점을 이해한다.
		5.1.3.3	테이블 간 연관성의 보전 유지에 대한 중요성을 이해한다.
	5.1.4 운용	5.1.4.1	전문적인 데이터베이스는 데이터베이스 전문가에 의해 설계되고 작성된다는 점을 숙지한다.
		5.1.4.2	데이터 입력, 데이터 유지관리 및 정보 검색은 사용자에 의해 수행된다는 점을 이해한다.
		5.1.4.3	데이터베이스 관리자는 적절한 사용자에게 특정한 데이터에 대한 접근을 제공한다는 점을 숙지한다.
		5.1.4.4	데이터베이스 관리자는 데이터베이스의 장애나 중요한 오류 이후에 이의 복구에 대한 책임을 진다는 점을 숙지한다.
5.2 응용프로그램 사용	5.2.1 데이터베이스 작업	5.2.1.1	데이터베이스 응용 프로그램을 열고 닫는다.
		5.2.1.2	데이터베이스를 열고 닫는다.
		5.2.1.3	새로운 데이터베이스를 작성하고 드라이브의 지정된 위치에 저장한다.
		5.2.1.4	내장 도구모음을 표시하거나 숨긴다. 도구 표시줄을 복구하거나 최소화한다.
		5.2.1.5	도움말 기능을 사용한다.
	5.2.2 공통 과제	5.2.2.1	테이블, 질의, 폼, 보고서를 열고, 저장하고 닫는다.
		5.2.2.2	테이블, 질의, 폼, 보고서에서 검색 모드 간 전환한다.
		5.2.2.3	테이블, 질의, 폼, 보고서를 삭제한다.
		5.2.2.4	테이블, 질의, 양식에서 레코드 사이를

범주	지식 영역	참조번호	지식 항목
			탐색한다.
		5.2.2.5	테이블, 폼, 질의 출력에서 오름차순, 내림차순, 숫자 및 알파벳 순서로 레코드를 정렬한다.
5.3 테이블	5.3.1 레코드	5.3.1.1	테이블에 레코드를 추가/삭제한다.
		5.3.1.2	레코드에 데이터를 추가, 수정, 삭제한다.
	5.3.2 설계	5.3.2.1	테이블을 생성하여 이름을 부여하고 텍스트, 숫자, 날짜/시간, 예/아니오와 같은 데이터 형식으로 필드를 지정한다.
		5.3.2.2	필드 크기, 숫자 형식, 날짜/시간 형식, 기본값과 같은 필드 속성 설정 값을 적용한다.
		5.3.2.3	숫자, 날짜/시간, 화폐에 대한 검증 규칙을 생성한다.
		5.3.2.4	테이블에서 데이터 형식, 필드 속성을 변경하는 순서를 이해한다.
		5.3.2.5	필드를 기본키로 설정한다.
		5.3.2.6	필드를 색인한다(중복 허용 또는 불허).
		5.3.2.7	기존 테이블에 필드를 추가한다.
		5.3.2.8	테이블에서 열의 너비를 변경한다.
5.4 정보 검색	5.4.1 주된 운용	5.4.1.1	필드에서 지정된 단어, 숫자, 날짜에 대해 검색 명령을 사용한다.
		5.4.1.2	테이블, 폼에 필터를 적용한다.
		5.4.1.3	테이블, 폼으로부터 필터 적용을 제거한다.
	5.4.2 질의	5.4.2.1	질의를 사용하여 데이터를 추출하고 분석한다는 것을 이해한다.
		5.4.2.2	특정한 검색 기준을 사용하여 명명된 단일 테이블 질의를 생성한다.
		5.4.2.3	특정한 검색 기준을 사용하여 명명된 2개 테이블 질의를 생성한다.
		5.4.2.4	다음 연산자 중에서 하나 이상을 사용하여 질의에 기준을 추가한다: =(같음), ◊ (같지 않음), 〈 (작음), 〈= (작거나 같음), 〉 (큼), 〉= (크거나 같음).
		5.4.2.5	다음의 논리 연산자 중에서 하나 이상을 사용하여 질의에 기준을 추가한다: AND,

범주	지식 영역	참조번호	지식 항목
			OR, NOT.
		5.4.2.6	질의에서 * 또는 %, ? 또는 __의 와일드카드를 사용한다.
		5.4.2.7	질의를 편집하여 기준을 추가, 수정, 제거한다.
		5.4.2.8	질의를 편집하여 필드의 추가, 제거, 이동, 숨김, 숨김 해제를 수행한다.
		5.4.2.9	질의를 실행한다.
5.5 개체	5.5.1 폼	5.5.1.1	폼은 레코드를 표시하고 유지하는데 사용된다는 점을 이해한다.
		5.5.1.2	폼 이름을 생성한다.
		5.5.1.3	폼을 사용하여 새 레코드를 삽입한다.
		5.5.1.4	폼을 사용하여 레코드를 삭제한다.
		5.5.1.5	폼을 사용하여 레코드에 데이터를 추가, 수정, 삭제한다.
		5.5.1.6	폼에서 머리글, 바닥글에 텍스트를 추가, 수정한다.
	5.6 출력	5.6.1	보고 서, 데이터 내보내기 5.6.1.1 보고서는 테이블이나 질의로부터 선택된 정보를 인쇄하는데 사용된다는 점을 이해한다.
		5.6.1.2	테이블, 질의를 기준으로 보고서를 생성하고 이름을 부여한다.
		5.6.1.3	보고시 구도 인에 데이터 필드와 머리밀의 배열을 변경한다.
		5.6.1.4	적절한 구분점에서 합계, 최소값, 최대값, 평균, 개수별로 특정한 필드들을 그룹별 보고서로 나타낸다.
		5.6.1.5	보고서의 머리글, 바닥글에 텍스트를 추가하고 수정한다.
		5.6.1.6	테이블, 스프레드시트의 질의 출력, 텍스트(.txt, .csv), XML 형식을 드라이브의 지정된 위치로 내보낸다.
	5.6.2 인쇄	5.6.2.1	테이블, 폼, 질의 출력, 보고서의 방향(세로, 가로)을 변경한나. 용시 크기를 변경한다.
		5.6.2.2	페이지, 선택된 레코드, 완전한 테이블을 인쇄한다.